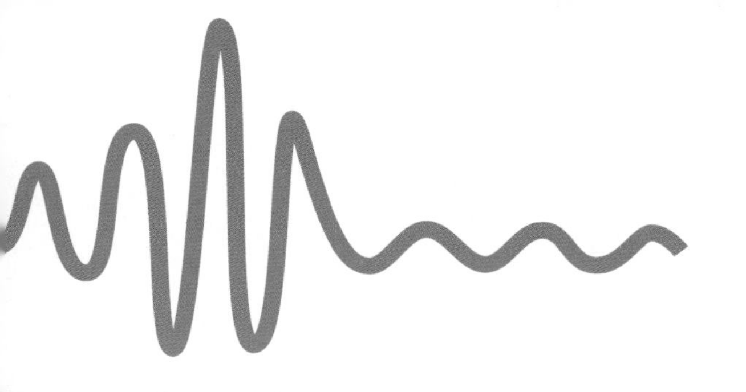

“谢尔的写作能够将高水平概述与详细细节融为一体，既引人入胜又具有启发性。他的重要实践经验以及他的被采访者的经验，使这本书为世界能源建模和模拟做出了独特和宝贵的贡献。”

——安德鲁·马什，Ecotect软件之父

“安德森精心策划了建筑师如何尽早参与且在整个设计过程中使用建筑性能模拟工具的最佳示例。”

——希瑟·盖尔·霍尔德里奇，雷克·弗拉托建筑师事务所可持续发展部门经理

“本书是由建筑师为建筑师所做，这是一本可读性强、条理清晰且视觉信息丰富的作品——我们一直在等待的模拟路线图！”

——玛格丽特·蒙哥马利，NBBJ公司可持续设计负责人

“安德森为建筑师提供了令人信服的能源模拟概述，鼓励设计师将自然能源战略纳入其中，从而显著减少碳排放。”

——爱德华·马兹里亚，“建筑2030挑战”创始人兼首席执行官

“对于任何希望将模拟技术融入其武器库的建筑师来说，这是重要的案头参考资料，本书重点介绍了如何使用循证方法实现高性能和卓越的设计。”

——布雷克·杰克逊，佐伊·科布斯建筑师事务所
可持续发展实践部分负责人

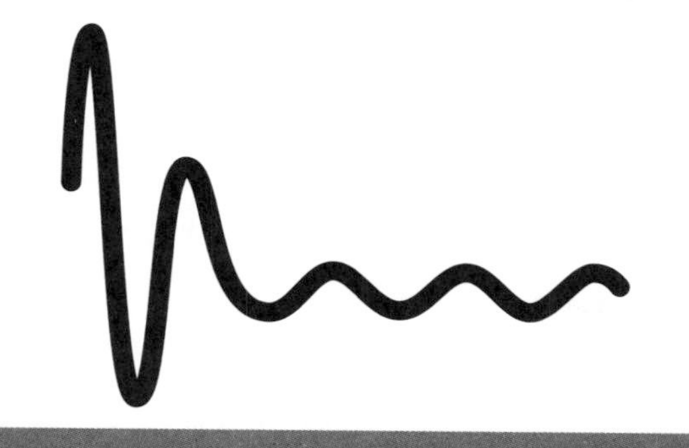

“十三五”国家重点图书出版物出版规划项目
教育部产学合作协同育人项目

绿色建筑模拟技术应用
Application of Simulation Technologies in Green Buildings

建筑设计能源性能模拟指南

Design Energy Simulation For Architects:
Guide To 3D Graphics

[美]谢尔·安德森(Kjell Anderson) 著
田 真 译
翟志强 审

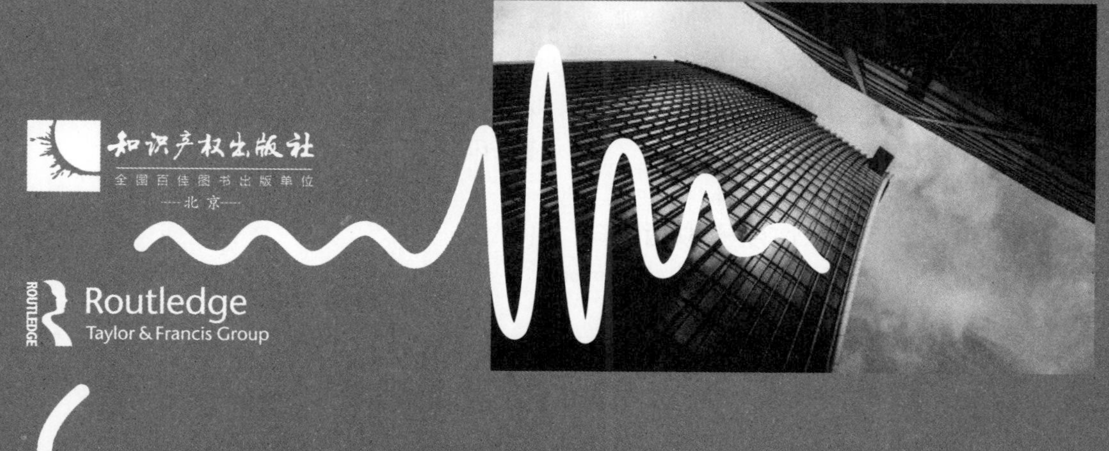

图书在版编目（CIP）数据

建筑设计能源性能模拟指南 /（美）谢尔·安德森（Kjell Anderson）著；田真译. —北京：知识产权出版社，2021. 12

（绿色建筑模拟技术应用）

书名原文：Design Energy Simulation for Architects：Guide to 3D Graphics

ISBN 978-7-5130-7698-2

Ⅰ. ①建…　Ⅱ. ①谢…　②田…　Ⅲ. ①建筑设计—节能设计—指南　Ⅳ. ①TU201. 5-62

中国版本图书馆 CIP 数据核字（2021）第 180517 号

责任编辑：张　冰　　**责任校对：**潘风越

封面设计：杰意飞扬 · 张悦　　**责任印制：**刘译文

绿色建筑模拟技术应用

建筑设计能源性能模拟指南

[美] 谢尔 · 安德森（Kjell Anderson）　著

田　真　译　　翟志强　审

出版发行：知识产权出版社有限责任公司　　**网　　址：**http://www. ipph. cn

社　　址：北京市海淀区气象路 50 号院　　**邮　　编：**100081

责编电话：010-82000860 转 8024　　**责编邮箱：**740666854@qq. com

发行电话：010-82000860 转 8101/8102　　**发行传真：**010-82000893/82005070/82000270

印　　刷：三河市国英印务有限公司　　**经　　销：**新华书店、各大网上书店及相关专业书店

开　　本：720mm×1000mm　1/16　　**印　　张：**19. 5

版　　次：2021 年 12 月第 1 版　　**印　　次：**2021 年 12 月第 1 次印刷

字　　数：357 千字　　**定　　价：**98. 00 元

ISBN 978-7-5130-7698-2

京权图字：01-2021-6950

“绿色建筑模拟技术应用”丛书
编写委员会

总　序

绿色建筑作为世界的热点问题和我国的战略发展产业，越来越受到社会的关注。我国相继出台了一系列支持绿色建筑发展的政策，我国绿色建筑产业也已驶入快车道。但是绿色建筑是一个庞大的系统工程，涉及大量需要经过复杂分析计算才能得出的指标，尤其涉及建筑物理的风环境、光环境、热环境和声环境的分析和计算。根据国家的相关要求，到2020年，我国新建项目绿色建筑达标率应达到50%以上，截至2016年，绿色建筑全国获星设计项目达2000个，运营获星项目约200个，不到总量的10%，因此模拟技术应用在绿色建筑的设计和评价方面是不可或缺的技术手段。

随着BIM技术在绿色建筑设计中的应用逐步深入，基于模型共享技术，实现一模多算，高效快捷地完成绿色建筑指标分析计算已成为可能。然而，掌握绿色建筑模拟技术的适用人才缺乏。人才培养是学校教育的首要任务，现代社会既需要研究型人才，也需要大量在生产领域解决实际问题的应用型人才。目前，国内各大高校几乎没有完全对口的绿色建筑专业，所以专业人才的输送成为高校亟待解决的问题之一。此外，作为知识传承、能力培养和课程建设载体的教材和教学参考用书在绿色建筑相关专业的教学活动中起着至关重要的作用，但目前出版的相关图书大多偏重于按照研究型人才培养的模式进行编写，绿色建筑“应用型”教材和相关教学参考用书的建设和发展远远滞后于应用型人才培养的步伐。为了更好地适应当前绿色建筑人才培养跨越式发展的需要，探索和建立适合我国绿色建筑应用型人才培养体系，知识产权出版社联合中国城市科学研究会绿色建筑与节能专业委员会、中国建设教育协会、中国勘察设计协会等，组织全国近20所院校的教师编写出版了本套丛书，以适应绿色建筑模拟技术应用型人才培养的需要。其培养目标是帮助相关人员既掌握绿色建筑相关学科的基本知识和基本技能，同时也擅长应用非技术知识，具有较强的技术思维能力，能够解决生产实际中的具体技术问题。

本套丛书旨在充分反映“应用”的特色，吸收国内外优秀研究成果的成功经验，并遵循以下编写原则：

- 充分利用工程语言，突出基本概念、思路和方法的阐述，形象、直观地表达知识内容，力求论述简洁、基础扎实。
- 力争密切跟踪行业发展动态，充分体现新技术、新方法，详细说明模拟技术的应用方法，操作简单、清晰直观。
- 深入剖析工程应用实例，图文并茂，启发创新。

本套丛书虽然经过编审者和编辑出版人员的尽心努力，但由于是对绿色建筑模拟技术应用型参考读物的首次尝试，故仍会存在不少缺点和不足之处。我们真诚欢迎选用本套丛书的读者多提宝贵意见和建议，以便我们不断修改和完善，共同为我国绿色建筑教育事业的发展做出贡献。

丛书编委会

2018 年 1 月

序

经过40余年的发展，建筑性能模拟已从科研人员的“堂前燕”飞入“百姓家”，成为建筑设计、建筑物理、暖通空调、照明设计等建筑行业人员工程设计的重要工具。建筑性能模拟的发展与应用极大地助力了设计从业人员（特别是建筑师）；设计性能更佳的建筑提升了人们的舒适度，改善了人们的健康生活空间，提高了生产力、创造力以及建筑环境的可持续发展水平。

美国LMN建筑师事务所的谢尔·安德森先生所撰写的《建筑设计能源性能模拟指南》系统地介绍了他与一些著名建筑师事务所合作设计的优秀建筑案例的能源性能模拟分析工作，详细讲解了包括场地规划、日照分析、遮阳设计、采光分析、气流分析、能耗模拟等与建筑能源相关的各方面知识。全书将理论讲述与案例分析相结合，图文并茂地展示了建筑设计是如何与能源性能模拟相配合以更好地提升建筑设计与建筑的性能水平。这本书展示了设计案例与多种模拟分析方法相得益彰的实例和操作流程，有助于将理论知识、方案设计与模拟分析应用策略密切结合。

田真教授在国外求学和工作多年，在此领域有很好的理论造诣和丰富的工程经验。我很高兴他能将此书翻译成中文，以飨国内读者。我相信本书不仅可以成为广大建筑学专业学生的一本好的教材，也可成为绿色建筑设计、建筑性能模拟从业人员一本重要的案头参考书。

祝大家开卷受益！

清华大学建筑学院
教授，博士生导师
林波荣
2021年12月6日于清华园

译 者 序

正如本书作者谢尔·安德森先生在书中提到的，建筑能源性能模拟正在从研究人员的高冷工具走上寻常设计咨询人员的工作台，正在我们的设计实践中发挥越来越重要的作用。然而，建筑设计师、绿色建筑咨询工程师等从业人员和高校的学生却一直缺少一本理论分析与实践相结合的指导读物。

2002年，我在加拿大攻读绿色建筑博士期间，开始从事建筑能源性能模拟工作，导师手把手教我们用DOE-2软件编写代码，并另外讲授一些建筑性能模拟的理论知识方法，如热工分区、模型简化、参数设定、结果分析、手工验算、实验验证等。2007年我博士毕业后，先后在中国香港、加拿大、美国和中国上海从事建筑性能模拟设计、咨询实践与管理，这些理论知识和方法对帮助我提高建筑性能模拟水平起到了很大的作用。我受益最大的是在美国莱特集团工作的三年时间。莱特集团作为美国老牌的建筑性能模拟咨询机构之一，每周会组织培训和研讨；而且公司内部有程序员团队，专门开发建筑性能模拟软件，从而优化建筑模拟流程，提高建模速度，控制模拟结果质量。我在多年的设计咨询实践过程中发现，不少从业人员由于缺少严格的“科班”指导和训练，只能依靠自我学习和摸索，因此水平参差不齐。除少数高校开设了相关课程外，大部分高校都没有相关的建筑模拟课程，同时市场上也缺少理论与实际项目相结合的建筑性能模拟书籍。

2016年，中国城市科学研究会绿色建筑与节能专业委员会、中国建设教育协会、中国勘察设计协会、北京绿建软件有限公司、知识产权出版社等机构组织的“绿色建筑模拟技术应用”丛书即为面向高校与企业需求的一个非常有益的尝试。2018年，上海华东设计院科创中心殷明刚先生推荐谢尔·安德森先生的“*Design Energy Simulation for Architects*：*Guide to 3D Graphics*”这本书给我，我读过书后爱不释手，与书中讲述的内容产生了共鸣。独乐乐不如众乐乐，我萌生了将这本书介绍给国内的高校师生、建筑师与绿色建筑从业人员的想法。

这本书囊括了热舒适、气候分析、建筑材料、日照、热辐射、遮阳、采光、通风、能耗、可持续能源、软件选择等建筑能源性能模拟的各个方面，以理论结合实际项目进行图文并茂、系统条理的分析，从建筑性能模拟实践者的角度对已出版的丛书各个分册图书进行了有效的补充。在我看来，这本书最大的特点是讲清楚了建筑性能模拟中最关键的一个科学逻辑关系：针对项目要求提出正确和合适的问题，用合适尺度和复杂的模型通过模拟来回答问题，对模拟结果进行分析和验证。书中的一些观点特别实际且有效，例如，对模拟结果准确性的判断，可采用比较节能量而不是具体的能耗性能的方法；新入行者可通过几个简单项目和模型事先进行模拟技能训练；各个软件交互操作和验证的方式。

随着国家在2030年前实现碳达峰、在2060年前实现碳中和目标的提出，建筑能源性能模拟将在助力建筑节能、零能耗建筑、零碳建筑的发展中发挥更大的作用。本书介绍的30个零能耗建筑案例及建筑能源性能分析将为我国零能耗建筑的发展提供有益的借鉴。这本书也得到了建筑性能模拟的先驱者、Ecotect软件的创造者安德鲁·马什博士，“建筑2030挑战”项目的爱德华·马兹里亚，以及著名的NBBJ建筑师事务所可持续设计部门负责人玛格丽特·蒙哥马利等人的推荐，说明该书得到了企业界的一致认可。

近年来，建筑性能模拟软件行业发展很快，国内外新的软件、新的版本在市场上不断出现，功能越来越强大，使用越来越方便，不断降低了建筑性能模拟工作的入门门槛，这对于广大建筑性能模拟从业人员来说是一个福音。本书的一个特点是不囿于某个具体软件，而是从具体方法及思路上结合理论、模拟分析与实际案例，因而可以结合其他软件操作的书籍进行使用。

我从2020年1月开始正式翻译本书，前后花了整整一年半的时间，翻译该书的难度远超过我当初的估计。由于原书使用的是英制单位，对于国内读者来说会造成较大的阅读障碍，因此我将英文原书中的图表数据全部从英制单位换算成国际单位，并进行了大量的图表改绘工作。在本书翻译过程中，得到了湖南大学建筑学院徐峰院长的大力支持；我的研究生杨柳、蔺鹏、方佳烽、张佳伟为本书做了部分图表改绘和文字编排工作；本书的翻译工作还得到了湖南大学邓广教授、重庆大学何荣教授的技术支持，在此一并向他们表示衷心的感谢。同时，我有幸邀请到美国科罗拉多大学翟志强教授、中国香港理工大学魏敏晨副教授（第8章采光部分）担任本书的校审。同时，本书的出版得到了知识产权出版社与北京绿建软件公司的大力支持，也获得了国家出版基金项目与教育部产学合作协同育人项目、国家自然科学基金项目（51978429）等支持，在此一并致谢。

本书可以作为建筑学专业、建筑环境与能源应用工程或者其他相关专业高校师生的教材、教学参考书，也可以作为建筑性能模拟行业从业人员的案头书。

在专业词汇方面，由于原书包括的内容非常丰富，不少英文单词在国内尚没有对应一致的专业词汇，我尽量按照一致性较强的词汇进行翻译；另外一些词汇在国内尚没有对应的中文名称，我则根据其语义直接进行了翻译，力求避免在概念上造成混淆而使读者产生误解。原书中的疏漏或者讲述不清楚之处，也以译者注的形式进行了说明，以便于读者更好地阅读和理解书中的内容。由于译者本人水平有限，成书时间仓促，书中翻译定有不少欠妥与讹误之处，敬请广大读者给予批评指正并提出宝贵意见，以便于在将来的重印或者再版时一并更正与改进。联系邮箱为 tztz2008@126.com。

翻译此书时，我的儿子刚出生不久，女儿刚上小学，我的父母与太太承担了大量育儿工作，谨以此书献给他们！

田 真

于岳麓山

2021年7月22日

目 录

4 气候分析 30

5 计划和目标设定 48

6 玻璃性能 77

7 太阳辐射与蓄热 88

8 天然采光与眩光 127

9 气流分析 186

10 能耗模拟 209

11 软件和准确性 278

12 在实践中的设计模拟 291

1
导言

设计的意义不只是产品的外观和给人的感觉，设计关注的是产品的性能。

——史蒂夫·乔布斯

今天，理性的人基本很少会怀疑人类的行为正在改变我们的气候。我们不仅正在改变自然，还降低了大自然为我们提供所依赖的清洁空气、水和食物的能力。虽然气候的总体变化是缓慢的，但当为数百万人服务的河流暴发洪水或出现干涸时，当飓风到达它们以前很少经过的区域时，这种影响作用就会突然被感知。在过去的50年里，这些影响在不断增强。

从改变海岸线的极端风暴到影响食物供应和价格的干旱，气候正在发生变化。现在，这个星球上的这一代人有唯一的机会改变这个进程并且反转气候变化所带来的最坏的结果。否则，气候变化肯定会带来更多的气候难民，导致更多的人类苦难和更多的战争。

在美国，建筑行业的能耗占能源使用量的近一半，其电力消耗约占用电量的70%。从研究和制定总体规划到城市设计，进而到建筑设计和施工，再到运营，建筑行业的每个环节都需要获得更好的性能表现。将解决气候变化的负担转嫁给后代是不负责任的。

我们生活在一个盛产数据的时代，但这些数据很少被用来有效地指导早期的建筑设计。而在这个阶段，正确的行动可以在非常少的增量成本条件下明显减少未来的建筑能源消耗。早期的建筑几何形体很少依据能耗、采光、遮阳或通风潜力等相关的研究成果进行比较设计，因为建筑师需要考虑许多其他的问题。

然而，许多领先的公司已经认识到了这些研究的价值，这些研究能够帮助他们做出更好的决定。这一领域被称为设计模拟，将数据应用于建筑设计，结合能源模拟的严谨性，实现快速分析研究，并以图形化的通俗易懂的结果输出，从而在早期设计的迷茫中影响设计决策。这一领域既包括传统的作为规范验证性手段的能耗模拟，也结合前端建模，包括舒适度、太阳辐射、采光、气流和建筑形体建模。

例如，位于华盛顿州布雷默顿（Bremerton）的莱斯·弗格斯·米勒建筑师事务所（Rice Fergus Miller，RFM）四层办公楼，造价约为 1150 美元 /m^2，单位面积能耗比全国平均水平低 90%，只需要 160 个太阳能电池板即可实现净零能耗（见图 1.1）。该项目采用了一个新范例：尽早设定高目标，工程师介入整合式的设计过程，充分利用天然采光，尽可能地使用自然通风，限制玻璃面积，最大限度地实现保温隔热，并结合设计模拟与设计经验来验证每一个设计决策。

虽然该项目采用了先进的机械（暖通空调）系统，但该系统造价成本仅为 110 美元 /m^2——这是一个异常低的价格。该系统的成本之所以如此低，是因为建筑师将一年中系统无须使用或只需最低必要使用机械（暖通空调）系统的时间最大化，从而可以采用更小型的系统，并且使用了市场上“现成的”产品组件。

自 1998 年引入能源与环境设计先导计划（Leadership in Energy and Environmental Design，LEED）以来，业界对可持续性发展的认识

▶ 图 1.1

布雷默顿的莱斯·弗格斯·米勒建筑师事务所办公楼利用现有的技术，在造价仅 1150 美元 /m^2 的条件下，其单位面积能耗比全国平均水平低 90%。一个整合式的设计团队使用设计模拟为前期的设计决策提供信息，使之成为可能。

资料来源：莱斯·弗格斯·米勒建筑师事务所。

得到了显著提高。然而，在许多情况下，建筑师仍然在设计相同的建筑形体和立面，就像他们认识LEED之前所做的那样，依靠规范技术参数和机械（暖通空调）系统的改变来提高建筑能耗性能。这不是性价比最优的方法，也没有达到“建筑2030挑战”所要求的绿色节能标准，这也导致人们认为绿色建筑的成本要高很多。

本书讨论的不是造价，而是设计过程，这个过程能够帮助建筑师在项目的早期阶段做出更好的决策，而不是在项目后期增加昂贵的技术方案。

我们的专业需要我们对建筑性能的相关知识进行再投资。最好的策略是开始进行设计模拟，并对建筑能耗和能源模拟有更多的了解。我们很快就能惊讶地回顾当初建筑师在参与设计模拟之前的实践，并且疑惑为什么在设计与性能间存在如此根本性的差异。

为减少建筑能源消耗而设计

就社会成本而言，通过设计和改造来减少能源消耗［有时被称为负瓦特（Nega-watts），即减少建筑能耗功率，相对于英文兆瓦（Mega-watts）而言］要比增加能源生产的成本低得多。基于这个原因，有理论依据的建筑设计是减少能源使用和适应相关气候变化的总体战略中最便宜的部分。虽然经常有补贴用于照明改造、建立新的风能和核能电站，或者为建筑物增加可再生能源，但令人困惑的是，用于帮助建筑师早期设计过程的补贴或者支持却很少。

尽管一些观点认为，解决气候变化问题的主要方案将是广泛应用氢能、电动汽车、智能电网或其他技术，但设计模拟为单个建筑的设计和改造提供了一种直接且行之有效的减少碳排放的方法。虽然大多数技术只能维持10～20年，但早期的设计过程涉及影响每个建筑物使用寿命期间内能耗的决策，这个时间可能是150年。

在研究客户的项目时，建筑师通常会草绘不同的方案。这个行为将空间、几何形式、比例关系与建筑功能要求联系起来，并加深建筑师对场地、功能和体块的理解，帮助他们做出有依据的决定。

同样，快速设计模拟加深了建筑师对于在特定气候条件下建筑几何形态的选择如何影响能耗和采光性能的理解。通过设计模拟测试一个空间的简单工作，可以立即建立对建筑性能的直观理解，并可以用于后期的迭代设计，这种认知也可以应用于将来的项目中。

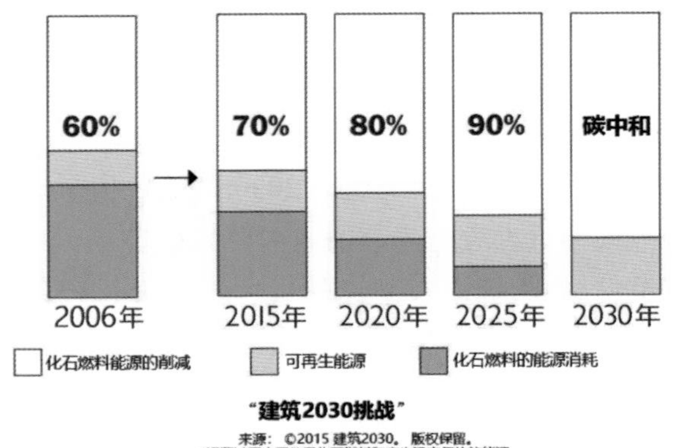

► 图 1.2

“建筑 2030 挑战”设定了新建筑减少能耗目标，目标是到 2030 年实现净零能耗。能耗减少比例以 2003 年美国商业建筑能耗调查（Commercial Building Energy Consumption Survey，CBECS）为基础。

资料来源：“建筑 2030 挑战”。

“建筑 2030 挑战”

爱德华 • 马兹里亚（Edward Mazria）提出的“建筑 2030 挑战”计划为应对气候变化提供了一条途径。该计划雄心勃勃，目标是到 2030 年将所有新建筑建成净零能耗（Net Zero Energy，NZE）建筑。许多组织已经签署了该协议，并相信这是必要的，也是可以做到的。这些机构包括美国联邦总务管理局（US General Services Administration，GSA，负责监督联邦建筑的建设），美国供暖、制冷与空调工程师协会（American Society of Heating，Refrigerating and Air-conditioning Engineers，ASHRAE）等组织机构，以及许多设计和建筑施工行业的公司。

虽然“建筑 2030 挑战”的一个重点是可再生能源，但大部分的能耗削减是源于更好的设计。现有的建筑材料、建筑系统和方法已经可以满足“建筑 2030 挑战”——它们只是需要由项目团队在设计过程中合理地组织起来。正确的设计需要在每个项目中进行评估和验证，这也是本书的主题。

致力于减少约占全球温室气体排放量 40% 的建筑能耗的运动，将不会由政府主导。如果我们成功地减少了建筑能耗，那要归功于研究人员、专业人士和公民的热情，是他们既没有贪图怀疑者的安逸，也没有一厢情愿地忽视人类的影响。这些人如托马斯 • 杰斐逊（Thomas Jefferson）一样，认为他们强加于未来几代人身上的任何负担都是不道德的。

建筑师+能源模拟?

能源模拟最初是一种用于确定建筑物制冷和供暖设备负荷大小

的方法，在实践中主要用于机械（暖通空调）工程的设计。建筑师依靠工程师来理解和提供建筑舒适性，以致于在20世纪中叶，他们开始放弃基于理性气候响应设计的思路和艺术。舒适与照明成为工程师的专属领域——工程师利用能源来提供舒适性的设计工具也变得非常复杂。在早期设计中，帮助建筑师做出更好的被动式设计决策的设计工具少得令人尴尬。

虽然设计模拟经常被视为专家使用的预测能耗性能的工具，但设计模拟对建筑师最大的价值在于可以帮助建筑师自由发挥设计思想，并得到及时反馈。设计模拟允许建筑师快速测试设计的可行性以实现项目团队的设计和可持续性目标，而不是应用建筑师自己也不能完全理解的通用的可持续策略。

虽然将建筑师纳入设计模拟过程中可能存在风险，但继续把他们排除在设计模拟过程外的风险要大得多。当前迫在眉睫的任务是避免全球变暖带来的最坏影响，这个任务要求建筑师充分参与节能设计。这种需求是显而易见的——包括本书和许多其他类似的努力，使得这个需求获得成功的工具也是存在的。

建筑师在设计中有独特的地位去影响被动式设计策略。然而，他们需要有方法利用这一点来评估设计策略。公司内部设计模拟软件提供了在一天的时间内评估或验证一些早期设计策略的能力。

早期设计模拟

早期的设计模拟包括太阳能、采光、气流和能耗的研究，这些研究分析为场地规划和概念设计阶段提供信息。这个新的领域已经被许多领先的公司占据，他们认识到在设计过程中获得信息和验证设计策略拥有诸多好处。

即使是内部拥有工程能力的设计公司，如SOM建筑师事务所和DLR集团，也有一批专门从事早期设计模拟的建筑师和分析师，他们

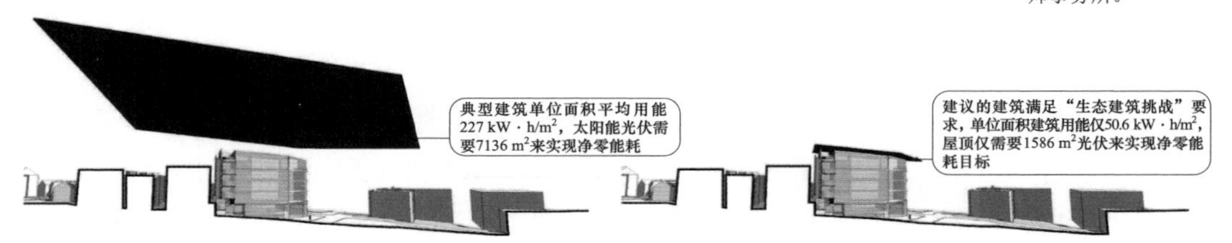

▼图1.3
下图显示了一个太阳能光伏板阵列的范围，以满足一个典型的办公大楼的年能源需求，它的大小和西雅图的布利特中心（Bullitt Center）一样。利用整合式的设计方法，提出正确的问题，并通过设计经验和模拟来评估方案策略，从而大量减少净零能耗建筑所需的太阳能光伏阵列，以适应现场占地大小的要求。

资料来源：米勒·赫尔（Miller Hull）建筑师事务所。

非常灵活，能够在早期设计中为项目团队提供有用的模拟。他们发现，这可以直接将能耗性能与建筑设计联系起来，从而改善建筑的性能。

目前，建筑师几乎被排除在建筑的能耗评估之外，就像机械（暖通空调）设计师几乎被排除在与他们设计的系统相对应的建筑几何形体设计过程之外一样。这导致许多最有效的节能策略在整个团队正式结合之前都没有产生，而只是使用成本更高的设备系统升级措施。实现建筑自然通风、自然采光和受太阳光影响的有效朝向设计需要通过早期的经验和分析来指导设计决策。

在一个从一开始就包含了建筑师和工程师的整合式设计项目团队中，有些建模适合由建筑设计公司完成，有些建模最好由工程设计顾问公司完成。对于西雅图的布利特中心项目，米勒·赫尔建筑师事务所完成了一个早期的采光模拟，将一个包含庭院的设计方案与一个更紧凑的方案进行了比较，从而证明了为达到采光目的而增加楼层高度的必要性。PAE 工程公司的工程师则进行了更专业的早期模拟。该项目有望成为世界上最大的“生态建筑挑战”（Living Building Challenge，LBC）绿色建筑认证项目，可参见案例研究 7.5、案例研究 9.2 与案例研究 10.7。

模拟软件现在非常直观，具有良好的图形界面，对于建筑师来说，设计得非常实用。学习、借鉴了本书中的基本理论和案例指导，建筑师应该能够开始参与各种有用的设计模拟，如果他们需要，还可引入专家进行指导。

专有设计模拟的一些优点如下：

- 一旦建筑师参与了一系列模拟设计，他们就能直观地理解设计是如何影响光、热和气流的。
- 根据分析的复杂性，经过培训的建筑师或专业人员可以在几小时内完成快速分析。
- 专有设计模拟要求建筑师关注能源使用，所涵盖的设计概念可以使他们能够更顺畅地与工程师交流后期阶段的设计模拟。
- 开放式软件允许团队回答关于设计性能的一般或特定的问题，可以对设计策略进行详细的比较，并在设计时提供实时测试设计想法的能力。
- 许多分析产生的结果可图形化地映射到 3D 模型上。直觉型设计者很快就能掌握一个设计策略的影响，并可对分析结果巧妙地做出设计回应。

◀ 图 1.4
圣地亚哥 DPR 建筑公司零能耗办公楼由包括卡利森公司（Callison）在内的高效的整合式项目团队设计，使用设计模拟来评价设计策略，如自然通风、导光管采光、漫射拉伸织物采光、天窗和大风扇空气流通，以及对一个先进的适应性热舒适模型的理解应用。
资料来源：© 休伊特·加里森（Hewitt Garrison）摄影图像。

设计模拟还可以防止建筑师推荐错误的设计策略。波士顿的CBT 建筑师事务所的建筑师讲述了这样一个故事：耗资超过 100 万美元的花哨的绿色策略可能会损害或者至少无助于提升建筑性能，如使用窗户反光板、低太阳得热系数（Solar Heat Gain Coefficient，SHGC）玻璃、保温隔热材料等。其实在这些方面节省下的资金可以转移到更有效的系统上。许多公司提及了类似的研究，表明某些“绿色”策略并不适用于某一特定的建筑。在案例研究 10.3 中提供的敏感性分析可以帮助项目团队在项目开始时确定最有效的能源策略。

本书的结构

本书介绍了如何在建筑设计实践中使用设计模拟工具，并提出建筑师应该通过积极参与设计模拟来设计更高性能的建筑。即使缺少对太阳能、照明、通风和暖通空调系统之间如何相互作用的完备理解，也可以通过设计模拟来逐渐获得设计策略对建筑性能的影响的理解。

在这个前提下，本书着重培养建筑师对设计模拟的理解和欣赏。它试图回答以下问题：

- 设计模拟可以做什么？
- 如何利用设计模拟？
- 设计模拟的结果说明了什么问题？

本书中的30个案例研究说明了设计模拟可以研究的范围，每一个都聚焦于一种不同的分析建筑性能的方法。由于它的目标是早期设计，本书展示了模拟的有效性，而不是侧重于提供每一个模拟中的成本或能源节约方案。

大多数选择的案例研究是用来表示建筑师在早期设计中需要或将要执行的常见分析类型，其他的案例研究则为复杂的问题提供了精巧的解决方案，或验证了更早期的模拟工作结果。每个案例研究都描述了所使用的软件、技术和独特的输入信息，并帮助读者理解输出结果。在案例研究前，介绍了理论和其他示例，用于帮助理解、执行和解析设计模拟相关的概念。

虽然许多书都提供了详细的设计策略，但本书突出了那些能够通过评估和优化策略来减少峰值和年能耗的工具和方法。本书不是授之以鱼，而是授之以渔。

本书没有列出图表和负荷计算表。它们可以在一手来源的参考书中找到，例如，美国供暖、制冷与空调工程师协会，国际建筑性能模拟协会（International Building Performance Simulation Association，IBPSA），美国能源部（Department of Energy，DOE），以及其他已出版的书籍及互联网上的资料。

作者为撰写本书采访了50多个人，他们是一大批专业人士的代表。他们认为早期的设计模拟成为每个设计项目和每个设计公司的一部分的时代已经到来，并意识到一旦建筑师进入设计模拟阶段，他们所获得的知识将提高其设计低能耗建筑的能力。

本书专注讨论的范围限定在建筑的直接能耗，而水耗、空气质量、建材能耗以及其他一些重要的内容都被排除在外。虽然本书的目标是整合设计，但如果试图将所有涉及整合设计的必要的知识整合到一本书中其篇幅将是非常大的，因此，需要设计团队在此范围内进行整合设计研究，而不是仅仅依靠书籍。

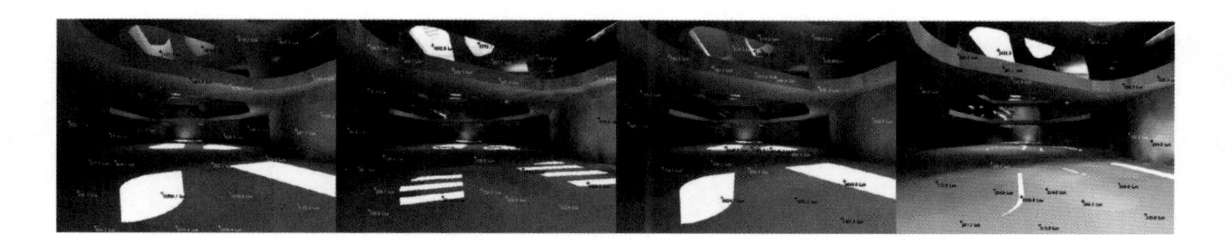

总　结

建筑师进行建筑能源模拟的新模式是达到更高水平的建筑性能所必需的。即使作为整合式设计过程的一部分，建筑师也最好在公司内部进行一些模拟，以便快速做出设计决策。本书为这些设计模拟奠定了基础，并向读者介绍了更广阔的建筑性能领域。国际建筑性能模拟协会于 2009 年发表的一篇论文描述了建筑师更详细地使用设计模拟时所面临的挑战（Bambardekar and Poershke，2009）。

作者并不是说要用设计模拟来验证每一个设计工作。然而，一旦设计模拟成为日常工作过程的一部分，建筑师就会开始理解潜在的交互作用，并能够凭直觉进行充满自信的设计，从而有可能设计出一个低能耗的建筑。

▲图 1.5

利用采光模拟方法对中国无锡某零售项目中庭的几种天窗几何形状进行了比较和评价。每个方案都分别在晴天和阴天下进行评估，以确定最佳的环境光与直射光和最小眩光情况。

资料来源：卡利森公司。

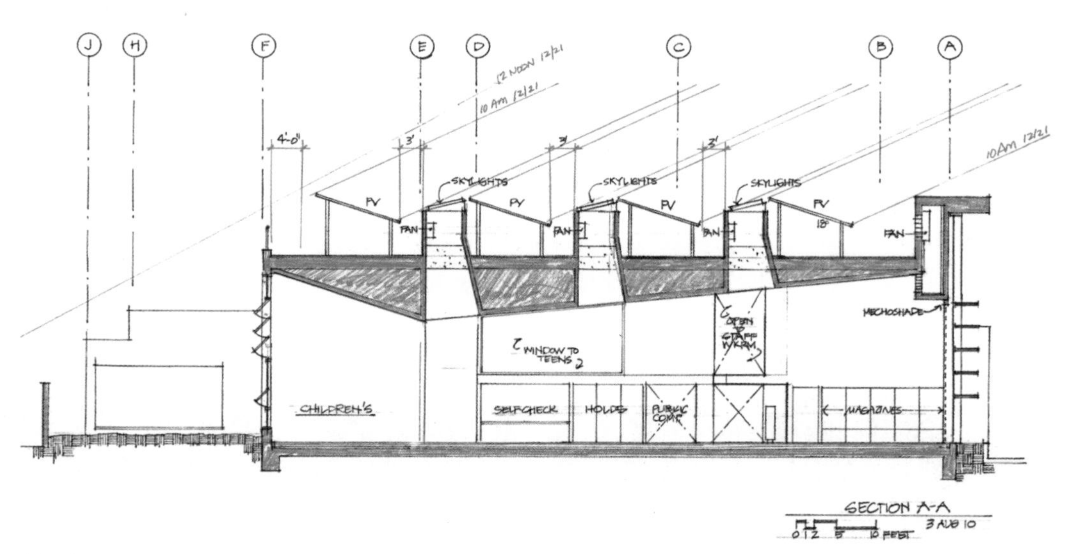

▲图 1.6

采用净零能耗设计的西伯克利图书馆阅览室早期设计剖面。设计团队将直觉与设计模拟相结合，创造出的一种能够正确地平衡可再生能源、深采光井和自然通风空间的屋顶形式。参见案例研究 8.2 和案例研究 9.1。

资料来源：爱德华·迪安（Edward Dean）的概念草图，由哈利·埃利斯·德弗里奥建筑师事务所（Harley Ellis Devereaux Architects）提供。

2
设计仿真基础知识

▼ 图 2.1 和图 2.2
雷克·弗拉托建筑师事务所（Lake Flato Architects）与华盛顿大学整合设计实验室（University of Washington Integrated Design Lab，UW IDL）、希普利·布尔芬建筑师事务所（Sheply Bulfinch Architects）、克兰顿及合伙人（Clanton and Associates）照明事务所举办了为期两天的奥斯汀中央图书馆采光与照明设计专家研讨会。他们在晴朗的天空下检查了这些模型，比较了采光方案，并讨论了人工照明如何增强效果。更多信息参见案例研究 8.3。

一座伟大的建筑必须从不可测量开始，在设计时必须采用可测量的手段，并且最终必须是不可测量的。

——路易斯·康

我们生活在一个数据驱动的世界里。然而，许多建筑师都是凭直觉工作的。我们对以图形呈现的信息的反应比数字表格更加自然。由于建筑学是一个应用领域，所以我们对特定的适用于项目的信息也会做出更好的响应。图形化的、针对项目的反馈是设计模拟软件的基石，使得建筑师能够将其整合到设计过程中。

通过设计模拟，建筑师可以开始理解他们的设计行动对能源使用的影响。虽然建筑师没有接受过基础计算的正式培训，但可以培养出关于采光、太阳能、形体和其他因素的一般直觉，帮助他们在高性能建筑的设计实践中做得更好。

本章将向建筑师介绍设计模拟的概念和基础知识，这些基础知识在其他章节中都会使用到。

提出正确的问题

使用设计模拟需要在整个设计过程中提出问题。最好的问题都很简单——也许是“这个中庭需要多少天窗玻璃面积来满足采光”，这个问题的答案将与“哪个朝向的天窗玻璃可以在这个中庭中产生最均匀的光分布”的答案有很大不同。建筑师在早期设计中会遇到最关键的问题——提出正确的能源使用问题，尽管这需要一些额外的经验。每个案例研究至少包含一个重要的问题，并提供一个过程来说明和解决这个问题。

需要对所提问题进行框定，这样才可以通过研究或设计模拟软件来回答问题。在上面的第一个问题中，团队可能会设计四个选项，并测试其中哪个选项提供了足够但不过度的采光。该团队可以用快速的三维建模来回答这个问题，包括材料分配、正确的软件或物理模拟，以及一些经验或指导。其中的两个选项可能是相当成功的，它们可以组合起来测试第五个选项，或者模拟结果可能激发其他的设计想法，从而引导至新的设计方向。

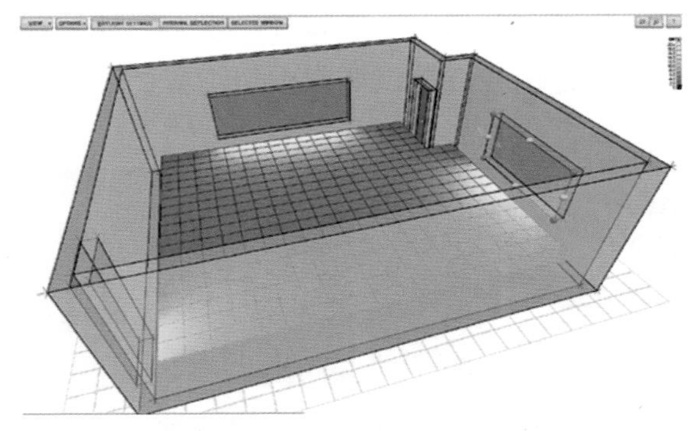

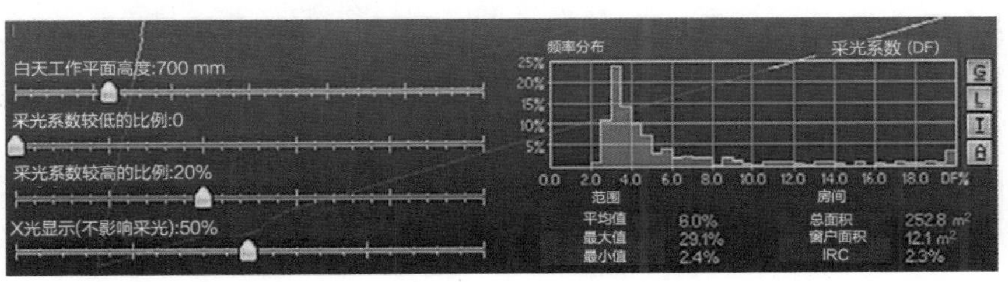

◀ 图 2.3 和图 2.4 **Ecotect 软件的创始人安德鲁·马什（Andrew Marsh）一直在实验实时的、在线的采光模拟。调整房间和窗户可以看到实时的采光系数结果。**

资料来源：安德鲁·马什。

这个过程与科学过程相似，包括提出一个问题，设计一个可解决的实验来回答问题，测试并分析、解释结果。虽然对于早期设计过程中大量的数据输入来说，科学过程似乎太过于枯燥乏味，但它通常可以在几个小时内完成，并提供有用的反馈信息。

模拟促进理解

除提供关于设计策略的即时反馈外，使用设计模拟回答问题的过程也可形成对因果关系的理解——在特定气候、建筑类型和场地条件下，哪项设计策略对建筑性能的影响显著，以及哪些设计策略对建筑性能的影响较小。

由于模拟提供了关于设计策略结果的即时反馈，所以模拟软件的持续使用可锻炼与验证一个人对设计策略影响能耗结果的直觉。即使不了解复杂的底层算法，建筑师也可以内化对各种影响因素的交互作用的理解。持续应用实时的、迭代的软件可培养设计师自然的直觉特性，这比死记硬背图表和公式来理解要容易得多。

事实上，大多数专业能源模拟都是基于“权衡”的，将其中一个要素用另一个要素进行调换以确定其效果。在测试许多权衡计算之后，分析人员可以了解更改单个要素会如何影响能源系统，从而了解那些对能源最具影响力的要素。

有了当前和不远的将来的一些软件，采光、能耗和其他类型的设计模拟就可以具有这些特性，非常类似于我们通过游戏进行学习

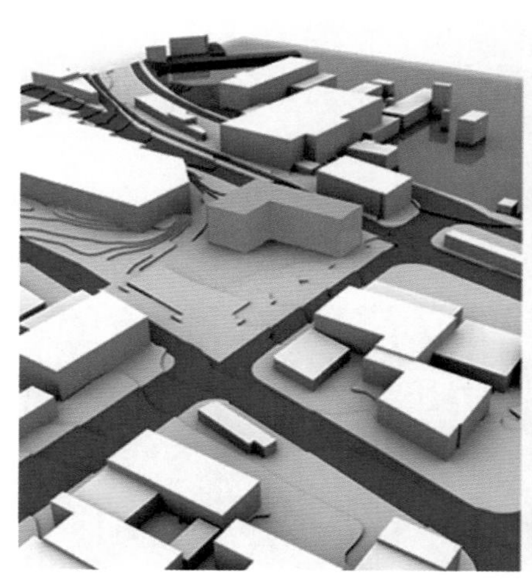

► 图 2.5

LMN 建筑师事务所正在探索一个链接，该链接允许物理模型立即与基于计算机的模拟联系起来。右边的物理模型包含一个标记。计算机读入标记的位置和朝向，然后立即分配属性并运行模拟。有许多这样的标记可以应用，这可导致物理模型的修改或旋转与能耗、太阳能或采光结果变动的评估之间产生实时联系。LMN 建筑师事务所使用 Reactivision Listener for Firefly（这是 Grasshopper 的一个插件）来创建这个链接。

资料来源：http://lmnts.lmnarchitects.com/interaction/tangible-userinterfaces/。

的方式。下面举例说明如何探讨这一问题：

- Ecotect 软件的创始人安德鲁·马什博士目前正在开发一种实时采光应用程序，用户可以在其中拉伸和缩小窗户，并查看实时采光效果。他的博客上也有一个实时的遮阳计算工具。
- 加州大学伯克利分校实验室的在线热舒适工具允许用户实时输入环境条件变量，让用户了解变量之间相互影响的程度。这将在第 3 章中进行介绍。
- LMN 建筑师事务所创建了一个系统来预先运行数百个高精度的照明模拟——一旦计算完成，就可以实时导出结果，以确定采光最佳的窗口尺寸和位置。
- 一项关于通过游戏来促进能源策略的研究发现，学生们理解并喜欢使用设计模拟（在本例中为 EnergyPlus），并将其构建在游戏的环境中（Reinhart et al.，2012[MD2]）。

游戏也可以影响用户的行为，第 3 章讨论了基于相似原理的能够指导建筑使用者的实时反馈。

在进行迭代设计模拟时，精度非常重要；否则，模拟人员就只是简单地学习如何钻系统的空子，以获得良好的结果。正如第 11 章所讨论的那样，模拟精度部分基于模拟运行的迭代次数，让模拟人员有时间利用他们的研究和期望来校准结果。

术语与概念

使用设计模拟来提问和回答问题需要对一些常见的术语和概念有基本的了解。

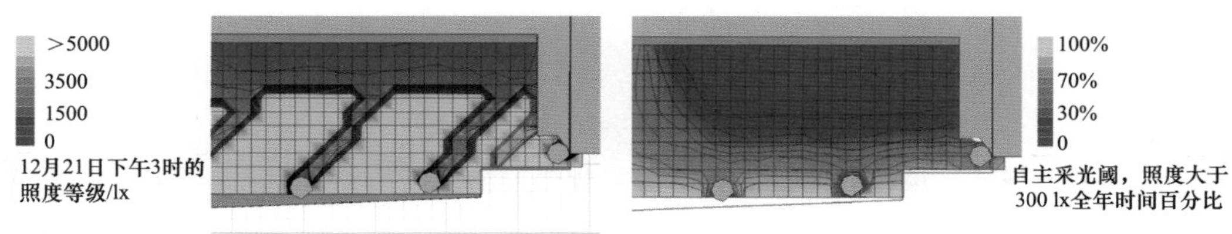

▲ 图 2.6

在一个开放式办公空间的平面图中，显示一个底部有圆立柱的平面不同位置的照度。例如，一个时间 - 点（Point-in-time，PIT）分析图（左图）提供了冬至日下午 3 时的采光照度水平和可能的眩光数据信息。全年自主采光阈分析图（右图）显示了各区域全年采光达到一定数值的时间百分比。两者都使用伪彩色图来说明采光照度水平，它们分别利用 Autodesk Ecotect 输出 Radiance 计算结果和 Daysim Analysis 计算输出结果。

一个设计策略经常与基准选项或假设进行比较，以确定性能的改进。虽然某些基准线是有标准的，但是选择基准线是很困难的。它虽然有研究基础，但在许多情况下仍然有些武断。例如，如果项目团队将办公大楼 1/3 的照明整夜点亮作为一个基准线，那么人员感应传感器可能显示每年可节省 50% 的照明能耗，投资回报期为 3 年。如果项目团队假设建筑使用人员在夜间离开时会关灯，那么人员感应传感器预计将仅减少 20% 的照明能耗，并且投资回报会长达 10 年。作为一个更广泛的例子，ASHRAE 90.1 的基准建筑能耗对于每一个设计都是独特的，这导致了整个行业范围内误解了建筑的模拟能耗性能和实际能耗性能。

特定时间 - 点分析是针对某一个时刻的分析，而时间步长分析是一段时间内（比如一年）的运行分析。我们的生活是一系列时间 - 点——照度等级和温度需要在这些时间 - 点满足我们的期望值，否则用户会抱怨或试图调整建筑系统来恢复舒适度。时间 - 点研究对于峰值冷热负荷、热舒适和眩光分析是有意义的。特定时间 - 点分析是非常准确而且相当快速的，然而，要确定随时间的变化趋势，必须进行大量时间 - 点分析。

时间步长分析以建筑物使用情况的许多假设为前提，执行一系列分析并将它们联系起来形成一个整体评估。时间步长可以是一分钟、一小时、一天或其他增量，但通常在时长为一年的模拟中取小时为单位进行运行计算。这种允许使用时间步长内的平均数据来进行分析的方法通常简化了计算。ASHRAE 90.1 能耗权衡计算基于年能耗模拟来满足能耗法规或者 LEED 的能耗得分和单位面积能耗强度（Energy Use Intensity，EUI）计算。

由于眩光、温度和其他条件模拟时间步长一般是每小时的平均值，因此其精度不如时间 - 点分析高。虽然时间步长可以被缩短，但每次模拟的运行时间就会增加。

运行时间是指计算机生成模拟结果所需的时间。一分钟以内的运行时间的模拟为用户提供了良好的反馈，并允许运行许多模拟（称为迭代）来校准和理解结果。一小时或更长时间的运行时间要求模拟人员在等待结果时继续执行另一项任务，从而扰乱了思路。模拟的准确性部分取决于用户运行的连续迭代次数，因为每次迭代都可应用另一个迭代来校准结果，这意味着较短的运行时间可以提高准确性。

细节层次。设计模拟中最需要技巧的是确定分析的每个几何形体合适的建模细节层次。大多数分析只有显著地减少几何信息的数量才能在计算上可行，如窗间分隔、窗框、墙壁厚度和其他细节参数经常被简化或删除。根据作者的经验，在大多数的设计模拟中，简化一个 3D 模型或构建一个新模型至少需要分配一半的时间。

输入是指用户输入的参数，例如，玻璃属性、墙面覆盖物的颜色或反射率，或人员何时进入建筑的时间表。设计人员可以通过改变参数输入来验证测试设计模拟中的各种方案。

默认值是软件建议的输入参数值，通常基于行业标准。例如，DIVA 软件建议，一般墙壁会反射 50% 的光线，而地板会反射 20% 的光线。当项目团队拥有更准确的信息时，输入参数很容易更改，但对于大多数早期设计模拟来说，默认值就可以得到比较准确的模拟结果。

参数化软件允许用户动态更改影响模型几何或属性的输入参数。例如，用户只需输入一个参数，就可以增加楼层间的高度，而建筑物的其他部分将自动调整以适应该参数变化。参数化建模在设计模拟中非常强大，因为它可以被用来快速地比较不同方案的性能表现。

当研究建筑物的一部分时，边界条件被用来创建模拟部分的外部“边缘”。这缩减了模拟的几何形体范围与运行时间，从而可更快地回答问题。例如，一个采光模拟可能只需考虑建筑西向立面或建筑内的一个办公室，因此建筑物其余部分的几何形状不需要考虑。一个“鞋盒”状的简单体块能耗模型可能是一个包含外墙的办公空间或零售空间的典型开间，可使用不传递热量的边界墙条件设定来减少运行时间。

在物理采光模型中，光传感器被放置在团队关注的阅读区采光照度水平位置。计算机模拟使用数字传感器点。传感器点可以放置在三维空间中的任何位置或水平、垂直网格上。它们被放置在特定位置以回答可能出现的问题——记录温度、气流、照度水平或任何其他待知数据。它们通常将结果以伪彩色图像方式显示。

在许多分析中以伪彩色图像方式表达太阳能、光、热或其他结果的层次分布。伪彩色的范围从最小值到最大值，显示了跨越空间或时间内的结果。上限阈值和下限阈值通常由软件自动设置，但用户需要在解释结果之前检查所提供的上、下限阈值范围。在同一个结果分析中，将伪彩色设置为相同的上、下限阈值与比例，有利于一致地分析结果。

尺度与复杂性

通常使用三种尺度来分析建筑的性能。尺度的合理选取由所提问题的范畴及答案所需的详细程度来决定。

单方面模拟分析一个设计受单一因素的影响——太阳辐射、采光、眩光、气流或其他。这种类型的分析非常强大，因为它非常快速和准确。例如，当设计遮阳设施以最大限度地减少 8 月下旬下午的太阳直射辐射时，整个太阳辐射分析可以在半小时内设置并完成；或者可以测试一个简单教室中三个天窗设计带来的人工照明使用的大致削减量，在早期设计阶段，这个工作能够在一小时内完成。设计师通常可以直观地补充缺少的输入参数。

相比整体性的简单体块模拟和整体建筑能耗模拟（Whole Building Energy Simulation，WBES），专注于某一个方面的研究分析能让软件对于该方面的分析更为准确。因此，单方面模拟分析的输出结果通常可用作更全面的简单体块模拟和整体建筑能耗模拟的输入参数。对于布利特中心项目，如案例研究 10.7 所述，项目团队使用采光分析获得人工照明使用时间表，然后用于校准整体的建筑能耗模拟人工照明使用时间表。

整体建筑能耗模拟考虑了与整个建筑能源相关的各个方面，通常要花费两周或更长的时间才能建立模型、校准模型，并得出结果。一个 WBES 能详细地说明建筑物的能耗情况，可以成为一个强大的早期设计工具。然而，目前几何形体设计方案的分析成本很高，因为每个形体设计都需要一个新的、有明显调整的暖通空调设计。尽管 WBES 有各种益处，但客户通常不愿意花钱从 WBES 获得早期设计反馈，最终只是在项目结束时运行一到两次，将其作为满足能耗标准和 LEED 得分点的工具。然而，许多建筑和工程设计公司正致力于降低 WBES 的花费，以便在早期设计中更容易使用。例如，LMN 建筑师事务所与奥雅纳（Arup）公司合作设计了一套系统，可从建筑设计 Rhino 模型自动导出几何形体和开窗区域到工程师的能耗模型。

◀ 图 2.7

虽然 WBES 估计了整个建筑的性能，但典型的模拟楼层包括高层建筑的底层①、中层②和顶层③，并使用乘数来计算其他楼层。每个非典型楼层分别建模。使用体块模型分析一层或一层内的空间的能耗性能。例如，建筑物的一角④可能从多个方向暴露在太阳辐射下，可进行舒适度和能耗性能测试。体块模型也可以用来估计和提高较小的或独特的空间⑤的能耗情况。任何尺度都可以通过单方面模拟分析来开展更快的研究，包括整栋建筑、建筑的某一层或者特殊的位置。

资料来源：获 LEED 金级认证的成都万象城照片。©2012 卡利森公司。

简单体块模拟的分析范围与 WBES 相似，却通常使用平均数据来计算机械[1]系统。它们利用边界条件来限制几何尺寸和模拟范围。为了定义体块模型的边界，可使用无能量通过的虚拟墙体（绝热），以便这个分析能够集中在少数几个产生大部分传热的立面或平面上。

简单体块模型通常是自动生成的，这意味着数百个输入参数都拥有合理的默认值。这些默认值通常来自国家平均数据或者根据不同的建筑类型和气候条件得到的更具体的数据。好的软件可列出输入参数并允许更改输入数据，因此建筑师或工程师可以通过查看这

[1] 本书中特指暖通空调。——译者注

些输入参数并根据项目特点定制某些参数。

例如，酒店房间的体块模型对于行业规范的照明功率密度、人员入住率、暖通空调系统等可能有默认值。这允许建筑师对特定酒店房间进行分析，将其设置在正确的气候和朝向条件下，对几何形体和开窗进行模拟，并测试各种设计选项。由于在这个分析模型中没有考虑走廊和公共空间条件，所以不能准确地预测整个建筑的能耗，但是可以合理地比较各个设计方案。

总　结

建筑师对工程师和能源分析师的完全依赖损害了我们对建筑设计如何影响建筑能耗的理解。通过整合式设计团队和现有的软件，建筑师可以开始参与设计模拟，重新学习如何通过被动设计提高建筑能源性能。虽然大部分详细的模拟将由工程师完成，但学会设计模拟的建筑师可以开始理解能源性能并围绕能源性能进行设计。他们还可以更容易地与工程师和能源分析师沟通，从而形成一个更为整合的决策过程，帮助实现低能耗目标。

3 热舒适与控制方式

人是万物的尺度。

——普罗泰戈拉

把用户设想为室内环境条件的被动接受者的思维必须要转变，用户在维护其舒适环境和建筑性能方面可发挥更积极的作用。

——科尔和布朗

建筑需要消耗大量的能源才能够为用户提供舒适的环境。我们喜欢某个温度、湿度、氧含量和光照区间。随着我们对于全年不断变化的室外温度的适应，我们对室内热舒适的想法也发生了改变。由于每个人都有个体的差异和偏好，因此不可能为所有的用户设计出一个完美的热环境。人员热舒适的定义和描述可作为建筑性能评价的一个基准。

举一个例子，对于可接受舒适区范围的探讨减少了新港滩市的DPR 建筑公司办公楼的能源消耗和初始成本。他们之前的净零能耗办公楼曾测试过最高室内温度，发现当顶部的大风扇提供足够的空气流动时，28 ℃甚至更高的温度都不会引起人们的抱怨。基于扩大舒适度范围的第一手经验，再加上其他的研究结果，设计团队减少了新港滩办公楼可开启窗户的改造数量，从而节省了建设成本并减少了机械（暖通空调）系统的使用时间。详情参见案例研究 9.4 和案例研究 10.6。

再举一个负面的例子，一个获得了 LEED 认证较高得分的日间托管建筑项目所消耗的能源明显要比原本预计的多。在实施项目价值工程[1]过程中，团队用通风口代替了自然通风窗，同时还提供了树木遮阳，而不是原设计的水平遮阳。被替换过后的通风口并不能完全关闭，因此用户不得不在冬季使用房间加热器来适应温度变化。除比预期使用更多的加热能耗外，每个夏季总有几天，树木不能够提供足够的遮荫，从而使室内温度过高，影响儿童健康。

如果舒适是没有不适感，这就大大超过了本书能解决问题的范围。本章的重点是热舒适。空气质量对于人体健康来说非常重要，也影响了能耗，但是本处并不涉及。视觉舒适将在第 8 章“天然采光与眩光”中讨论。

在低能耗建筑中提供舒适感是当今环境设计的挑战之一。近年来，设计师通过将建筑机械系统的容量扩大 2 倍甚至 3 倍来确保室内温度应在一个较小的范围内，但这降低了建筑系统的运作效率。合理精简这些系统的容量，从而降低建设成本和运行能耗，需要更彻底地调查预期建筑物的运行情况，更好地进行能源建模，以及更深入地理解使人员感到舒适的条件。

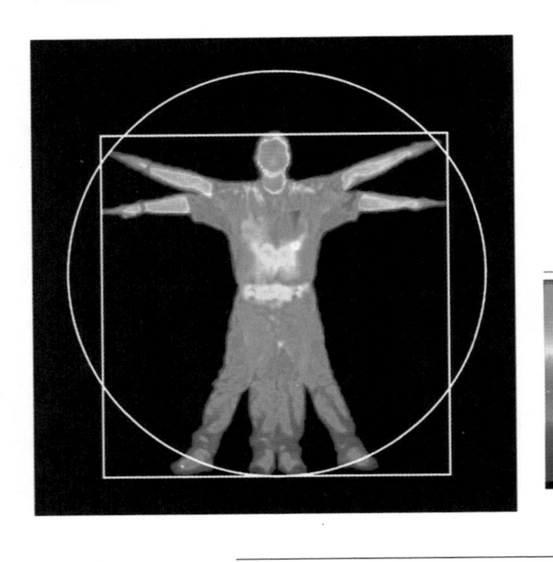

▼图 3.1（左下）**人体舒适度是衡量建筑性能的标准。**

资料来源：原始热像仪图由诺伊多费尔工程师事务所（Neudorfer Engineers）的菲尔·埃默里（Phil Emory）提供。

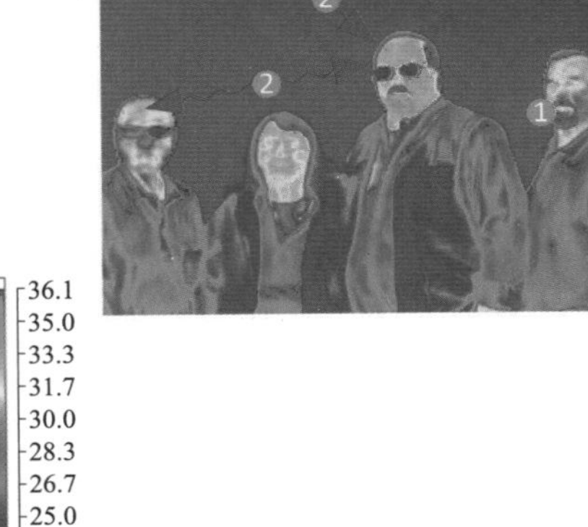

▼图 3.2（右下）**热像仪图显示四个人的身体表面温度。中间的两个人的代谢率高于旁边的两个人。**

资料来源：诺伊多费尔工程师事务所的菲尔·埃默里。

---

[1] 价值工程是一门新兴的管理技术，是降低成本、提高经济效益的有效方法。价值工程指的都是通过有组织的活动对产品或服务进行功能分析，使目标以最低的总成本（寿命周期成本），可靠地实现产品或服务的必要功能，从而提高产品或服务的价值。价值工程主要通过对选定研究对象的功能及费用分析，提高对象的价值。价值反映的是费用支出与获得之间的比例，用数学公式表达为价值＝功能 / 成本。——译者注

人体热平衡

虽然大多数人的理想环境温度是21 ℃左右，但健康的人体“核心”温度是37 ℃。正因为如此，人们通常向环境净散发热量（散热量大于得热量）。因此，热舒适是基于人们散发适度热量的能力。

人们通过以下方式向环境散发热量：①吸入凉爽干燥的空气，呼出温暖潮湿的空气；②通过裸露的皮肤向周围辐射热量；③空气流动将热量从衣服和裸露的皮肤上带走，通过出汗蒸发提供蒸发冷却；④通过衣服和脚向周围表面以及气流传导/辐射热量。当这些方法由于环境条件而变得不太有效时，人们可能会过热。例如，高湿度会降低出汗的效率，而高气温会降低方式①、②和④的效率。在第10章中将会提到，人们散失的这些热量都会成为建筑物供冷能耗的一部分。

人们通过燃烧热量、接触热风或热的物体（电热毯或热咖啡）以及热源（如太阳、火或热辐射器）的辐射路径来获取热量。

什么影响热舒适?

热舒适，或者说向环境散发适度的热量，取决于建筑系统中四个可控制因素之间的平衡，即空气温度、平均辐射温度（Mean Radiant Temperature，MRT）、空气流速和湿度。另外两个因素取决于人员本身，即新陈代谢率和衣服热阻。而适应性热舒适模型增加了其他因素，如当地室外温度的历史记录和某些心理学方面的因素。

大多数人将热舒适与气温联系在一起。家用温控器一般根据空气温度来进行开关控制，火炉则提供热空气来调节空气温度。研究表明，人类的热舒适度实际上更多地取决于平均辐射温度，而平均辐射温度仅间接受提供的冷热空气影响。平均辐射温度是我们周围物体表面的平均温度，由它们的表面辐射率和我们在空间内的几何位置来确定。许多低能耗建筑使用辐射供热/供冷，因为这是一种更有效率（更高效）的提供热舒适的方法。

所有表面都在不断地通过“长波”辐射交换能量，使较冷的表面升温，较热的表面降温。我们的身体也在不断地散发和接收辐射能量。我们在一个房间内所能感受到的热舒适，很大程度上取决于我们接收到的辐射能量的数量。一个礼堂、聚会场所或拥挤的会议室可能会迅速过热，一部分原因是人们是与 32.2～35 ℃的皮肤来交换辐射温度，而不是与 18.3 ℃的墙进行热交换。

空气流动通过带走我们身体周围热的空气来促进散热，并提供气流增加出汗所带来的蒸发冷却。通常，通过自然通风、使用管道系统风机进行机械通风或者头顶风扇来控制风速。

湿度是建筑系统控制的最后一个要素，它通常是由机械（暖通空调）系统来调节。供暖系统可以降低较冷的室外空气的相对湿度。在夏季，温暖潮湿的室外空气通常会被冷却到 12.8 ℃，从而降低空气中的水分（称为冷凝）。然后，这些空气被送入房间，与室内的温暖空气混合，从而降低室内的相对湿度。有趣的是，尽管加湿器在寒冷的气候中很常见，但 ASHRAE 55 热舒适标准关于湿度只有上限值，而没有下限值。

衣服的热阻性和人的新陈代谢率也会影响个人的热舒适。可以用一个典型的衣着等级（以 clo 表示）来赋值：clo=0，表示未着装；而 clo=1，相当于一套典型商务套装。新陈代谢率（met，1 met ≈ 58 W/m^2，其中 m^2 表示一个人的皮肤总面积）基于人员的活动水平。在办公室中，假设人们是久坐不动的（met = 1 ～ 1.2），衣着为裤子、衬衫，有时还有外套（clo = 0.8～1）。在体育馆里，人们十分活跃（met = 2 ～7 或更多），衣着为短裤、运动服或短袖衬衫（clo = 0.3～0.6）。在某些建筑类型之中，例如游泳池、水疗中心和山上滑雪用品零售店，可以假定人们穿着明显更少或者更多的衣着。

热舒适科学要比此处介绍的内容复杂得多，包括衣服的渗透性和分层、基于身体所在的位置和暴露程度的对流，以及身体各个部位的散热情况等。《ASHRAE 基本原理手册》（*The ASHRAE Handbook of Fundamentals*，ASHRAE，2013）中包含许多公式，这些公式能够通过人员衣着和新陈代谢率来估算传热量。这些公式通常包含在计算热舒适的模拟软件中，而与能源相关的模拟软件则遵循下述方法。

定义热舒适度范围

人体热舒适是一门软科学，它依赖于个体对其所处环境条件满意度的主观评价。人员暴露于空气温度、湿度、空气流速和平均辐射温度的各种组合中，他们的热感觉反馈了这些环境要素的情况，另外还有受试者的心理、年龄、文化水平以及对热环境的期望值。由于个体差异，ASHRAE 标准认为即使在设计合理的建筑物中，一个给定房间内 10%～20% 的人员也可能感受到热不适。人员可通过个体控制来提高热舒适满意度，这将在本章后面部分讨论。

热舒适有两种主要类型，即静态热舒适和适应性热舒适，这是基于长期而详细的对个人热舒适的主观评价研究得出的。大多数研究要求人员在 –3（冷）～3（热）的范围内对他们的热感觉进行评分，其中 0 是热中性（不冷不热）。

如果计算出的预计平均热感觉指标（Predicted Mean Vote，PMV）在 –0.5～0.5，则认为该房间是舒适的。在实地研究中发现，这一范围的 PMV 可以满足 80% 的人员热舒适。由于个体偏向性的差异和自然温度的波动，在一个相同的环境中满足 100% 的人员热舒适的可能性不大。

人们的热舒适条件范围一年到头都会发生变化。在春季 15.5 ℃的晴天，有的人可能会觉得穿着短裤很舒适，而在 15.5 ℃的秋季，人们可能会选择穿外套。ASHRAE 55 标准中的静态热舒适模型使用温度、湿度、空气流速和平均辐射温度来定义夏季和冬季的舒适度范围。许多研究证明，在此范围内运行的机械（暖通空调）系统将满足 80% 以上人员的热舒适需求，这已经成为热舒适的行业基准。

适应性热舒适模型认为人们的热舒适每天和每周都会发生变化，尤其是与近期当地的室外温度有关。这就是所谓的气候的适应性。环境满足人员期望的程度，或者人员对环境的适应性都起着作用。该模型假定人员可增添或减少衣物以便他们能够在更加宽松的温度范围内保持热舒适，而不是被动地接受狭窄范围内的温度。适应性热舒适模型对于预测自然通风房间内的热舒适情况特别有效。

对 ASHRAE RP—884 自然通风建筑数据库的分析表明，居住在自然通风建筑中的用户喜欢的温度范围比静态热舒适模型中所预测的更宽，这与室外温度等其他因素有关。研究还显示，住在有暖通设备建筑里的用户更喜欢他们过去所习惯的较窄范围的舒适条件，这暗示了心理学和适应性在热舒适方面所起到的作用。

适应性热舒适模型已被越来越广泛地接受，但是需要有更多严格的实地研究来评估其效果。2010 年，ASHRAE 55 的人体热舒适标准增加了适应性热舒适评价方案。这使得热舒适的设计参数需要包括最近的室外温度。

► 图 3.3

美国加州大学伯克利分校开发了一套符合ASHRAE 55—2010 标准的工具，作为室内条件下的实时交互热舒适评价工具，可分析理解静态热舒适和适应性热舒适模型范围。需要注意的是不同的 *x* 轴和 *y* 轴标记点 ❶。舒适区 ❷ 用紫色绘制。对于静态热舒适模型，该区域随着人员新陈代谢率和人员衣着状态的数值变化而变化，而点 ❸ 显示环境要素的特定组合是否会对热舒适产生影响。在适应性热舒适模型中，舒适区仅仅和空气流速有关，而点 ❸ 根据气温、风速和主导的室外平均气温（根据最近一周或更长时间的室外气温计算）更改位置。点 ❹ 显示了温暖的天花板和凉爽的地板可能造成不对称辐射热不适。

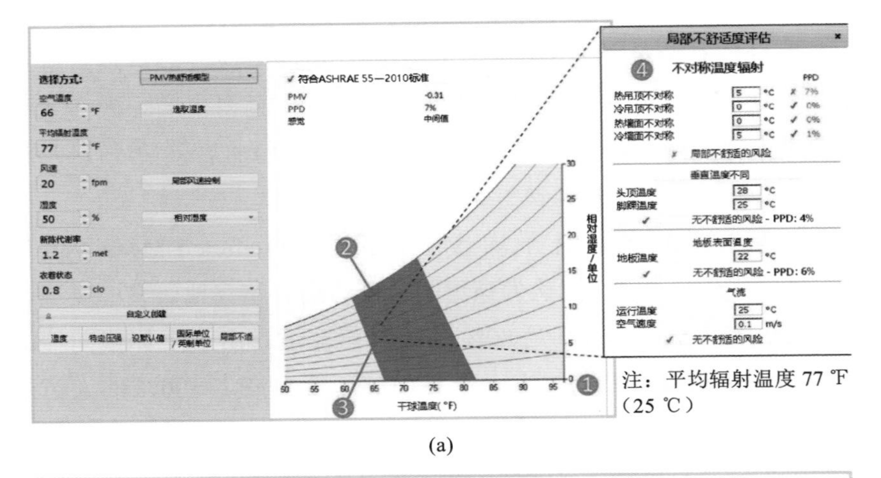

注：平均辐射温度 77 ℉（25 ℃）

(a)

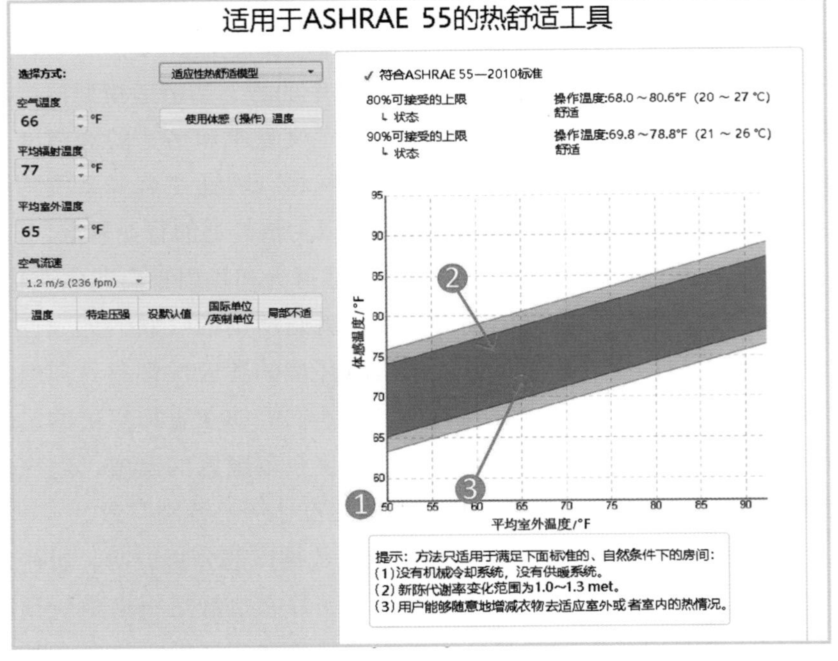

(b)

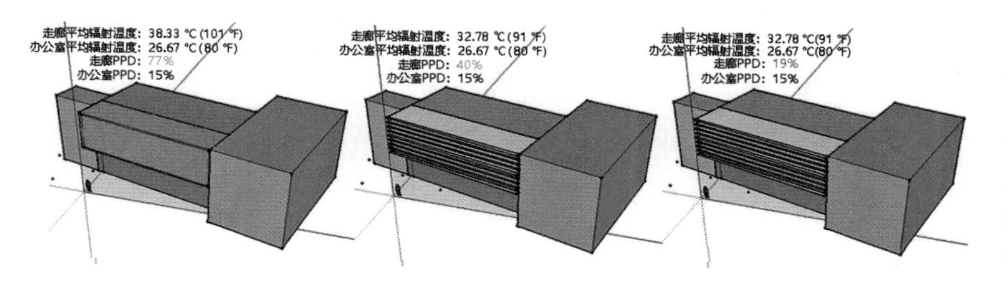

◀ 图 3.4

尽管上一节中介绍了环境因素控制的研究，但仍有许多心理和环境因素可能会影响热舒适的主观评价，而这些因素在前面的研究中并未包括。

在实际项目中使用热舒适标准可能具有重大的意义。当项目团队确信一个房间在夏季温度升高 1.8 ℃时，他们就可以减小暖通设备的尺寸从而降低初期投资成本。扩大的热舒适标准，特别是再加上良好的遮阳和照明设计，就可以允许项目使用更高效的系统，例如辐射冷却或自然通风，见案例研究 7.1。

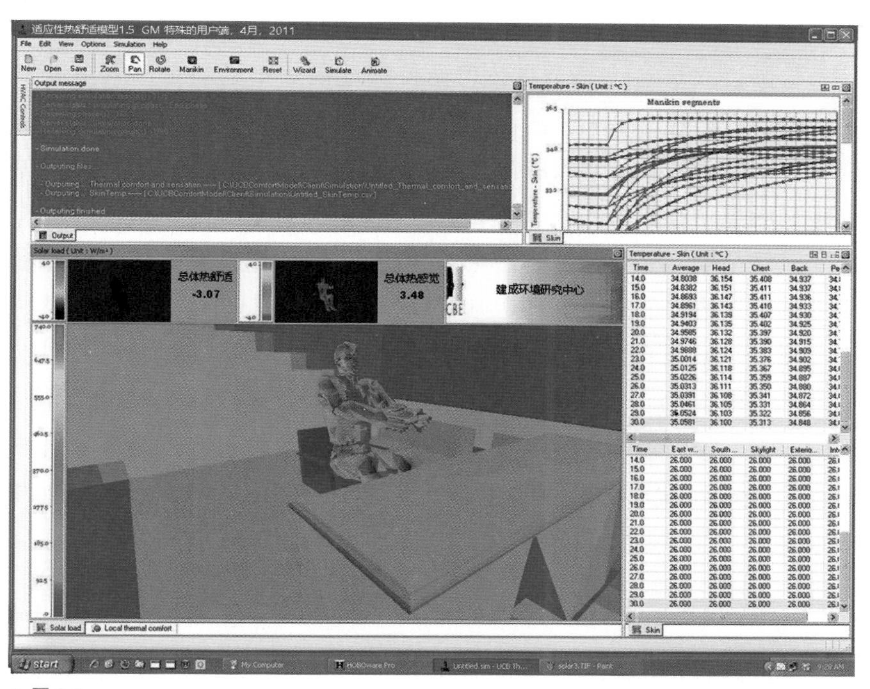

▲ 图 3.5

美国加州大学伯克利分校开发的热舒适模型软件模拟显示，一个人坐在窗户旁边，阳光从左边射入。该软件模拟了太阳光透过玻璃的传输，以及所有窗户和墙壁的长波辐射换热、局部温度、湿度和人体周围的空气流动以及人员的衣着和活动状态。这些对人体的皮肤温度（以伪彩色显示）产生作用，转而会对人的热感觉和热舒适产生影响。由于太阳辐射强度的影响，身体某些部位的热不适超过了其他部位的热舒适，就产生了一个总体为 -3.07 的热舒适值。这个数值是在 -4（非常不舒适）到 +4（非常舒适）的范围内，0 代表热舒适的最低门槛。汽车制造商、工程师以及其他行业都可用该软件来预测客户的人体热舒适。

在确定用户是否愿意接受更宽的热舒适范围时，有关热舒适范围的第一手经验是至关重要的。俄勒冈州的 BEST 实验室建造了一个热舒适舱，在这里可以严格控制 PMV 的所有因素以找到热舒适范围。辐射墙面板可以快速调整出新的温度，也可以控制气流、空气温度和湿度。对持怀疑态度的人，可以让他们在热舒适舱开会，定期收集他们对热舒适程度的主观评价。当会议结束后，他们报告的热舒适环境要素的组合结果常常令其感到惊讶。

寒冷的头部、温暖的脚——不对称热不适

上一节假定整个房间处于一个相同的温度。而外墙附近的平均辐射温度可能会有明显的变化，尤其是在靠近大面积的玻璃幕墙附近，从而造成人员不对称热不适。

与假设人员通过整个身体表面持续地散热不同的是，人员散发热量是不均匀的。手和脚的温度通常在 ±5.6 ℃的范围内变化，但是作为一个健康的人，其核心温度变化小于 0.6 ℃。加州大学伯克利分校建筑环境中心研究了人体超过 16 个部位（手臂、腿、头部等）的温度，每个部位都能够接收到独特的温度信号。如果某些部位的温度明显比其他部位的温度高，则可以预测到热不适。

例如，如果身体的左侧面向冰冷的窗户，则可能向窗户方向损失大量的辐射热，即使满足上述四个基本热舒适指标（气温、平均辐射温度、空气流速、湿度），也有人会报告热不适。保温隔热非常好的建筑物以及热惰性较高的建筑物，即使在窗户附近也往往具有始终如一的平均辐射温度和空气温度，因此降低了产生不对称热不适的可能性。

其他影响舒适度的因素

视觉上的不适感或眩光会让一个采光充足的房间迅速变成一个让使用者拉上百叶窗并开启人工照明的房间。除强烈对比引起的眩光外，视觉舒适度还受照明灯具的色温、表面的反射率、视野内照度水平的平衡以及其他因素的影响。视觉舒适性将在第 8 章关于采光的内容中更详细地介绍。

空气质量也会影响室内热舒适。在建筑物进行良好封闭之前，

当空气流经围护结构时，通常会散发霉菌、孢子、挥发性有机化合物（Volatile Organic Compounds，VOCs）、灰尘和其他在空气中传播的颗粒。在密闭的建筑内，室内家具中含有较多的化学物质，空气质量差通常是由于房间中没有足够的新鲜空气流通，这会让人患上哮喘和许多其他疾病，并延长生病时间。一项对哮喘儿童的研究发现，将他们一家人转移到空气质量良好的房屋中，患者去急诊室就诊的概率减少 66%，犹如给他们开了一个新处方。

自动控制、人工控制以及交互式控制

建筑控制系统正在变得越来越复杂，尽管它也存在一些问题，但几乎在建筑性能的各个方面都发挥着综合的作用。除安装和维护外，产生问题的原因通常是设计团队未考虑建筑物的使用者参与建筑能源性能相关活动的特点和程度。

自动控制系统与建筑管理系统（Building Management System，BMS）结合在一起，可以用于控制供暖和供冷系统、百叶窗和遮光帘、灯具调光、可开启的窗户和窗户通风口、风扇等。BMS 还可以监控屋顶的风能、太阳能和温度传感器，以及读取人员感应传感器和光电传感器信息，帮助预测冷热负荷并对系统进行控制。

自动控制系统需要由经验丰富的人员进行设定和维护。在大多数 4600 m^2 以下的建筑物中，没有专门的设施管理人员，因此自动化部件的编程和维修常常被忽略。对于大型项目，机电工程师会生成运行顺序逻辑用于自动控制。承包商需要确定如何连接它，为可运动部件（如百叶窗、可开启的遮阳、自动开启的窗户）提供执行器，并定位光电传感器和二氧化碳传感器。而设施管理人员需要结合天气预报和现场气象站，将所有部件连接到 BMS 中。当这些不能完全符合设计意图和假设时，从能耗模型得到的理论节能就无法实现。

作者曾帮助设计了一座小型建筑物，在该建筑物中，昂贵、复杂的自动控制装置（理论上节省了大量能源）在每天下午 5 时会自动关闭照明系统。而只是短暂接受过这个系统编程培训的工作人员很难回忆起那次培训的内容，这意味着在下午 5 时后的会议期间，必须有人站在灯附近，以便（通过人员灯光感应器）立刻把灯打开。

▶ 图 3.6
自动控制在理论上可以节省大量的能耗，它通常假设用户是被动的热舒适接受者。然而，用户通常想要对他们长时间使用的房间进行一些控制，如办公室、住宅、酒店房间和医院的病房。通常，用户会试图人为干预自动控制的百叶窗，以便于他们的视野最大化或减少眩光；挡住出风口以减少不想要的冷空气或降低过高的风速；或者购买房间加热器来尝试创造热舒适环境。

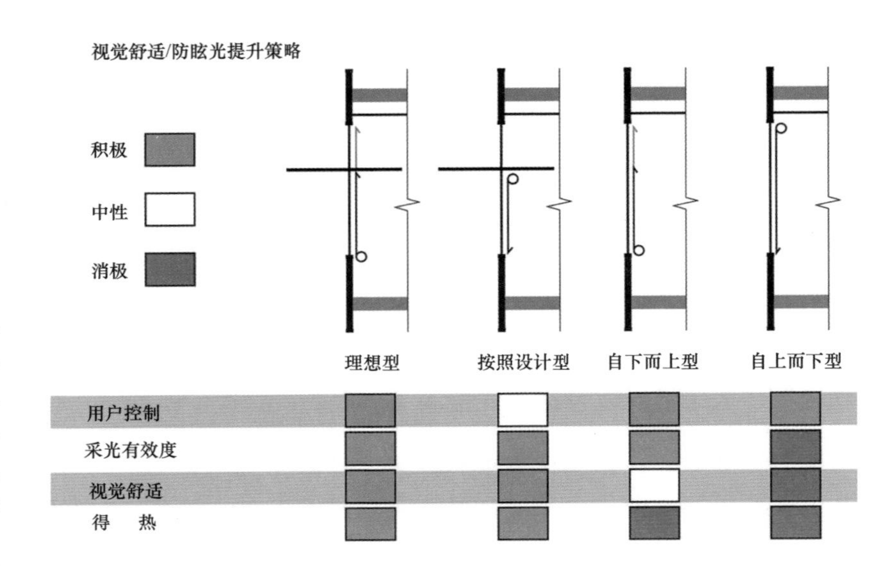

对适应性热舒适模型的研究发现，当人们对身处的热环境有一定的控制时，他们主观评价的热舒适程度更高。采用局部温度或气流的控制、可开启的窗户、可开启的百叶窗以及其他一些措施来给予用户一定的控制权限，在理论上会获得更高的热舒适等级。

人工控制也不是万无一失的。它们需要被放置在合理的位置，通常与它们所控制的系统相邻以便于使用，否则很可能被忽略。在一个晴朗的下午，当大多数用户外出时，如果可开启窗户是由人工操作的，那它们可能不会被打开，自然通风就可能起不到作用，从而导致暖通空调制冷量增加。为了阻挡几分钟的眩光而手动关闭的百叶窗，往往会挡住一整天的自然光线和潜在的且需要的太阳得热。而当室外条件合适时，自动控制系统可收回被用户忽视的百叶窗。

在决定是否使用手动操作和自动控制时，建筑师应该去理解并用图表的方式呈现出用户每天和每个季节是如何利用每个房间的，以减轻眩光、提供热舒适并享受（室外的）景色。

作为这项工作的一部分，向用户提供的信息和控制措施是很重要的。就像汽车可以显示当前的燃油效率一样，一个能向用户显示当前能耗情况的控制面板可以创造一种文化，这种文化可以让人们更有意识地、主动地关灯，操作百叶窗和打开窗户进行自然通风。在每个人的计算机或平板电脑里设置一个控制面板以提醒人们，如同收到电子邮件时的提醒一样，他们可能需要与环境进行一些交互操作。

第 10 章讨论了用户和自动控制以及用户的设想如何成为能耗模型的一部分。一个简单的体块模型可以帮助估计控制措施对能耗的影响。在凤凰城（Phoenix）的一个零售设计中，四种不同的室内百叶窗控制方法可导致 PMV 相差 5% 而能耗相差 11%。

总 结

许多能源使用的决策都是以给人们提供舒适的环境为目标。正如本书的案例研究所表明的，低能耗设计还需要考虑到如何让用户能够控制他们的环境，并为他们提供正确的信息和控制方法，有助于他们以较少的能耗确保自己的舒适度。建筑师不能期望建筑用户能够理解低能耗建筑中所有建筑系统的影响，因此必须引入简单的用户参与机制来实现自动控制和手动控制之间的平衡。

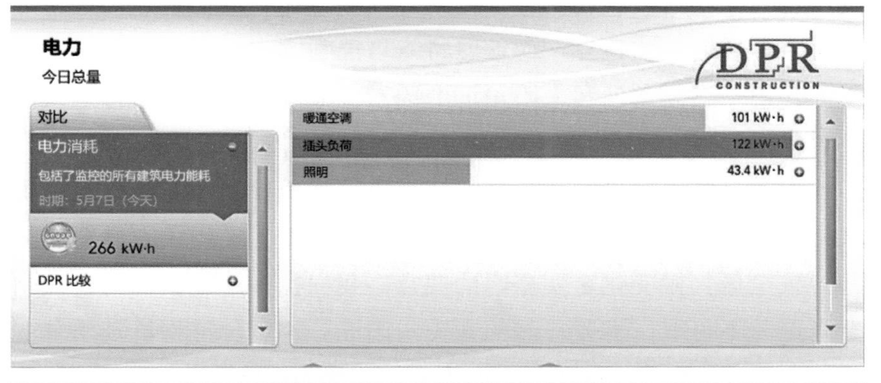

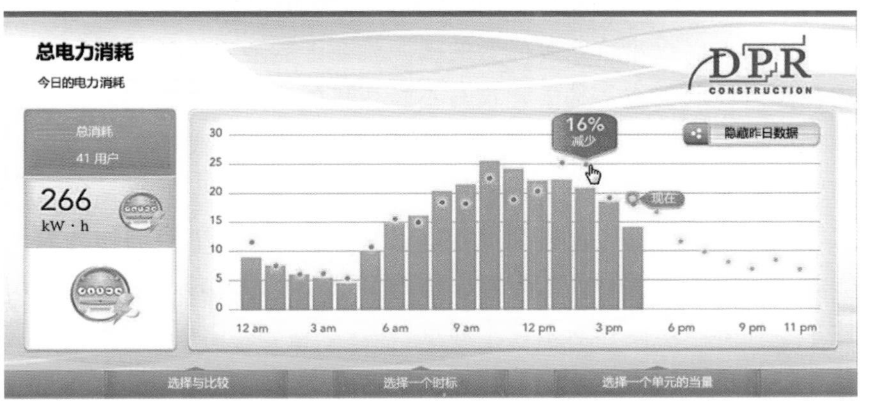

◀ 图 3.7 和图 3.8 **当建筑用能成为居住在建筑物中的人们日常意识、对话和行动的一部分时，出色的设计策略会更加有效。在线实时能源使用监控器是一种通过应用到工作站、平板电脑和电话上的软件来吸引居民参与建筑运营的方法。DPR 建筑公司的新港滩市办公楼的仪表板可根据目标、过往性能表现和其他指标跟踪建筑能耗。**

资料来源：Lucid 与 DPR 建筑公司。

4
气候分析

气候是我们所期望的，而天气情况是我们实际得到的。

——马克·吐温

以往人们所处的气候条件决定了所能获取的食物、典型的服装、季节性的习俗和本土的建筑。而这些事物都直接回应了每一种不同气候所带来的挑战和机遇。现代建筑的照片几乎没有表现出建筑的气候特性，如遮阳、朝向、形体或者其他方面。低能耗建筑通常选择符合地域特征的特点，而这些特点可能与本土历史建筑有很大的不同。由于气候条件和太阳角度的因素，低能耗建筑的形体通常是不对称的。

人类已经不再生活在那个不计后果地使用煤炭与石油也能不受气候变化影响的短暂时期了。大多数人都能接受使用化石燃料燃烧是导致全球气候变化重要原因的观点。我们也知道将我们与自然完全隔绝并不可取：喜爱自然的人类与阳光、视野、植物以及季节变化的交互对于我们的健康与生产力都有积极的影响。

正如大多数建筑能源问题的根源就在于创造舒适的人居环境，这种舒适性的创造是基于建筑与不断变化的室外环境的交互作用。本书中的每一个案例都说明了建筑师如何在模拟中使用气候数据来确定或验证适当的气候响应设计。

许多可持续设计资料都推荐以气候分类为基础的策略作为设计的起点。由于气候分类法带有必然的常规性，因此每一个潜在的设计策略都必须在微气候条件下通过经验或者模拟来验证。为了用软件评估气候适应性设计，从业者需要理解温度、湿度、风、太阳辐射和其他可能影响建筑设计的因素。他们需要了解天气是如何被记录的，如何将气象数据用于建筑模拟，以及当地位置因素如何营造出独特的与最邻近的气象数据不同的微气候。

交互作用所产生的天气

太阳及其与地球不断变化的位置关系造就了地球上几乎所有的气候条件。我们所说的天气是指全球气候模式对我们所居住的地球上薄薄的大气层的影响。

太阳以短波辐射的方式放射出能量（光和热）。上层大气层接收到约 1375 W/m^2 的能量。阳光被分子和尘埃颗粒散射，被臭氧、混合气体和水蒸气（包括云层和烟雾）所吸收。最高约 1010 W/m^2 的能量能实际到达地球表面。被大气所散射的阳光成为环境光和热的一个来源。

太阳光线与地表的角度决定了能到达地表的能量的密度。垂直于其照射表面的太阳光比起其他的照射角度，能在单位面积的范围内传递更多的能量。冬季，低太阳高度角加上更少的太阳辐射时间，导致太阳辐射所传递的能量显著减少。这一原则加上诸多大气影响，形成了季节交替。

气象数据

比起数十年前，气象数据已经更加具有地域性、精准性且更容易获得。像太阳高度角的图表、太阳路径图和广义的气候分类已经成为过去式，取而代之的是各个城市独有的、在机场收集的气象数据，这些数据可以以图形表现或用作设计模拟的输入数据。

数据可视化的方法有很多种，每种可持续的策略都需要研究气象数据输入的独特组合。本章包含了一些查看数据的方法，但是也

▼ 图 4.1 和图 4.2
太阳光线照射地球的角度决定了所能吸收的总热量。较高或者较低的太阳高度角是季节交替的主要驱动力。
资料来源：阿玛尔·科森戴尔（Amal Kissoondyal）。

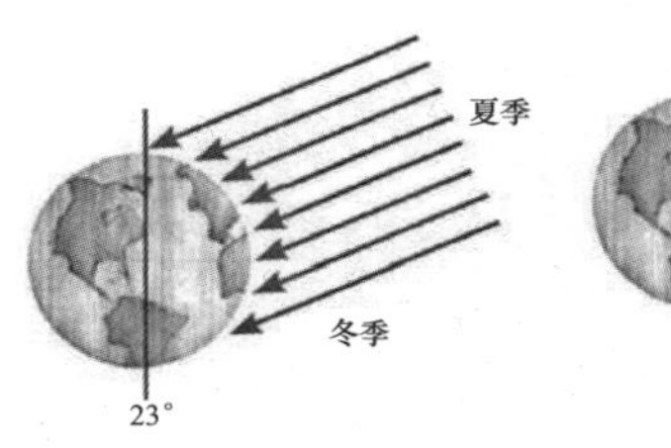

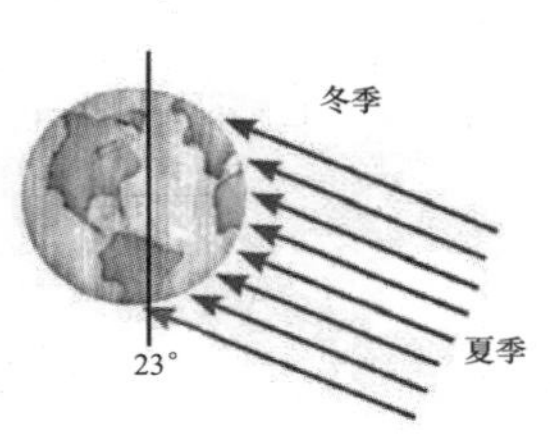

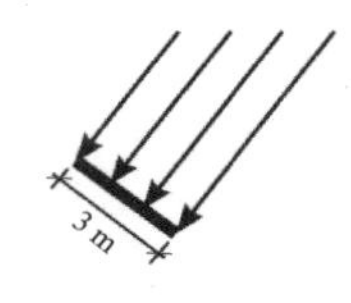

四条光线照射在3 m单位面积上，太阳直接辐射为126 W · h/m^2

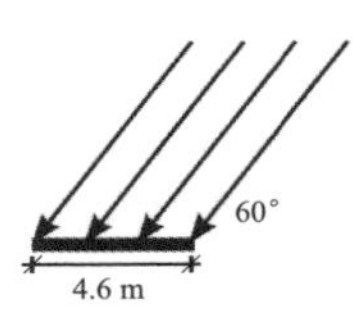

四条光线照射在4.6 m单位面积上，太阳水平总辐射为85 W · h/m^2

鼓励读者学习通过气象数据信息来形成对于建筑设计和考虑中的建筑策略有针对性的方案。

通常有两种方法将气象数据打包用于建筑模拟：①气象年文件，包括典型年中共计 8760 h 的数据；②峰值条件文件。气象年文件用于年能耗模拟，如建筑单位面积能耗强度。峰值条件文件可模拟在极端气候条件下如何创造出舒适的人居环境，这些模拟使用峰值数据来选择和确定暖通空调系统设备容量的大小，这个选择是一个项目初期投资及建筑全生命周期投资的重要考量因素。

一份气象文件包括气象数据与气象站的附加信息，如经纬度、时区、夏时制信息、海拔以及其他的位置信息。太阳的运行轨迹不被记录在气象文件中，因为软件可以根据其所在经纬度即时计算。此外，该文件通常至少每小时记录一次以下数据：

空气温度（干球）	风向和风速
露点温度	相对湿度
湿球温度	绝对湿度
水平总辐射	云量
水平散射辐射	降雨
太阳直接辐射	光照强度

► 图 4.3
虽然气象数据通常在机场收集，但用于自然通风模拟的风数据最好由当地数据提供。这个气象站位于净零能耗建筑布利特中心对面的街道上，提供可用于校准特定城市数据的特定站点气象数据。

年度数据

年度数据通常包括上述变量的每小时测量结果，所以对每个变量来说每天都有 24 个数值，每年有 8760 个数值。现代年度气象资料在设计中的模拟运用从典型气象年（Typical Meteorological Year，TMY）文件开始，其后被完善为 TMY2（1961—1990 年）和 TMY3（1991—2005 年）。在美国，桑迪亚方法（以桑迪亚国家实验室命名）使用的算法基于五个加权因子从测量数据记录中选择一月份最典型的每小时天气参数。其他的月份也使用同样的处理方法来得到一个合成的“典型”年，然后对这些月份进行平滑处理，使它们组成完整的全年典型气象数据文件。本书中所有建筑的能耗模拟、图像化的气象信息和几乎所有案例分析都使用了可免费获得的 TMY2 文件和 TMY3 文件。更多关于 TMY3 数据集的信息可以在其用户手册中找到（Wilcox and Marion，2008）。

这类气象数据已经被转换为常用的 EnergyPlus 气象数据文件格式（.epw），并且可以在美国能源部能源效率与可再生能源办公室（US Energy Efficiency and Renewable Energy，EERE）网站上免费下载。成百上千的 TMY2 文件和 TMY3 文件都可以免费下载，其数据覆盖全球大部分城市。关于气象文件和气象资料收集途径的更多信息也可以在相关网站上获取。如果某些文件无法免费获取，Weather Analytics 这样的私人公司也会按照标准格式出售每小时的气象数据文件。

实际气象年（Actual Meteorological Year，AMY）文件包含一份特定年份的数据。这个气象文件对于比较建筑预测能源性能与实际能源性能非常有用，因为它使用了特定年份的实际气象数据而不是典型气象数据。

对于有足够时间的项目，可以通过现场设立一个气象站来获取一年或者数年的现场气象数据，从而获得最原始的气象数据。这对于收集城市或者丘陵地区的风数据来说具有特别重要的意义。

现在，全世界有数十万个气象站在收集原始的微气候数据，虽然在许多情况下，这些数据（有效性）还没有得到确认或者诠释。气象站可能需要花费几百美元到几万美元提取和整理原始数据，还要消耗一定的劳动力成本。安装气象站需要接受指导，例如气象站旁边的玻璃幕墙（由于反射）会影响测得的太阳辐射和风速（因为风被阻挡和重新导向）。解析原始数据来生成一个有用的气象文件也是一个挑战。机场附近通常没有容易导致数据偏差的障碍物。

现场气象站获得的数据或其他本地原始数据的跨度通常只有短短的数年，并不能代表长期的气象模式，因此无法为建筑的全年能耗模拟提供可靠的结果。但是这些数据也是有用的。例如，对于华盛顿州博塞尔市（Bothell，WA）的一个自然通风建筑，LMN 建筑师事务所希望了解该建筑场地与附近 TMY 气象站点（波音机场）之间的气候差异，而 TMY 数据是用来运行年能耗模型的。如果在最热的日子里，博塞尔市的温度还经常比波音机场地区气温高几度，那么应用自然通风将非常困难。通过将博塞尔市建筑场地记录的不连续气象数据与同期波音机场记录的 AMY 数据进行比较，结果发现在最热的几天里两者温度几乎相等，主要的区别是博塞尔市的昼夜温差更大且夜间相对湿度更高，而这些都归因于博塞尔市气象站毗邻沼泽湿地。

为了预测变化的气候，一些组织［如埃克塞特大学（University

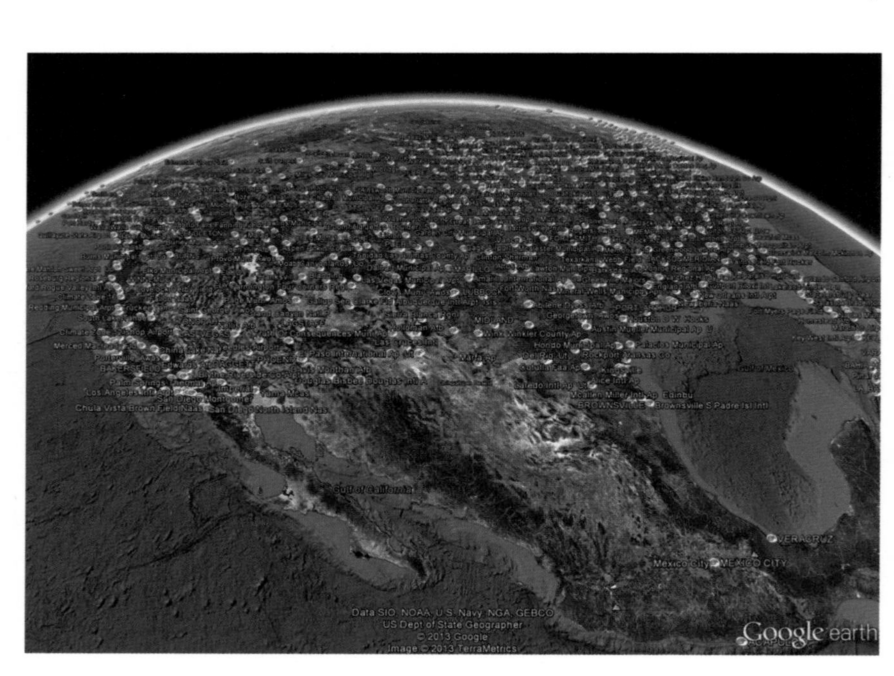

► 图 4.4
美国能源部能源效率与可再生能源办公室气象文件站点上 Google Earth 的气象数据层显示了 EnergyPlus 气象文件位置。如案例研究 5.3 所示，设计人员可以比较附近的气象文件，来反映海拔、山脉或水域附近的任何变化，以获得最佳的匹配场地。Google Earth 图像可使用来自美国国防部特殊信息作战部（SIO）、美国国家海洋和大气局（NOAA）、美国海军、美国国家地理空间情报局（NGA）、大洋地势图（GEBCO）、法国空间局（Cnes Spotlmage）、Terra-metrics 公司和北冰洋国际水深图（IBCAO）的数据。

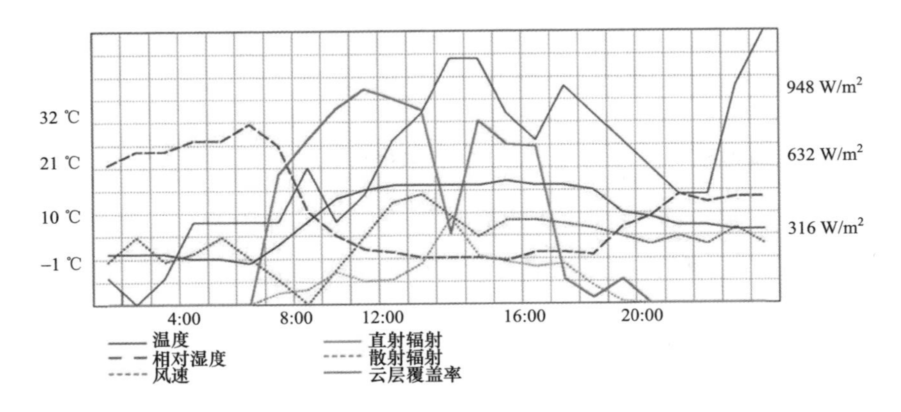

◀ 图 4.5
一组来自气象文件的 24 小时数据显示了温度、相对湿度、直射辐射、散射辐射、风速和云层覆盖率相互之间发生的作用。因此，要注意温度和相对湿度的反比关系、直接辐射和散射辐射以及云层覆盖率和直接太阳辐射的不一致关系。

资料来源：Autodesk Ecotect 软件输出的 EnergyPlus 气象数据，由卡利森公司提供。

of Exeter）］已经编制了专家评审过的名为“未来”的气候文件，其中包括多种气候变化情景。

需要注意的是，气象年数据讲述的是平均状况，而每年的天气都可能不相同。例如，在有厄尔尼诺或拉尼娜现象发生的年份里，太平洋的海水温度会分别升高或降低，并产生全球性影响。厄尔尼诺现象伴随着潮湿的冬季和洪水，并产生风向变化，可持续 12～18 个月且每 3～4 年发生一次。滑雪场运营商、农民、电力公司不得不了解每年的天气变化情况，因为这些现象影响着它们的业务。

一个坚实可靠的设计几乎能够在所有年份中帮助减少建筑能耗，即使在实际天气情况与设计气象文件有一定差异的条件下也是如此。使用典型气象数据设计的净零能耗建筑也可能就平均年份而言能实现净零能耗，但并不一定每年都能达成目标。例如，在西雅图，获得“生态建筑挑战”认证的贝尔奇（Bertschi）学院有一座被设计为零能耗的建筑。在其运营的第一年，经历了比其能耗模型中使用的典型气象年数据更冷、更阴暗的冬天，这导致建筑物供热需求的增大以及光伏发电量的减少。在其运营的第二年，天气较为正常，建筑物得以实现了净零能耗。

峰值数据集

暖通空调系统根据峰值负荷下创造舒适环境的原则来确定其设备大小，而峰值负荷通常代表了气候中常见的最极端的条件。峰值负荷计算的传统方法使用美国供暖、制冷与空调工程师协会的《ASHRAE 基本原理手册》（ASHRAE，2013）中的室外气象条件设计数据中的设计日（.ddy 文件）进行计算。有关最热和最冷峰值气象条件的信

息数据可以在 .ddy 文件中找到，并可与年度 .epw 文件一起从美国能源部能源效率与可再生能源办公室（EERE）网站上下载。

举个例子，一个系统设计为满足“99.6% 设计日峰值供热要求”，是指全年 99.6% 的时间内针对热负荷而言可维持舒适的环境。余下 0.4% 的时间（每年约 35 个小时）则可以通过加大设备容量或基于最近的室外温度来拓宽使用者舒适度范围来满足，但这在静态热舒适模型中没有特别说明。为满足相同供冷标准而设计的系统则可以是全年不超过“0.4% 设计日供冷条件”[1]。

每一个供暖和供冷的峰值条件都对应一个特定的日期，这样就可以计算出（当天）太阳的路径。文件中还包括 0～1 之间的天空晴朗度，0 表示阴天，1 表示晴天。设计日文件包含多种类型的供热和供冷峰值场景，可以用文本文件打开检查。

由于每种气候都只建有一种类型的峰值数据集，所以这些信息对于低能耗建筑来说可能过于笼统。例如，因为较低的太阳高度角，伊迪斯·格林 - 温德尔·惠锐（Edith Green-Wendell Wyatt，EGWW）联邦政府大楼项目团队将 3 月 15 日作为南立面的峰值供冷日进行分析，而每个立面被分配了不同的峰值供冷日，详见案例研究 7.1。

温　度

空气温度是最容易被理解的热舒适因素，是任何气象数据的核心。从学术上讲，它被称为干球温度，它是在温度计不受太阳辐射和湿度影响时测量的。湿球温度由一个悬挂式湿度计记录，实际上就是在一个温度计上面放一块湿布，悬挂在空中。当湿气蒸发时，它会降低温度读数。在相对湿度达到 100% 的温度下（也可指达到露点），湿球温度与干球温度的值是相等的。

供暖度日数（Heating Degree Days，HDD）虽然不是气象文件的一部分，却是衡量某一气候区所需供热量的一种通用方法。日平均温度低于阈值［HDD65（供暖度日数平均值）使用 65 ℉（约 18 ℃）作为阈值］的每一个时数都计入总度日数。例如，如果 11 月 17 日的平均温度为 30 ℉（−1 ℃），则将 35 ℉（65 ℉减去 30 ℉）添加到每月或每年的 HDD65 总量中。平均温度高于阈值的天数不计

---

[1] 指以全年不满足热舒适的时间不超过 0.4% 来计算系统峰值供冷负荷。——译者注

算在内。供冷度日数（Cooling Degree Days，CDD）对某一阈值的计算方法与上述相同。纽约市的 30 年 HDD65（供暖度日数平均值）为 4780，CDD65（供冷度日数平均值）为 1140；而亚特兰大的 HDD65 为 3100，CDD65 为 2060。标准测量通常基于 HDD65 或 HDD60，但有保温的现代建筑在室外温度降至 13 ℃或更低之前也不需要供热，参见案例研究 10.5。

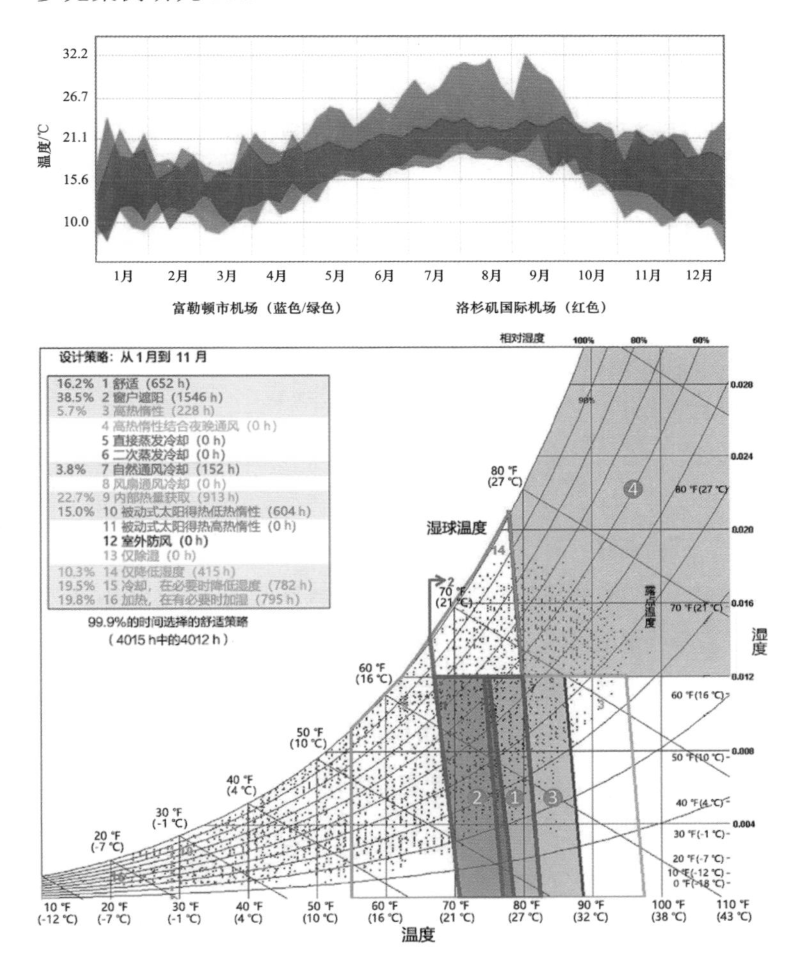

◀ 图 4.6

洛杉矶国际机场气象站（距太平洋 3.2 km）与富勒顿市机场（内陆 17.8 km）的年平均气温曲线比较。富勒顿市机场在夏天比洛杉矶国际机场的天气更热，昼夜温差也更大。这是由距离海岸较远、湿度较低以及靠近洛杉矶的城市热岛效应等因素导致的。

资料来源：卡利森公司。

▲ 图 4.7

Climate Consultant（气候顾问）软件输出的焓湿图与交互式可持续策略。图中横轴显示了温度，纵轴显示了湿度。一年中每小时的使用时间（该办公项目为上午 8 时至下午 6 时）在焓湿图上用绿点标出。由温度和湿度自然组合能提供舒适度的小时数包含于夏季 ❶ 和冬季 ❷ 的舒适区中。能提供舒适度的策略在图中左上角；每个策略都包含图中的附加区域，显示在这些条件下它将提供舒适度。例如，自然通风措施 ❸ 可将舒适区的温度上限提高 6 °F（3.3 ℃），但不能将湿度上限提高。根据该工具，自然通风可在 3.8% 工作时间段内发挥作用。太热和太湿的时间段都需要机械供冷 ❹；根据选择的策略，全年 19.5% 的时间需要机械供冷。

资料来源：加州大学洛杉矶分校能源设计工具组提供。

以下是在建筑设计和模拟中使用温度的一些方法：

- 通过建筑围护结构传导的热损失或得热。基于室内和室外温度差乘围护结构的传热系数，传热系数称为 *U* 值。这将在第 6 章和第 10 章中介绍。
- 规定性的保温隔热要求通常基于供暖度日数和供冷度日数。
- 在寒冷的气候条件下，热桥（如悬挑的混凝土板面或钢梁）会将内部温度带到室外，增加能耗，并可能从温暖的室内空气中产生冷凝。
- 人们需要新鲜空气进入建筑物，以补充氧气，去除异味和污染物；这种室外空气大部分时间需要加热或冷却，在极端气候下会消耗大量能源。
- 适应性热舒适模型使用最近的室外温度记录来预测人们在室内感到舒适的温度范围。
- 高温下的光伏发电效率较低。

微气候因素包括：

- 不同地形、植被、颜色和质地所吸收和反射太阳热量的方式不同。
- 由于人工铺装储存了太阳能，白天深色屋顶吸收了热量（温度高达 71 ℃或更高），加上车辆排放和雾霾，城市热岛效应会提高当地温度。根据 1997 年美国环保署建立的城市热岛模型，盐湖城的城市热岛的夜间温度增加了大约 4 ℃，而下午温度增加了 2 ℃。由于该热岛效应，当地的电力峰值需求增加了 85 MW，每年额外增加的制冷费用约为 360 万美元。
- 每升高 300 m，温度下降 1.6～2.2 ℃。

湿　度

温暖季节的高湿度会增加不适感，因为高湿度会减少身体通过汗水蒸发而降温的能力。

相对湿度（Relative Humidity，RH）是最常用的衡量空气中水蒸气含量的方法，它描述了空气中的水分含量与空气所能容纳的最大含量的百分比。由于较暖的空气可以容纳更多的水蒸气，因此一天中最高的温度通常对应最低的相对湿度。例如，早晨 15.6 ℃时的

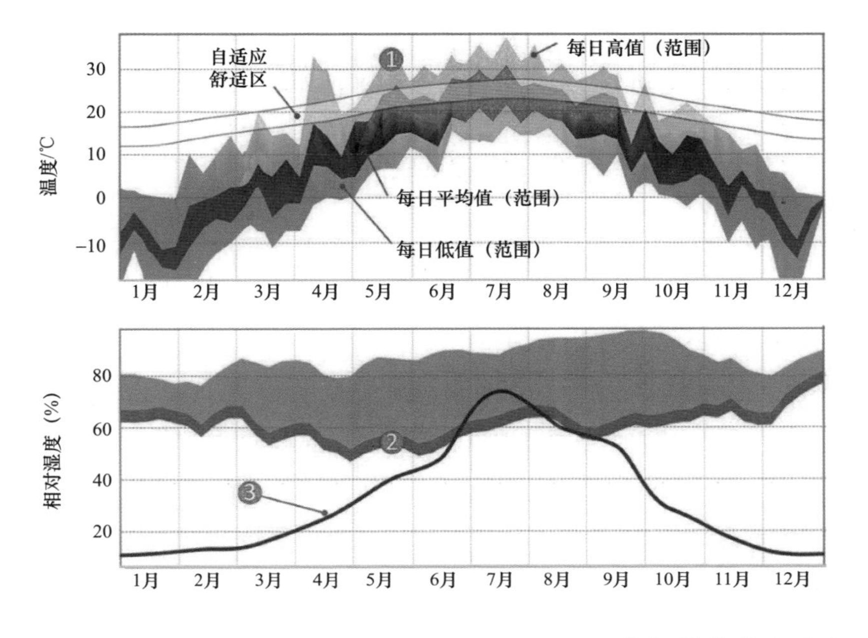

◀ 图 4.8

曲线图展示了日高温 ❶ 与同时出现的较低的相对湿度的情况 ❷，意味着湿度的分布范围下半部分显示了预期的白天最高湿度。该信息有助于计算使用自然通风策略的热舒适情况。曲线 ❸ 显示室外空气升温到 21 ℃时的室内相对湿度。在大多数冬季，室内相对湿度将低于 20%。

资料来源：改进的 Ecotect 输出的明尼阿波利斯圣保罗国际机场的 TMY3 天气文件，由卡利森公司提供。

相对湿度为 100%，到中午时升温到 26.7 ℃，即使每单位体积空气中的水蒸气质量（绝对湿度）没有显著变化，也会导致相对湿度变为 50%。当 26.7 ℃、95% 相对湿度的空气冷却至 18.3 ℃时，它会释放出其中的水。暖通空调系统排出的这种水，称为冷凝水。在潮湿地区，即使是小型空调制冷系统，每天的冷凝水量也可以用升来计量。

在寒冷的季节，被加热至室内温度的室外空气通常具有非常低的相对湿度。例如，当 6.7 ℃、90% 相对湿度的室外空气被加热到 21.1 ℃时，相对湿度会下降到 13%。在相对湿度较低的情况下，人们的眼睛和嘴唇会感到干燥，静电会增加。因为存在这些问题，生活在寒冷气候下的人们经常将加湿器与空调、暖气搭配使用。

以下是在建筑设计和模拟中关于湿度的一些问题：

- 由于水的密度，高湿度提供了室外蓄热，限制了昼夜温差的浮动变化。
- ASHRAE 55 的 PMV 舒适度标准规定了室内湿度的最高值，而没有规定最低值。
- 人、洗浴、烹饪、不适当覆盖的肮脏的狭小空间和其他因素增加了室内环境的湿度。
- 蒸发冷却器在干旱气候下可为室外空气增加湿度，以降低温度，提高舒适度。

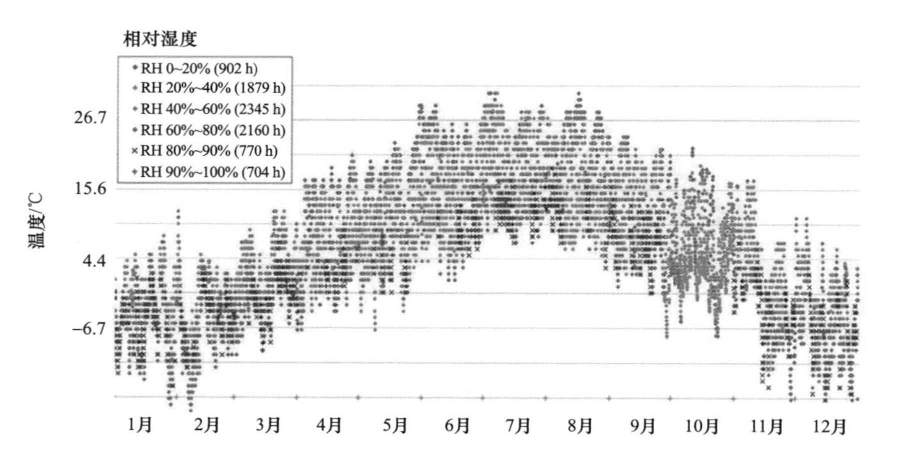

► 图 4.9

温度和相对湿度可以结合起来显示一年中每小时的相对湿度，从而可以快速查看最炎热夏季自然通风的潜力。科罗拉多州维尔市的最高温度可以达到 26.7 ℃以上，相对湿度为 0～40%。

资料来源：Excel 输出的阿斯彭 - 皮特金县机场（Aspen-Pitkin Country Airport）的 TMY3 数据，由 ZGF 建筑师事务所提供。

- 露点在温湿度计算中很重要，因为它决定了水在墙壁或屋顶构造中的冷凝位置。

微气候因素包括：

- 植被通过蒸腾作用增加了当地湿度。
- 水体往往有助于通过湿度调节附近的气候，白天的微风一般从水体吹向陆地。

太阳辐射和云层覆盖率

太阳在整个历史中一直都是一个令人着迷的存在，它给我们光、热，为我们的食物提供能源，一天的工作随夕阳西下而结束，这种情况一直持续至今。虽然太阳每天和每年的运行轨迹都是固定的，但它相对于建筑物的位置会不断变化，云层分布相对于太阳位置的不可预测，使得太阳能利用和采光设计变成一项挑战。设计模拟可以使用年气象文件，其中包含一个它们如何相互作用的示例文件以及一个包含最极端条件的峰值负荷文件，或者它们在给定时间如何相互作用的一般可能性分析。

太阳照到物体表面的能量称为太阳辐射值。以 1 m^2 窗户为例，上午 10 时朝南的窗户单位面积会承受 790 W/m^2 的太阳辐射。在 10 小时内，窗户每平方米可接收 6.3 kW • h 的热量。一旦热量转移到建筑物中，就能被转化为热源或供冷负荷。可利用的太阳能取决于云层覆盖率和太阳辐射到达地球的角度，这很容易通过设计模拟软件映射绘制出来。

气象文件包含垂直于太阳光线测量的直接辐射数据记录和在水平平面上测量的水平辐射数据记录，以及包括所有非直接来自太阳的反射辐射在内的漫反射辐射数据记录。漫反射辐射是通过在仪器和太阳之间放置一个小圆盘来测量的，这样就去除了直接辐射的影响。

云层覆盖着地球，可以防止热量散失。由于辐射冷却，少云的夜晚往往会带来寒冷的早晨。云层不仅把空气中的热量控制在云层以下，而且还将辐射散热向下反射，不然这些辐射热将损失在太空中。

云层覆盖率是以云层覆盖天空的平均百分比来衡量的。云层分布的位置不断变化，太阳光是否照射到建筑物，完全取决于特定时间和特定的位置。软件通常计算给定时刻太阳被云层遮挡的概率。

以下是在建筑设计和模拟中利用太阳辐射和云层覆盖率的一些方法：

- 窗户可以直接获得热量，必须作为热源加以控制。峰值太阳得热负荷通常决定了暖通空调系统的选择、容量和成本。
- 照射在不透明表面的辐射会增加通过建筑物围护结构的传导得热，被称为太阳-空气得热。
- 朝向太阳的地形相对背对太阳的斜坡可能会受到多倍的太阳辐射。
- 尽管许多其他因素会影响峰值负荷，峰值冷负荷通常被定义为在无云及峰值太阳辐射的日子。
- 峰值热负荷通常被定义为在云层完全覆盖且没有直接太阳得热的日子。
- 云层覆盖率是采光设计中的决定性变量。全阴天是理想的采光场景，因为光线更均匀地分布在天空中，来自太阳直射或反射的眩光的可能性更小，如第 8 章所述。

微气候因素包括：

- 云和雾通常在水体附近形成；内陆几英里的地方，通常情况下云和雾更少。
- 较低的云层是由地球表面附近地形的微气候风效应驱动的；

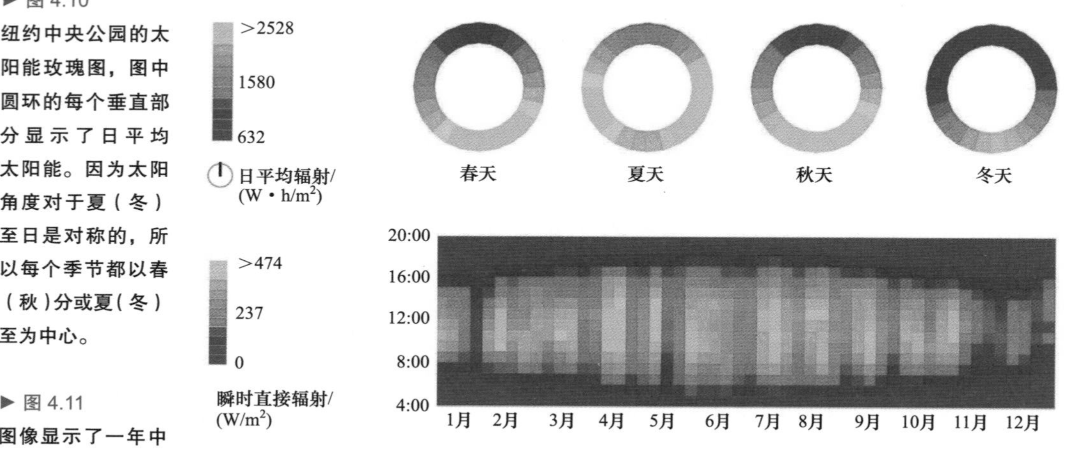

▶ 图 4.10
纽约中央公园的太阳能玫瑰图，图中圆环的每个垂直部分显示了日平均太阳能。因为太阳角度对于夏（冬）至日是对称的，所以每个季节都以春（秋）分或夏（冬）至为中心。

▶ 图 4.11
图像显示了一年中每小时和每天水平面上受到的辐射值，它们来源于同一气象文件。

资料来源：由 Autodesk 公司 Ecotect 软件输出，由卡利森公司提供。

而高度在几百米以上的云层主要是由非地面因素驱动的。

- 当太阳的紫外线照射到汽车燃烧的尾气和工业生产过程中的污染物时，就会产生光化学烟雾。夏季的光化学烟雾往往更严重，尤其是在洛杉矶或墨西哥城等山多的地方。

风

由于城市峡谷效应，风可能形成令人不舒服的高速风场和旋涡；相反，正确的设计可以形成微风通道对一栋建筑的室内空气进行冷却，以减少或消除机械供冷需求。当空气密度较低（大气压）的地区从邻近密度较高的地区吸入空气时，就会产生风。风是以速度和方向来描述的，最常见的表现形式是风玫瑰图，通过速度和方向的每一个组合来显示风出现的频率。

风速随着周边地形海拔的增加而增加，可根据一个风速梯度函数来计算。机场的风速通常在离地面 10 m 的高度进行测量，因此气象文件中的风速将高估地面建筑处的风速，而低估更高建筑处的风速。一般来说，在离地面几百米的高空（边界层上方），风的速度要高得多，与下面的地形没有明显的相互作用。风的这种运动模式使全球冷暖空气产生循环。

建筑物、树木、山丘和山脉塑造了接近地面的风。当风在它们周围流动时，会增加速度或形成涡流，并形成无数局部风环境。例如，西雅图寒冷的冬季风通常来自北部，但由于当地地形或附近建筑的因素，这些风可能来自某具体场地的东北部或西北部。

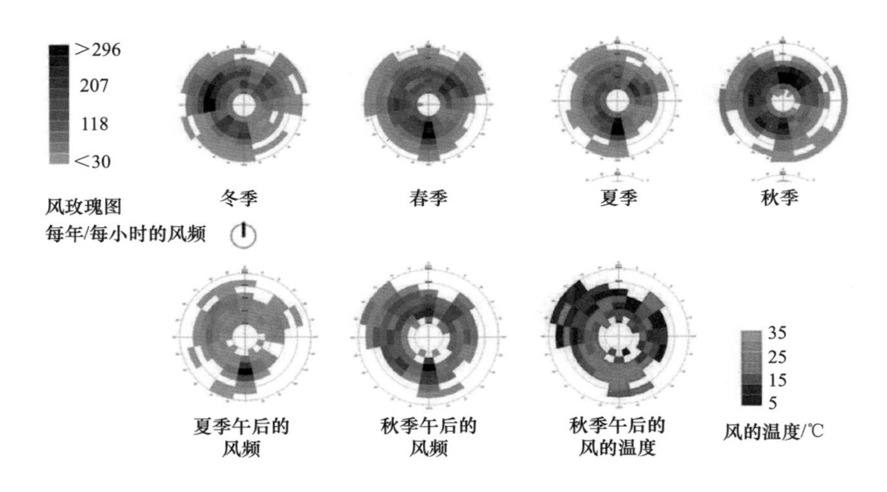

◀ 图 4.12
纽约曼哈顿地区TMY3文件中风数据的风玫瑰图。较暗的颜色显示风发生的频率增加；距离中心越远意味着风速增加。从该图可以看出，夏季风通常来自南方，而冬季风一般来自西方。从风玫瑰图也可以看出更多细节：在夏季下午自然通风最合适的时候，风总是从正南方向吹来。一家主要秋季营业的户外餐厅也有另一个面向南方的理由，因为南方的微风在温度上也是舒适的，而东北方向和西北方向的风则更冷。

资料来源：由Autodesk公司的Weather Tool软件输出，由卡利森公司提供。

可以在风洞中使用物理模型对建筑的风环境进行研究，基于计算机的计算流体动力学（Computational Fluid Dynamics，CFD）软件进行时间－点分析、手工气流估算或者作为每小时能耗模拟的一部分，这些方法会在第9章中介绍。

以下是在建筑设计和模拟中利用风的一些方法：

- 风可以作为自然通风策略的一部分，提供新鲜空气和/或冷却。这需要对建筑物的朝向、形状、内部体量和每层的可开启性都进行风环境适应性设计。
- 强风会导致漏风（渗风），增加用能负荷。因此，当室外风速高于一定阈值时，无法进行渗风门测试（用于验证渗风程度）。
- 屋顶上的风斗可以设计用于吸入新鲜空气和排出陈旧的空气，也可以作为蒸发冷却系统的一部分。
- TMY文件中每月的风速信息不是基于典型风向选择的，并且风速权重较低，因此风能模拟应基于其他来源信息。
- 与有效的太阳能发电策略相比，将风力发电整合到建筑物中更可视为一种姿态。
- 自然通风的空间需要经过深思熟虑的外立面设计来控制会使纸张乱飞并造成人员不适的强风。
- 城市或多风地区的室外空间可以使用设计模拟来预测和避免入口和广场处的涡流、下沉气流或上升气流。

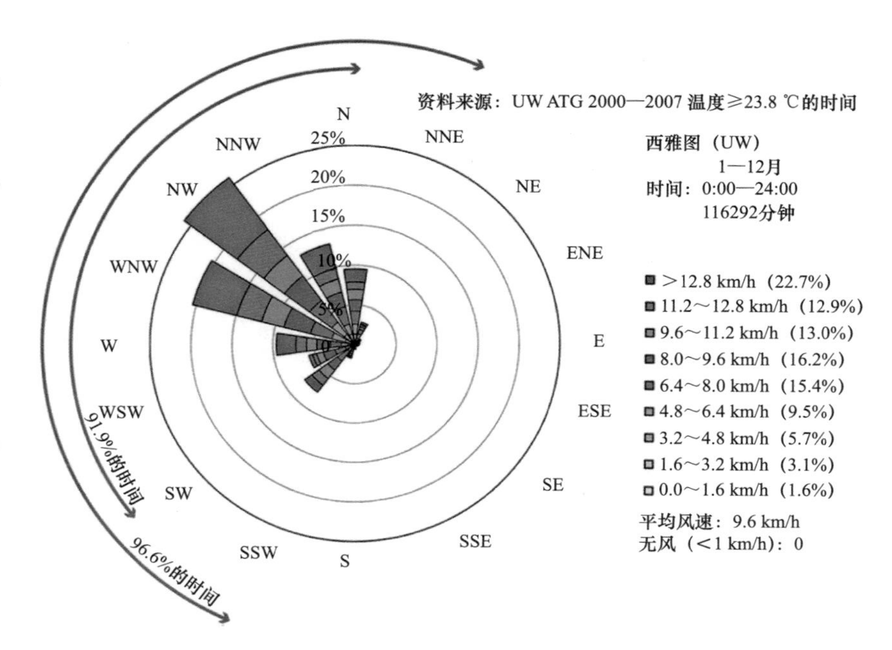

▶ 图 4.13
当地的风数据用来显示一年中室外空气温度高于 23.8 ℃时的风速频率和风向。这些数据有助于确定风向和风速是否一致，能为华盛顿大学分子工程与科学研究所的办公楼(Washington Molecular Engineering & Sciences Facility)提供自然通风冷却。

资料来源：ZGF 建筑师事务所。

- 风寒指数是一个经验指数，用来估计当一个人暴露在冷风中除冷空气散热之外还会失去多少额外的热量。在气温 -12 ℃、风速 10 m/s 的条件下，等同于无风情况下 -25 ℃的体感温度。

微气候影响因素：

- 风在建筑物附近产生正压和负压，这些正压和负压可用于将空气吸入建筑。基于计算机的风模拟可用来测试这些压力的位置和强度。
- 风力数据是从开阔的机场获取的，对于城市环境中的低层建筑，风速和风向可能不同。这些场地需要通过模拟、研究或经验来预测风环境效果。

降水与风暴

我们的生活每天都依赖于淡水，而淡水通常来自雨水和融化的积雪。降水决定着每个地区的植被密度，会在世界许多地方造成洪水，并伴随着雷暴、飓风和其他风暴。人类福祉和可持续发展的一些最重要战略依赖于降雨和水资源，但这些超出了本书的范围。

当云层或空气中的水汽被冷却，直到它们凝结到足以抵消浮力的重量时，才会发生降水。当遇到一团较冷的空气或其他情况时，云层和空气中的水汽会在上升的过程中因膨胀而冷却。以毫米为单位测量雨或雪的降水量；25 mm 的雨相当于 75～500 mm 的雪，具体取决于雪的密度。

许多地区会遇到局部天气事件，包括雷击、季节性沙尘暴、台风、龙卷风、高速阵风和季风。这些影响不会完全被气象文件记录，但可能会影响建筑设计。例如，沙尘暴可能会减少每年自然通风的使用时间。在分析不熟悉的气候情况时，搜索其他信息始终是重要的。

以下是在建筑设计和模拟中利用降水的一些方法：

- 由于降水通常比地面附近的气温低，并且由于水的蓄热性能很好，因此降水会在屋顶排水之前吸收屋顶表面的热量。
- 在凉爽的雨季，雨水可能会破坏绿化屋面的隔热效果。雨水穿过薄薄的土壤层冷却屋面，土壤的吸湿能力随后可通过蒸发散发更多的热量。
- 蓬松、厚厚的积雪可形成隔热毯效果，从而增加屋顶构件的有效隔热值。
- 在寒冷的气候条件下，积雪可造成许多建筑科学方面的问题，需要仔细考虑。

微气候因素包括：

- 迎风坡的降水增加，而背风坡的降水减少。
- 由于较高的局部湿度，水体附近的降水会增加。

总　结

20 世纪，许多建筑师放弃了气候适应性设计的艺术，这在一定程度上是因为他们能够无节制地大量使用化石能源来创造室内舒适感。众所周知，由于化石能源的使用对于环境是灾难性的，在建筑内创造舒适感需要对室外条件做出更精巧的应对。

运行和理解设计模拟需要理解每一个气候因素，同时特定的场地在某种程度上可能与最近的气象文件有不同的微气候。从项目启动过程中的气候分析到整个设计阶段的策略研究，低能耗建筑都依赖于对气候各个方面的适当响应。

补充资料

Brown，G.Z. and DeKay，M.（2000）*Sun, Wind and Light,* Chichester:

John Wiley & Sons，Ltd.

http：//cliffmass.blogspot.com/.

Olgyay，V.（1963）*Design with Climate: Bioclimatic Approach to Architectural Regionalism*，Princeton，NJ： Princeton University Press.

Users Manual for TMY3 Data Sets. http://www.nrel.gov/docs/fy08osti/43156.pdf

Wilcox，S. and Marion，W.（2008）*Users Manual for TMY3 Data Sets, NREL/TP-581–43156*，April. Golden，CO： National Renewable Energy Laboratory.

案例研究4.1 气候分析

项目类型：11 栋 24 层住宅楼和 1 栋 14 层办公楼

位置：印度孟买马拉哈斯特拉（Marahastra）

设计 / 模拟公司：卡利森公司

针对温暖的热带地区的气候分析将考虑太阳辐射、温度以及风向和风速条件来确定场地规划问题。其他气候分析统计数据对于此场地规划实践并不那么重要。

概 述

在项目启动时，设计团队分析了气候，以确定最佳的建筑朝向。热带气候的经验法则包括减少东、西立面和屋顶的太阳辐射，玻璃区域集中在南部和北部。

印度的塔式住宅要求每个房间都必须有明亮且可开启的窗户。中档公寓的设计中通常每个电梯和楼梯核心包括 3～6 个居住单元，并且单个塔楼的设计经常在场地中重复并旋转，因此很难进行风力驱动的贯流通风（穿堂风）设计。

说 明

全年温度均高于室内舒适度范围——适应性热舒适的范围在整个温度曲线上以浅色显示。最热的季节是秋季和冬季，最冷的是潮湿的夏季季风季。除了夏季季风季，全年的太阳辐射得热非常强烈。太阳玫瑰图在最热的季节（秋季和冬季）偏向南侧，春季偏向东西侧，而季风季期间则由于太阳被云层扩散而辐射接近均匀。

全年午后有助于建筑自然冷却的风来自西部和西北部。将可开启的窗口朝向这些方向可利用微风以减少对机械供冷的依赖。气象站位于场地西南仅 4.82 km 处，之间没有丘陵或其他地形阻隔，因此该团队认为气候数据足够可靠。

基于这些原因，团队提供了住宅建筑东、西外立面的初始设计。东部立面包含庭院，因此每个居住单元都将具备采光、通风和微风条件。西侧外立面大部分包含带阳台的起居空间，提供了进深较大的遮阳结构以遮挡阳光，宽敞的大门可供微风进入室内，并作为对尚未被遮挡保护的区域的遮阳设计回应。

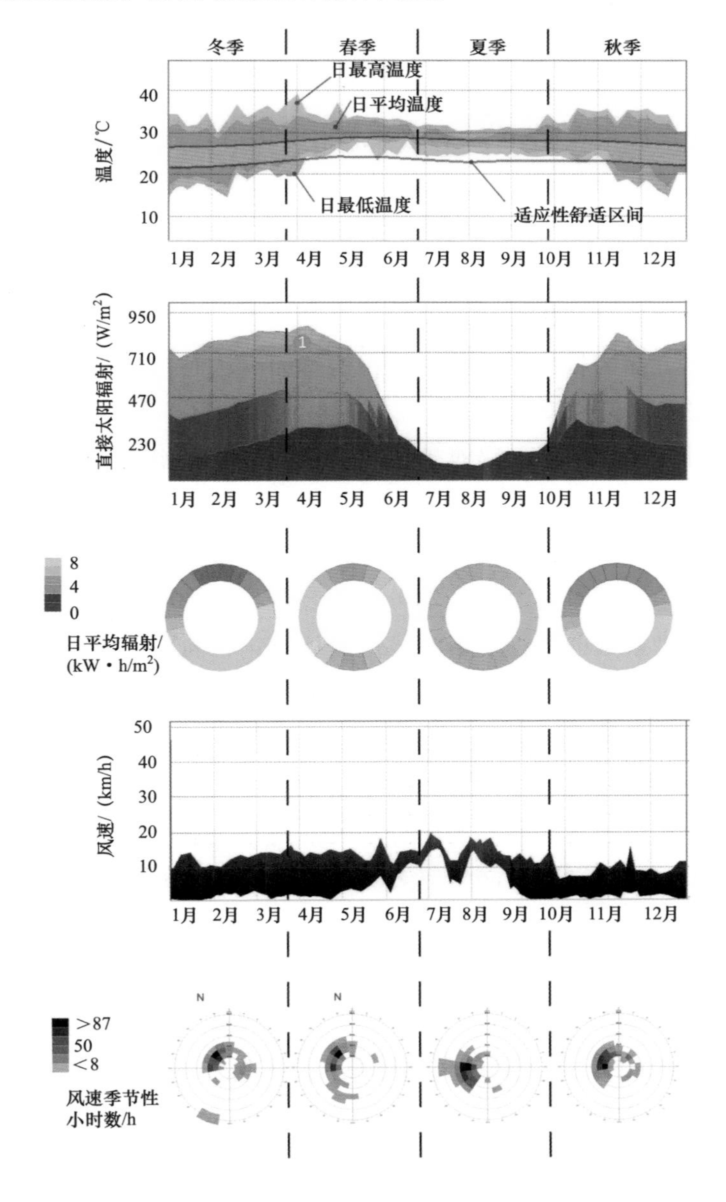

◀ 图 4.14
孟买气象数据。

5 计划和目标设定

一个没有截止日期的目标永远是一个梦。

——拿破仑·希尔

我们设定的目标影响着我们的建筑设计方式。项目场地规划过程中设定的项目初始成本和全生命周期成本、能耗、水耗、采光和其他许多方面的目标，将成为项目的基因，从而指引从项目启动会议到建设和运营的所有决定。

本章内容和案例研究对于可能设定的与能源相关的目标类型进行了阐述。例如，净零能耗的目标是使每一个财务决策都与可再生能源的成本相对比，从而使设计团队从性能表现不佳的方案中解放出来。例如，在对逐个房间的分析中发现，在 80% 的教室实现 2% 的最小采光系数的目标会影响建筑的体量、朝向、玻璃和室内颜色的选择等。除非制定明确的目标，否则项目大量的要求会排挤可持续性目标的实现。

在场地规划过程中，我们研究项目的几何形态的表达，以此来确定其对实现项目显性和隐性目标的影响。这个阶段的设计决策对团队能源目标的实现会产生巨大的影响。本章的第二部分和案例研究的重点是用设计模拟的方式来验证建筑形态的表达。

例如，由米勒·赫尔建筑师事务所设计的以“生态建筑挑战”为标准的西雅图布利特中心，如果不增加楼层间的高度，就不可能实现净零能耗的目标。这一结果是由早期采光模拟得出的，参见案例研究 10.7。又如，位于华盛顿州金县南侧的联邦中心，它的朝向是由 ZGF 建筑师事务所在竞赛阶段运行的简单体形能耗模型模拟所决定的，详见案例研究 5.4。

几乎对每个项目来说，最大限度地利用流动资金都是一个挑战。相比在设计过程的后期制定这些目标，尽早设定目标可以降低实现相同目标的成本。这在一定程度上是因为几何形态设计在后期很难改变，所以只有采用昂贵的设备进行升级改造才能满足新的目标。对于那些可以大幅度降低运营成本的项目，有时可以此来降低能耗或融资成本从而增加可用资本。

目标设定

设定的目标分为两种类型，即整个项目的目标和各个空间的目标。制定整个项目的能源目标就是在安全地重复过去的成果、更好地提升性能的愿望以及对成本的控制三者间的一个复杂的平衡过程。“建筑 2030 挑战”为许多项目提供了一个很好的平衡机制。由于这个目标是具体的，而且通常可以通过现成的技术来实现，因此很容易被理解和进行相互交流。

各个空间的目标也同样重要，并且在许多情况下不必考虑整个项目的目标就可以实现。在项目计划阶段，为每个空间确定采光、视野和舒适度目标是设计团队在建筑体块确定之前了解项目的有效方式。在后期的设计模拟工作中，各个空间的目标实现情况被用作判断成功与否的标准。

当整个项目团队一开始就组织起来时，就更容易设定和实现目标。当项目团队是分散的时，暖通工程师和能源分析师直到设计进程的中途才介入，这时许多重要的节能和成本节约措施已经不能实现了。

▼ 图 5.1

设定采光目标可以帮助项目团队建立每个计划空间的准则。这些准则可在整体体块设计中帮助确定每个空间的朝向，并为后期的设计模拟确定各个空间的目标。

资料来源：克里斯·米克（Chris Meek），华盛顿大学整合设计实验室。

采光计划矩阵

正午太阳高度角：6月，66°；9月/3月，42°；12月，19°　　设计的主要天空条件：阴天

房间类型	房间使用时间	采光重要吗?	室外视野重要吗?	是否需要直接日光控制?	眩光控制很关键吗?	是否需要较暗空间?	设计照度	理想的采光开口策略	理想的采光朝向	场地上的组织
open office	8am-6pm	Y	Y	Y	Y	N	20fc ambient 35fc task	side/top	N or S	—
private office	8am-6pm	Y	Y	Y	Y	N	20fc ambient 35fc task	side/top	any; individual controls	adjacent to open office
large conf.	10am-6pm	Y	Y	Y	Y	Y	30fc	side		interior, with views
lobby/recept.	8am-5pm	Y	Y	at reception desk		N	15fc ambient	side/top	N or S	ground floor
training space	8am-5pm	N	Y	Y	Y	Y	20fc	side		interior, with views

制定宏大的、有挑战性的、大胆的目标（Big, Hairy, Audacious Goals，被称为BHAG目标）的项目团队能够用与普通建筑相同的成本来获得高效节能的建筑。BHAG目标在《建筑永恒：有远见公司的成功习惯》（*Built to Last*：*Successful Habits of Visionary Companies*，Collins and Porras，1997）一书中得到大力推广。BHAG目标处于可实现的边缘，它激励团队以一种全新的眼光来考虑项目。本书中的净零能耗项目主要通过现成的技术和系统来实现其能源目标；然而，净零能耗的目标刺激了团队以不同的方式进行设计，激发了创造性，并最终降低了能耗。

- 例如，LEED社区发展铂金级项目Ever Vail项目（第二阶段）的专家研讨会开场是维尔度假区（Vail Resorts）开发公司首席执行官的一段自我介绍。他明确表示，维尔滑雪场不针对滑雪收费，是针对接近自然的机会收费，因此自然的健康是他们的哲学理念的一部分。因为项目团队知道每一个决定都将针对这个理念进行权衡，所以他们多次引用这个演讲。
- 实现包括净零能耗认证在内的“生态建筑挑战”的目标要求布利特中心项目团队从一开始就研究采光、产能，从建筑表皮到内部核心的进深和建筑设计的其他方面来确保其性能。因为一个6层的净零能耗项目实现起来很困难，所以建筑的各个方面必须协同工作。
- KEMA能源分析公司的能源分析师被任命为由卡利森公司设计的DPR建筑公司圣地亚哥办公室项目的能源专家。由于项目一开始的明确目标是实现净零能耗，许多标准建筑的方案不需要被研究。这激发了团队的创造力，使他们只探索在租赁期限内能够收回成本的高效方案。

相反地，当能源目标没有被团队领导定量设定时，可持续方向的努力就会因为中层管理者要求增量成本分析而在设计中陷入困境。由于每个建筑都包含一个建筑形体、材料和系统的复杂交互过程，因此成本核算的工作需要大量时间来正确评估初始投资成本和运营成本的影响。不幸的是，许多好的设计策略往往沦为目光短浅且只关注建筑某一个方面成本计算的牺牲品。

◀ 图 5.2

Ever Vail 项目启动专家研讨会中，来自各个学科的近 40 名专家聚集在一起，反复研讨实现项目可持续目标的想法。Ever Vail 的总体规划获得了 LEED 社区发展铂金级认证。

资料来源：照片由维尔度假区开发公司提供，未经允许不得转载。

预估能耗使用结果			
能源	设计值	目标值	建筑中位数评分
能源等级（1～100）	N/A	99	50
能源减少比例（%）	N/A	60	0
一次能源用能强度 / [kW·h/(m²·a)]	N/A	281	700
场地能源用能强度 / [kW·h/(m²·a)]	N/A	129	325
年一次能源用能总量 / (kW·h)	N/A	3123132	7807830
年场地总能耗 / (kW·h)	N/A	1449573	3623932
总的能耗价格 / 美元	N/A	68324	170811
污染排放			
二氧化碳排放量 / (metric tons/a)	N/A	745	1861
二氧化碳减排百分比（%）	N/A	60	0

设备信息 Edit

81658
美国

设备特点	Edit
空间类型	建筑面积 / m²
宾馆	11148
总建筑面积	11148

预估设计能源			Edit
能源来源	单位	每年的能耗	能源使用率 /（美元 / 单元）
电网用电购买量	kW·h	N/A	0.068 美元 / (kW·h)
天然气	m³	N/A	0.27美元/m³

*建筑中位数相当于EPA能源性能评分50分

资料来源：数据改编自DOE-EIA。参阅EPA技术说明。

▲ 图 5.3

美国“能源之星”节能目标查找器（Target Finder，网页工具）输出的科罗拉多州维尔市一家酒店的相关结果。节能目标查找器显示几种类型的指标，如场地、能源、成本和碳排放。这一信息基于商业建筑能耗调查数据。

资料来源：https：//www.energystar.gov/index.cfm?fuseaction=target_finder。

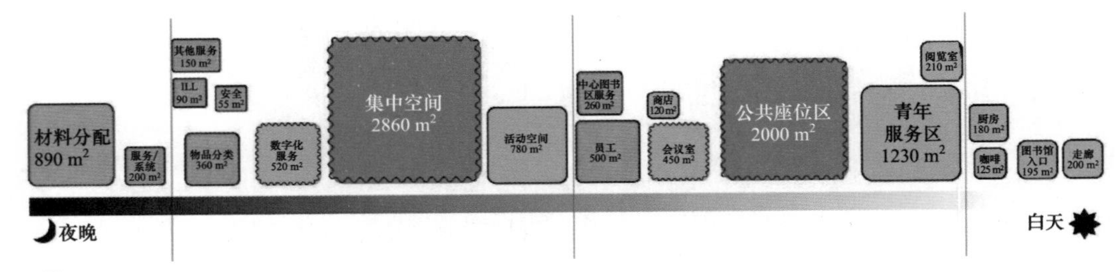

▲ 图 5.4

临近奥斯汀中央图书馆设计开始阶段，计划中的空间被绘制成图表来显示光线对于每个计划空间的相对重要性。附加的图表也做了与室外的感知联系及隐私保护愿望的相关统计。这些为早期的形体方案提供了依据。

资料来源：雷克·弗拉托建筑师事务所与奥斯汀中央图书馆。

举一个例子，在一个项目中提高玻璃的性能可以减少供热供冷峰值负荷，反过来也可以减小锅炉和制冷机的容量和相关输送管道的尺寸。而减小管道的尺寸可以降低必要的楼层净层高。增加一个额外的楼层或增加天花板的高度可能会引入更多的采光并且减少照明负荷。通常我们只考虑玻璃性能的增量成本，特别是在所谓的价值工程阶段。

进一步分析这个案例：当一个暖通空调设计师在设计过程的后期面临玻璃选择方案时，最差的方案将会是（正确地）选择匹配的暖通空调系统容量。由于工程师只根据时间和费用来设计一个系统的细节，系统的大小和布局会被锁定在最坏的工况下。如果客户后来决定采用可节能 4% 的玻璃方案，这时他们可能已经同时失去了减少初始投资和能耗的机会。[1]

如果能够早一点做出决定，那么设计师会有时间设计一个适合改进后的建筑围护结构的暖通空调系统。由于它是一个更小、更有效的系统，节能 8% 的目标则可能得以实现。在许多情况下，因为客户为后期的决策付出更多，所以他们才会认为可持续设计的成本更高。莱斯·弗格斯·米勒建筑师事务所办公楼（案例研究 10.3 和案例研究 10.5）的客户为先进的暖通系统仅支付了每平方米 110 美元的成本，这远远低于标准建筑的标准暖通系统的费用。这都要归功于一个伟大的设计团队和在生态项目专家研讨启动会上设定的能源目标。

---

[1] 如果设计后期阶段客户决定采用性能提升的建筑玻璃，暖通空调系统的实际容量及峰值负荷均可减少，但此时暖通工程师可能已经错过了对暖通空调系统进行调整设计的机会，从而可能造成暖通空调系统设计过大，系统和主机运行部分负荷时间更长，效率降低而能耗更高。——译者注

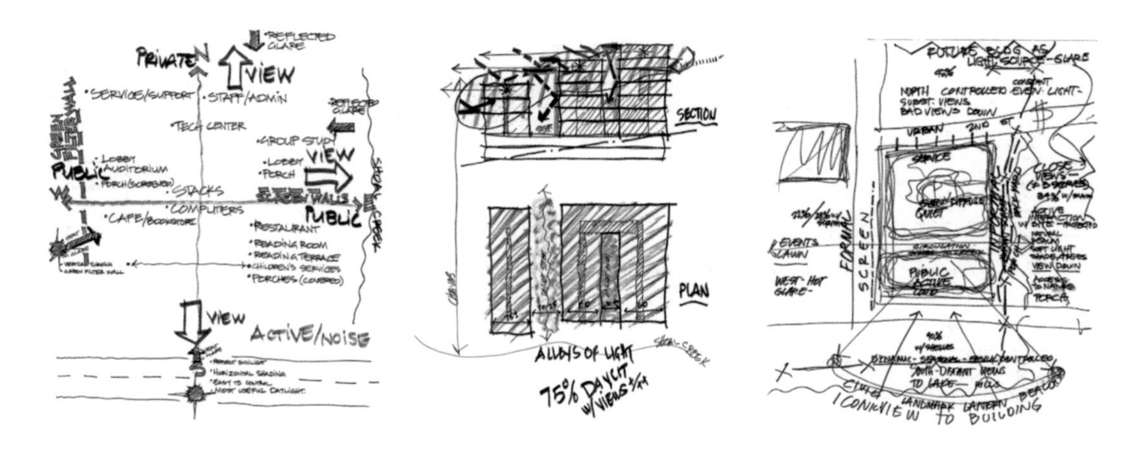

▲ 图 5.5

由雷克·弗拉托建筑师事务所设计的早期图表探索了场地和几何形体的方案。

资料来源：雷克·弗拉托建筑师事务所与奥斯汀中央图书馆。

基于菜单的目标

基于菜单并可让设计团队选择采用哪种可持续发展战略的系统正变得越来越流行。它们现在正被纳入如《国际绿色建筑法规》（*International Green Construction Code*）和《国际节能法规》（*International Energy Conservation Code*）这样的建筑和能源法规。美国绿色建筑委员会（United States Green Building Council's，USGBC）的 LEED 在自愿性的评价体系中处于领先地位，全球有超过 4 万栋建筑获得了这个认证。

USGBC 通过其自愿性的评价系统从根本上促进了对可持续发展的理解和应用。他们加强了建筑师和公众对一般知识和相关概念的理解，改变了建筑材料行业，扩大了能源模拟的应用；美国绿色建筑行动的蓬勃发展在很大程度上是由该评价系统推动的。虽然本书中包含了一些对 LEED 的批评，但是由于他们的努力而发生的转变是令人敬畏的。

以下几个原因可以解释为什么 LEED 系统被批评在其认证的建筑中存在能耗下降不一致的现象：

- 虽然 LEED 认证 2009 年版的项目被要求减少能源使用，但在早期认证版本下认证的项目通常选择最少的节能得分点。
- 使用 ASHRAE 90.1（大型 LEED 项目能耗计算参考方法）进行的能耗模拟并不针对预测实际的建筑用能。虽然根据 ASHRAE 90.1 计算结果可能产生一定的节能比例，但这并非与一般建筑或典型建筑进行比较的，对于比较的建筑来说每个项目都是特有的。

- 实际建筑的能耗性能取决于许多情况，这超出了设计团队的控制（Newsham et al.，2009）。

基于菜单式的目标设定的一个缺点是，除非在基于菜单目标之外还设置一个正式的能源目标，否则团队经常会放弃需要花钱的设计策略。这可能会导致如下情况的发生：暖通空调设备大小的设计以满足最低性能方案为目标，从而降低建筑性能并浪费资金。

能源目标

能源目标的设定为未来的决策是否成功提供了一个参照标准。设定正式的目标是在整个项目团队之间进行沟通的一种方式，每个决策都可为一个共同的目的而制定。正式目标，尤其是量化目标的后续影响很容易被低估，会在未来影响设计、施工和运营的决策。

项目团队需要了解能源目标包括什么和不包括什么。下面描述一些最常见的能源目标类型。

能耗成本预算的节能百分比

能耗成本预算的方法是将“设计”建筑的能耗成本与虚拟基准建筑的能耗成本进行比较，这个虚拟建筑具有与“设计”建筑相似的几何外形且符合建筑能耗法规的构件和假设。该方法主要用于对标 ASHRAE 90.1 标准进行 LEED 得分评分或满足能源法规的目标，而并不用于预测单位面积能耗强度。一个建筑的日常与峰值能耗费用的日程表是根据每天能源使用时间来评估的，从而得出相对的能耗成本。基准建筑的建立产生了成本预算，而提出的设计建筑能耗费用也是对照基准建筑的，从而可以得出能耗费用的节约量。

单位面积年能耗值（单位面积年能耗强度）

诸如“建筑 2030 挑战”“2030 年地区目标”和“被动房”等确定了单位面积的年能耗目标——每年每平方米的建筑能耗。

“建筑 2030 挑战”已经成为许多建筑师事务所和政府机构的标准，因为它简单明了，基于多种气候条件下既有建筑的调查数据，并且通常可利用现有技术来实现。其实现的目标是与 2003 年美国商业建筑能耗调查的能耗数据相比的节能量。美国能源部的节能目标查找器是一个在线工具，可以在两分钟之内根据项目规模、类型和

城市*EUI* /[(kW·h)/(m²·a)]	迈阿密	休斯顿	凤凰城	亚特兰大	洛杉矶	拉斯维加斯	旧金山	巴尔的摩	阿尔伯克基	西雅图	芝加哥	丹佛	明尼阿波利斯	海伦娜	德卢斯	费尔班克斯
中型办公室	123	133	126	130	104	117	120	142	120	133	152	130	171	152	180	243
独立零售	259	199	190	193	139	177	158	228	193	205	256	218	294	262	329	458
快餐厅	1691	1735	1700	1773	1567	1710	1656	1924	1792	1817	2076	1909	2253	2095	2417	2999
大型旅馆	313	341	316	367	332	335	357	401	376	392	436	414	474	455	515	619
中高层公寓	123	123	120	120	98	114	104	133	117	120	149	130	171	152	186	240

▲ 图 5.6

自 2009 年 10 月起，符合美国能源部商业建筑基准能耗规定的单位面积能耗强度（EUI），这些 EUI 能耗值符合 ASHRAE 90.1——2004 建筑标准要求。完整的清单包括 16 种商业建筑类型。

资料来源：http：//cms.ashrae. biz/EUI/。

位置提供“建筑 2030 挑战”目标值和其他单位面积能耗强度值。然而，在调查中并没有（关于它的）理论支撑，许多可持续设计专家也对其数据的准确性表示怀疑。如图 5.6 所示，ASHRAE 为每个气候区提供了一个基于当前能耗法规的基准单位面积年能耗强度值。

场地（二次）和源（一次）能源单位面积能耗强度目标之间的差异看起来很细微，但是它对设计有重要的影响。场地内单位面积能耗强度由建筑内使用的电力、天然气和其他能源简单相加得出，并减去了场地内生产的任何能源。

像节能目标查找器所估计的那样，一次能源单位面积能耗强度将场地的电力能耗的使用量乘 3.34（燃煤发电一次能源转化的性能评级），而天然气能耗的使用量乘 1.047。由于在发电厂中煤被大量使用，而煤转化为电力的效率低于 50%；此外，集中用电需要数百千米的输电线路和设备，根据输电距离和电网质量，输电的电力平均损耗约为 7.4%（D&R International，2011），因此基于电网电力来源计算一次能源消耗量对于电力使用是不利的。

由于基于电网的电力计算是不利的，因此，一次能源单位面积能耗强度的目标有利于现场燃烧（产能）、可再生能源的使用和减少供冷（主要使用电力）耗电，并使用天然气供热。大多数单位面积能耗强度的目标是基于一次能源使用量，因为它更接近于对应的碳排放。

净零能耗目标

净零能耗目标的计算通常是为了使建筑单位面积能耗强度与每年可获得的年可再生能源相匹配。在布利特中心和伯克利图书馆项目中首先计算能安装在屋顶上的太阳能光伏（PV）和光热产能量，然后根据这个数字设定了一个可操作的单位面积能耗强度目标。为净零能耗目标做准备，莱斯·弗格斯·米勒建筑师事务所办公楼设计团队同样计算了屋顶的光伏产能潜力，然后根据相应的单位面积能耗强度进行建筑设计。他们可以在屋顶上通过增加光伏来实现净零能耗。

世界首批净零能耗建筑通常是与电网相连的，因此当可再生能源不可用时，这些建筑既可以从电网中获取电力，也可以在可再生能源可用时将电力送回电网。在平均一个年期中，建筑能耗将平衡到零。净零能耗的实现是非常困难的，并不是在每个项目或场地都可以实现的。它通常是以使场地用电产能平衡到零（而不是一次能源）进行计算，因此建筑耗能对大气中碳排放的净影响不是零。

一个通过“生态建筑挑战”认证的项目根据其定义是可持续的。经过平均一年过程，项目实现净零水耗或能耗，也不产生废弃物，并满足了其他严格的性能指标。尽管“生态建筑挑战”认证是基于菜单的，但它采用了与 LEED 相反的方法：所有得分项都需要落地实现。这消除了不确定性，并提供了明确的目标。因为实现它的技术比较复杂，所以考虑“生态建筑挑战”认证的客户或项目团队需要在项目一开始就设定这个目标。

被动房

被动房标准起源于欧洲，在那里，它影响了成千上万各种类型的建筑。这个免费的自愿性标准设定了一个用于房间供热和供冷的单位面积年能耗强度基准［通常为 15 kW • h/（m^2 • a)］。除单项指标外，还有其他的整体性能的单位面积能耗强度标准，这在案例研究 10.4 中进行了说明。即使在考虑使用任何可再生能源之前，被动房建筑也已经迈进“建筑 2030 挑战”中的 2020 年的门槛。

峰值供热或供冷

机械（暖通空调）系统基于峰值负荷来选型设备大小，而降低峰值负荷可以降低项目成本和减少年能耗。除正常的建筑使用的负荷外，峰值负荷受到达到室外温度峰值时的太阳得热和热传导的影响。

峰值能耗成本与额外的能源成本相关，可高达正常能耗成本的 20 倍。这是因为发电厂的规模和建造是基于峰值需求的。因为建筑的峰值需求在不同地区同时发生，电厂及供电公司需要提高产电量以满足下午晚些时候（供冷）和清晨（供热）的高峰需求。出于这个原因，在一天的晚些时候，利用材料的热惰性或蓄热系统来转移峰值负荷，可降低暖通空调系统成本和能耗费用。

由 ZGF 建筑师事务所领导的华盛顿大学分子工程与科学研究所办公楼项目团队将峰值负荷降低了 50%，以消除办公空间对机械供冷的需求（见案例研究 9.2）。通过立面的设计控制太阳辐射得热（见第 7 章），通过采光设计减少人工照明需求（见第 8 章），并且通过优化开窗比例来减少通过玻璃的传热。

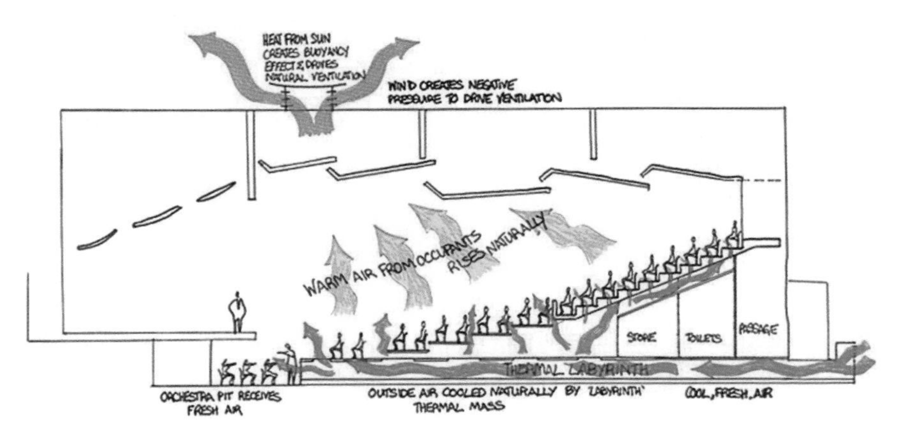

◀ 图 5.7

即使在峰值条件下，座位下方的混凝土“地埋管”也能通过热惰性和蒸发冷却来维持热舒适。这个系统在设计阶段的早期就被提出，并作为项目目标之一成功地免除了与机械供冷系统相关的成本和消耗。

◀ 图 5.8

澳大利亚巴拉拉特市的温杜里表演艺术中心（Wendouree Performing Art Center），由麦基尔杜伊·帕特纳斯（McIldowie Partners）设计，通过使用自然通风，该中心能够不使用机械供冷系统。这需要在设计的最初阶段进行分析，以证明这个概念是可行的。

资料来源：由 WSP 公司建筑生态部门提供，照片由马丁•桑德斯（Martin Saunders）提供。

► 图 5.9
地面下的通风地埋管。

碳足迹目标

在国家或国际层面上制定全面的气候变化战略可能会增加碳排放的成本，因此需要将碳排放量与碳排放成本增加直接相关。碳足迹是非常广泛的，包括往来建筑的交通能耗以及开采、生产建筑材料所消耗的能源。碳足迹也可以是非常深入的，例如，通过探究铝窗框的长供应链，可以追溯到从地球上提取原材料的影响。正因为如此，任何碳足迹分析首先都需要以广度和深度来定义范围。一个年能耗模型可以被修改为输出碳排放当量，而不是建筑单位面积能耗强度数据，但其他碳排放测定方法需要研究。“生态建筑挑战”要求抵消所有建筑材料的内含能（开采、冶炼、生产建材所消耗的能源）。

建筑能耗的每个方面几乎都可以设定目标：

- 压力测试到一定的阈值，以确保最小的空气渗风量。
- 照明功率密度或照明灯具使用系数。
- 在适当的季节通过自然通风来进行换气或降温。
- 居住者可使用开启的窗户或其他环境控制设施。
- 入住一到两年后验证入住后的能耗目标。
- 设定窗户玻璃的百分比，虽然玻璃在效果图中看起来很好，在很多项目中它往往是热工性能表现最差的。

各个空间的目标

在项目计划阶段，各个空间的目标可以与更典型的邻近空间和叠加空间的目标一起设置。它们可以包括采光量、采光质量（如双侧采光）、视野、舒适度、朝向、靠近楼梯以减少电梯的使用、自然通风等。这些目标是根据每个房间的使用情况设置的，允许在一个单体建筑内实现各种目标。由于设计模拟总是与“成功”的概念相关，因此为每个空间定义“成功”提供了一种量表，该量表就是设计模拟工作的标准。

场地规划与体块

场地规划可能包括布置独立住宅，以最大限度地欣赏湖景，在城市动迁地块上集中布置住宅公寓，或者在零售裙楼上布置酒店和办公大楼。在大多数情况下，这些建筑可以自由地应对气候分析的结果——在优化窗户比例的同时，合理布局室内外空间以获取适量的太阳能、采光和通风。

项目团队需要尽早考虑一些节能策略，否则这些策略目标将无法实现。一旦设定了初始目标，每个项目团队将利用他们对场地、气候、类型学和其他项目目标的特定知识来创建一个设计优先级列表。与所有设计过程一样，良好的设计模拟具有探索性并且是非线性的。

在场地规划中需要考虑的变量远比一个章节里写的要多。下面提供的示例和案例研究说明了在规划阶段可以模拟的范围。

场地选址

模拟仿真可以叠加场地的很多方面（如视野、与邻近房屋的间距和场地坡度），通过它可以创建如案例研究 5.1 中描述的“理想指数”。很多其他类型的输入量都可以叠加到场地建筑上，既尊重既有生态系统的条件，又可提供正确获取场地太阳能和风的途径。在案例研究 5.2 中，ZGF 建筑师事务所利用了一个大量迭代的功能来满足日照的需求。

在一块有着不同建筑类型的场地上，可以通过热力循环在不同建筑之间共享热量。例如，办公室或数据中心可以与附近产生内热

▶ 图 5.10

利用完成的风速研究确定的新建筑的体块来阻挡不受欢迎的冬季风通过公共广场。这项风速研究是波士顿剑桥总体规划的一部分，它使用了 Autodesk Vasari 3D 软件进行计算流体动力学模拟，其中伪彩色表示风速。模拟风向来自左上角。

资料来源：CBT 建筑师事务所建筑设计和规划部门。

较少的住宅共享多余的热量。由卡利森公司和科贝尔特（Cobalt）工程师事务所设计的 Ever Vail 项目总体规划中结合运用了热力循环的方法。

体 块

场地规划的前期步骤包括通过类型学将建筑形态抽象为几何体块，例如线性的、双面房间的单廊式住宅塔楼和酒店，这些长条形建筑往往是 18～21 m 宽。大多数其他类型的建筑具有标准的面宽或进深。因而简单体形的、典型面宽的建筑模型可用于研究建筑表皮到核心的进深、朝向、窗户比例或其他方面。案例研究 5.4 通过一个位于华盛顿州西雅图市附近的 18 m 宽的办公室能耗模型，来考虑朝向对峰值负荷和年能耗的影响。

在许多气候条件下，围绕半加热中庭周围的建筑组团可以通过减少围护结构面积和相关的得热和散热来减少能耗，并提供充足的采光。为相邻空间提供采光的中庭通常需要遮阳控制，这需要用更详细的研究来验证提高的能效。尽管经验数据通常足以满足场地规划需要，但中庭也可以利用烟囱效应进行自然通风。

正如杨经文（Ken Yeang）在他的著作和项目中所建议的，可以通过气候响应来布局建筑核心筒和门厅。由于建筑核心筒包括电气设备间、电梯间等，因此它通常是建筑中的净热量生产者，且它位于建筑物内部时难以散热。将核心筒置于建筑外围有利于遮挡西晒，或将核心筒多余的热量直接排到建筑物外部。将塔状楼梯间

◀ 图 5.11
HMC 建筑师事务所内部的能耗模拟专家团队 ArchLab，使用eQuest软件分析各种单、双边走廊式的教室布局对整体能耗影响的情况。本研究是基于既有建筑常见的房间布局和能耗数据完成的，并为许多其他项目提供了参考。该团队了解到，与朝向相比，自遮阳对能耗的影响更大。他们对超过 50 种建筑形体配置在四个朝向上的能耗进行了比较，最终采用 U 形建筑形体设计。

设置在建筑周边可以使它们获得天然采光，并且在一些气候条件下，可利用垂直高度上的烟囱效应进行辅助自然通风。

太阳能研究及遮阳

在城市场地中，附近环境的遮挡会影响建筑的日照，也会影响设计响应。遮阳目标可根据峰值设计目标来设定，也可作为一种应用更节能的舒适系统的方式。净零能耗项目倾向于利用整个屋顶来产生能源，因此研究可利用的太阳能可帮助制定能源目标。

采 光

在大多数建筑中，采光目标的实现效果取决于楼层的净高和建筑表皮到核心的进深。利用快速建立的体块模型来模拟建筑的采光系数或自主采光阈（见第 8 章），从而权衡层间净高、窗墙比以及表皮到核心的进深。作为通用的准则，采光的进深是窗顶高度的 1.5～2.5 倍。在一个表皮到核心进深为 9 m 的办公建筑，将窗顶高度按计划设置为 3.6 m 高，可以获得良好的采光，并且可以通过模拟来测试。另一个值得考虑的采光目标是在所有客厅、会议室或其他重要空间提供来自两个方向的采光。这一目标有助于获得良好的采光质量，并有机会获得 LEED 评价标准下采光和视野方面的得分。

自然通风

低能耗项目通常在一年中气候温和的部分时间里使用自然通风进行降温，并在没有管道系统与风机的情况下引入新鲜空气，或者同时使用这两种方法。由于建筑内外部形体体块是通风成功的关键，因而自然通风的目标需要尽早设定。如果风压是城市环境中用来驱动自然通风的策略，就需要收集和解读本地的风力数据。风压驱动的自然通风需要尽早考虑可开启的窗户面积、室内布局和家具，以避免阻挡空气流通。热压通风系统需要利用适当的面宽、垂直高度和温差来产生空气流动。

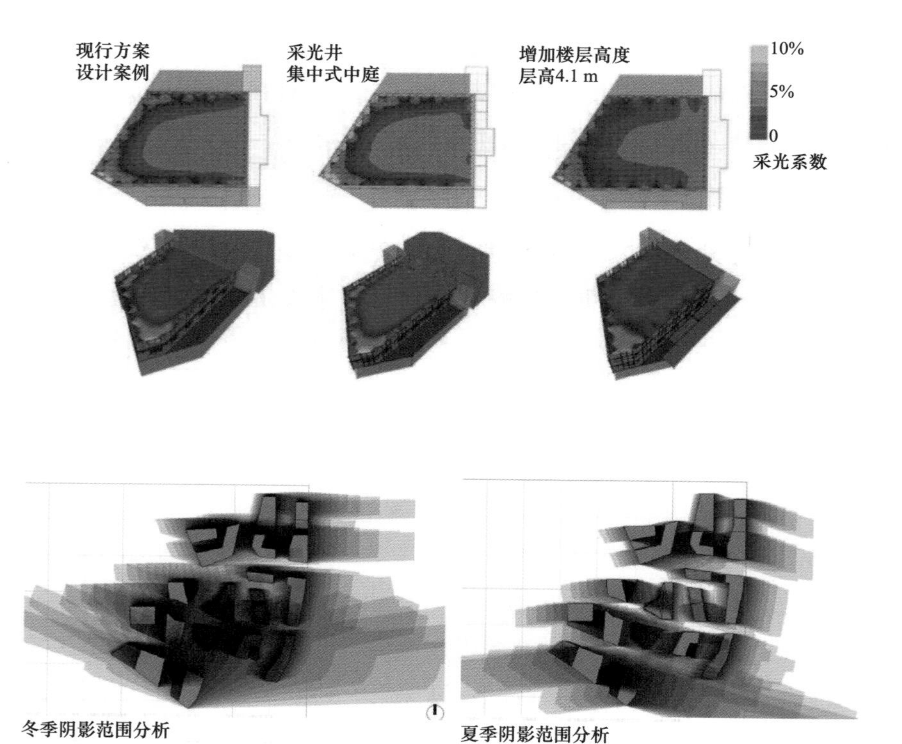

► 图 5.12

米勒・赫尔建筑师事务所研究了增加层高对 6 层楼高、以净零能耗为目标的布利特中心室内采光的影响。一项早期的研究表明，层高从 3.4 m 增加到 4.1 m，可使采光良好的平面面积比例由 23% 上升到 65%。

资料来源：由米勒・赫尔建筑师事务所提供，Ecotect 输出 Radiance 采光分析结果。

▲ 图 5.13

阴影范围分析可用于快速确定在一年中某段时间内经常处于阴影中的区域。在这个标识为橙色的项目中，位于南边的整个建筑在春季的大部分时间都处于阴影中。在夏季，建筑物周围的大部分户外区域都暴露在阳光中。

资料来源：Autodesk Ecotect 输出结果。

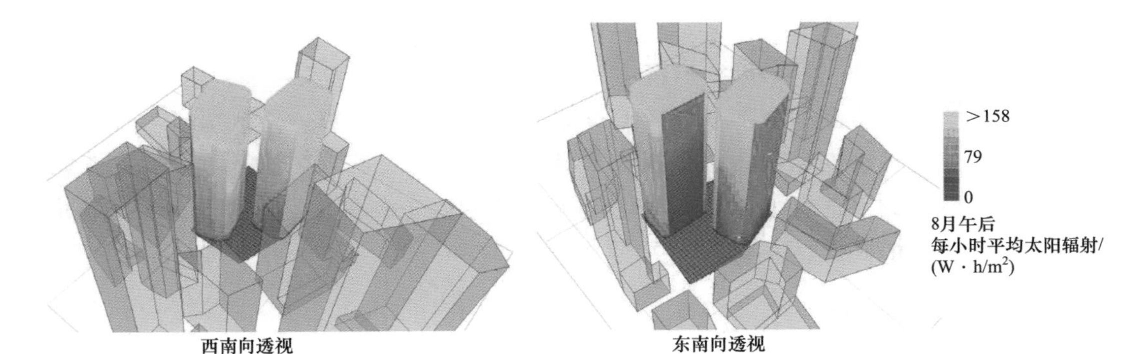

▲ 图 5.14
快速太阳辐射的研究可以确定一个体块模型每个立面上的相对太阳得热负荷，包括由于环境因素产生的遮挡。这种研究可以用于计算峰值负荷或比较不同月份的太阳辐射。这种类型的分析形成的遮阳策略可以回应环境和自遮阳的问题。

资料来源：Autodesk Ecotect 输出结果。

总　结

每一种节能策略都需要通过直觉、经验、经验法则和设计模拟进行验证。模拟可以解决与性能要求相关的问题，而这些要求是由总体项目目标或各房间目标来决定的。项目早期设定的目标可成为建筑的基因要素，并协助设计团队做出正确的决定。场地规划的设计决策可以决定在接下来的设计阶段是否使用可持续性策略。因此，在规划、场地和建筑形体设计中，需要考虑对后续采光、太阳得热、自然通风和其他策略的潜在影响。

案例研究5.1　场地位置优化

项目类型：居住建筑

位置：加利福尼亚州索诺玛县（Sonoma County，CA）

设计 / 模拟公司：班得瑞建筑师事务所 /Symphysis 公司（Van der Ryn Architect/ Symphysis）

位置优化就是将设计模拟软件与地理信息系统（GIS）映射信息结合使用，将多个变量结合到一个场地上。软件输出的图形结果可以帮助客户和项目团队理解最佳选址。这种类型的模拟可以通过输入任意数量的场地特征、规划边界要求、风力和太阳能等方面来完成。

概　述

没有合适的选址，建筑就不能设计成被动式太阳能供暖的形式。对于这座位于加利福尼亚州索诺玛县的房子来说，一块大场地给它提供了很多机会。客户在选址时主要考虑的因素包括最大限度地利用冬季太阳能、西边的景观，以及在低坡度区域建造房屋以降低施工成本和场地被侵蚀的可能。该案例研究说明了如何使用具有多级标准的地理信息系统来突出显示房屋选址的理想位置，该位置被称为“理想指数”。客户很容易理解这幅合成图并找到房子坐落的最好的区域之一❶。

模　拟

GIS 是一个数字化的通用术语，指的是将数字信息在地图上进行分层的能力。它可以将任何的三维数据集可视化，使人们更容易理解复杂的地图数据。GIS 已被用来图解疾病集群、植被密度、污染扩散和城市热岛效应等。Symphysis 公司的 Olivier Pennetier 使用 ArcView GIS 和数字高程模型（Digital Elevation Models，DEM）创建了一幅地图，说明了该地形的视野方向❷及其场地坡度❸。西向的景观受到了客户的青睐，因此地图上向西的地形都得到了较高的

► 图 5.15
合成的“理想指数”映射在 Google Earth 的三维地形图中（看向东面）。

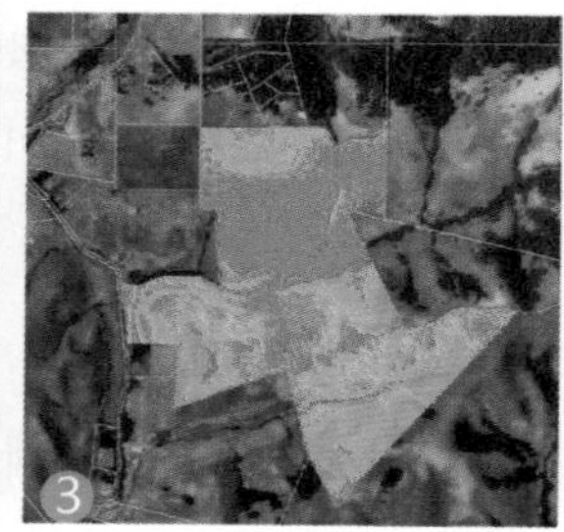

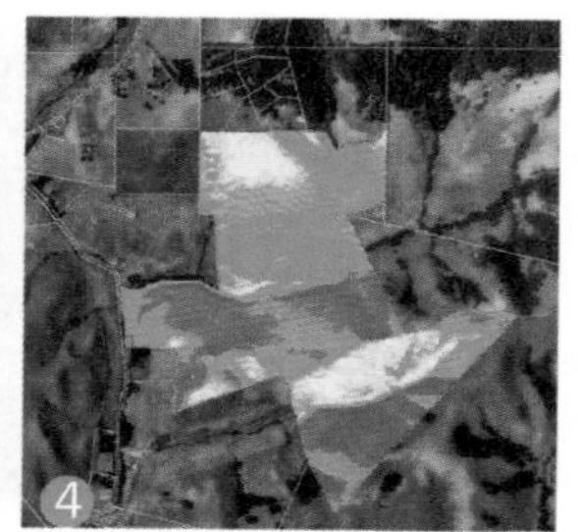

► 图 5.16
理想的视野❷、理想的坡度❸、理想的太阳辐射❹。

评价。根据输入的 DEM 计算地形坡度，证明了在坡度小于 3° 的区域建造建筑有利于降低施工成本。

用一个名为“太阳能分析”（Solar Analyst）的太阳辐射计算插件从用户输入的数据输出太阳辐射在地形上的入射状况。这些输入量包括时间范围（如冬季月份）、场地位置和根据收集的当地太阳辐射数据得出的晴朗指数（特定地点的云量）。整个场地的太阳辐射水平随着地形朝向和坡度以及周围地形的遮挡而变化❹。

每个地图上都被标上了从 1（红色表示最差）到 10（绿色表示最好）的评分。然后将这些地图叠加在一起，根据坡度、视野和太阳辐射潜力，创建一个标有最理想区域的加权地图。这个标有“理想指数”的地图后来被覆盖在 Google Earth 的网站上，为客户提供了便利的三维地形导航。

说明及下一步工作

这个三维地图为客户提供了有指导意义的信息来选择建房的位置。在多次巡视现场后，客户确定的地点与“理想指数”完全吻合。对建筑朝向和建筑美学的深入分析让我们进一步持续地塑造居住建筑。

案例研究5.2　日照

项目类型：居住塔楼

位置：中国四川省成都市温江区

设计 / 模拟公司：ZGF 建筑师事务所

许多国家和行政区的区域建筑用途法规要求住宅每天至少保证几个小时的日照时间，或保证在某一天的最低日照次数，而其他法规则限制地块或建筑物在某一天中处于阴影中的时间。本研究使用一个迭代算法，分析了利用太阳路径和附近所有建筑的遮阳来获得日照的潜力。

概　述

总体规划阶段包括广泛的设计活动，从而影响未来居民可利用的日照、步行友好性和许多其他条件。在这个生态区的总体规划中，步行尺度的街区规模需要与中国的居住区日照法规的要求相协调，而这样布置街区往往会产生基于机动车尺度的由一排排塔楼组成的超级街区。

为了优化步行街区的尺度，创建一个关联的、可步行的道路网格，同时尊重当地住宅、综合体建筑和办公建筑的规范，团队将区块尺寸定为 70 m^2。塔楼的尺寸设置为 25 m×20 m 或 12 m×40 m，这两种尺寸使不同位置的卧室都能满足获取日照的要求：每个住宅的一间卧室在冬至日必须有至少 2 h 的太阳直射。控制建筑物相邻和间距的法律规定，每个街区最多只能有两座塔楼。

模　拟

ZGF 建筑师事务所在 Rhinocerous 软件中建立了一个场地模型，使用 Grasshopper 及其迭代求解插件 Galapagos 尝试各种几何形体解决方式，从而在这些限制条件下优化开发潜力。

在 Grasshopper 软件中，根据定义塔楼体形的元素进行参数化建模，因而可对这些元素进行方便的处理，包括街区内塔楼的数量、塔楼的宽度和进深以及塔楼在街区中的位置。在软件中创建了一个脚本，将两种尺寸的塔楼之一随机放置在任意一个街区中，并通过计算每个塔楼底层的太阳辐射来筛选每个可能的解决方案，因为公寓底层是每个塔楼中日照条件最差的楼层。

在 Grasshopper 软件中用 Geco 插件将形体的网格和分析数据导出到 Ecotect，然后由 Ecotect 执行分析命令并将分析的数据导出到 Grasshopper。这些数据会被存储在一个数据库中，使用 12 月 21 日直接日照时间的最小值作为 Galapagos 插件演化求解器的适应度值。

初始的 Geco/Ecotect 界面需要花费 1 min 来分析每个迭代结果。如果不改进这项技术，对有成千上万种可能的建筑布局方案进行分析将是不切实际的。

该团队创建了一个改进的 Grasshopper 电池组，它复制了 Ecotect 的日照分析功能，将每次迭代的计算时间缩短到不到 3 s。在所有可能的组合方式中，用 Galapagos 来测试每个 Grasshopper 设定的可变的几何参数。它分析了每种方案的日照，并对团队需要考虑的前 50 个解决方案进行了排名。

团队研究了超过 10000 次的迭代方案，没有一个解决方案能成功保证在公寓区的任意位置享有 2 h 的直接日照。虽然其他的解决方案也是可能的，如改变塔楼的高度或街区的尺寸，但是团队采用了在每 9 个街区（3×3）的群组中心创建一个公园的方案，增强了创造更宜居和更宜步行的城市形式的想法。迭代求解器更成功地处理了这种变化，并找到了许多解决方案，满足了团队获取日照和步行街规模的标准。最终的总体规划采用了将公园作为中心来组织的想法。

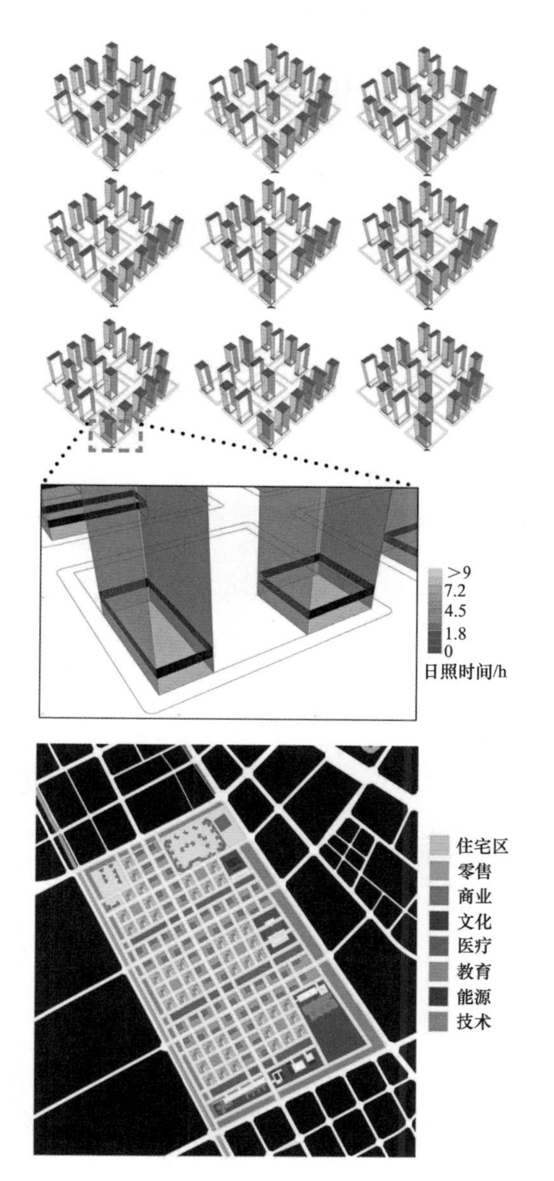

◀ 图 5.17
在测试的数千种设计方案中选出 9 种形体体块方案。具体测试方法——测试塔楼底部的每个朝向上的日照时间。

◀ 图 5.18
最后的总体规划包括了 70 m×70 m 的步行街区、中央公园，并满足了日照的要求。

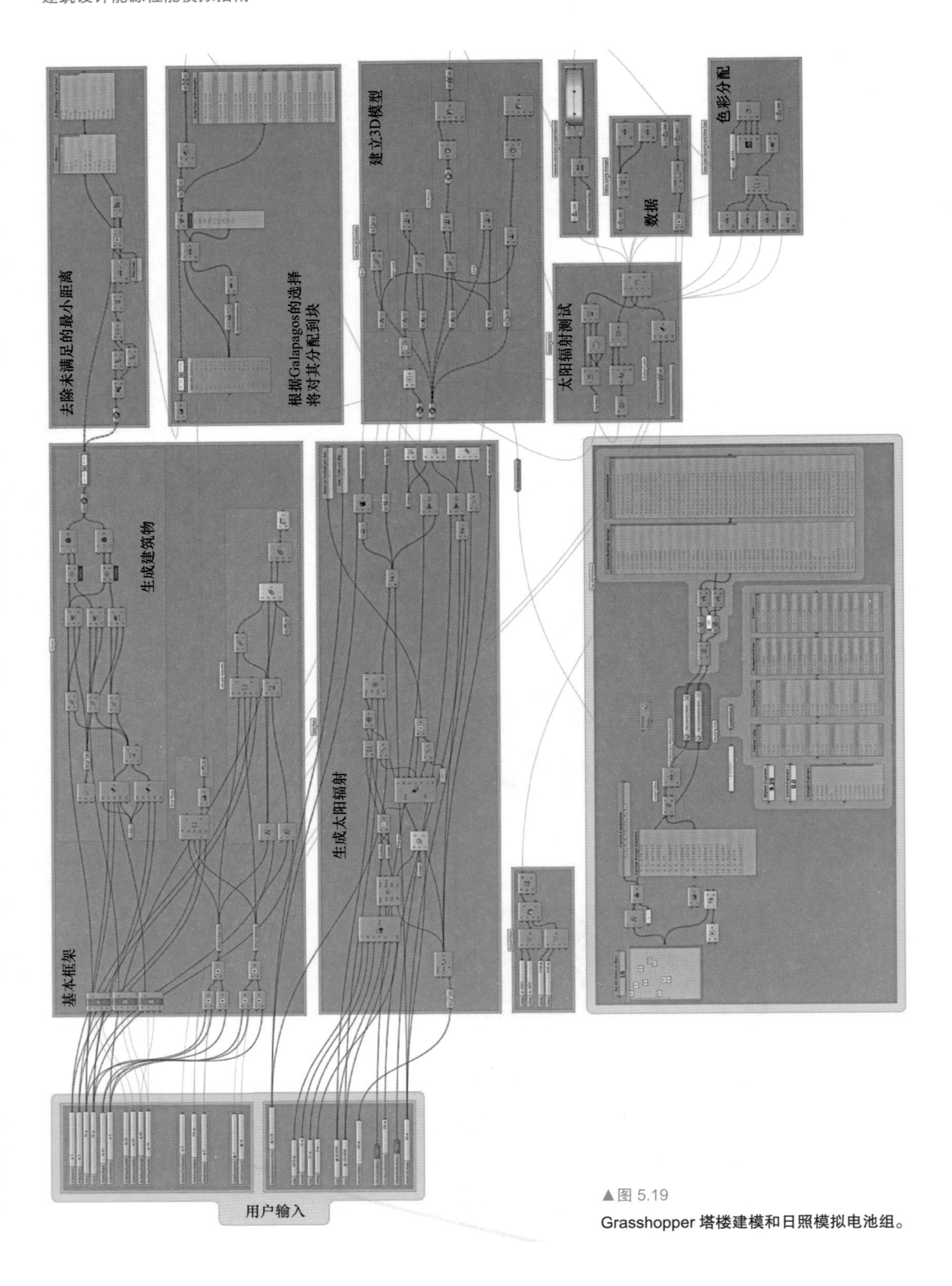

▲图 5.19

Grasshopper 塔楼建模和日照模拟电池组。

补充研究

作为本研究的补充，ZGF 建筑师事务所确定了亚热带季风气候影响该街区的城市设计其他因素，最显著的是炎热、潮湿、夏日雨季以及来自北方的主导风向。项目组在开放空间的微气候和建筑系统的概念中考虑了这些信息。

尽管本研究是在有关建筑物和街区尺寸的特定约束和假设条件下进行的，但该工具仍得到了进一步发展，使未来的设计调查可以调整和优化许多参数，例如如何在最少量的土地上合法开发最多的单元。

案例研究5.3 基准能耗分析

项目类型：零售、居住与酒店

位置：科罗拉多州维尔市

设计 / 模拟公司：卡利森公司 / 科贝尔特工程师事务所

在项目开始时就确定基准能耗可以帮助设计团队设定合理的目标，并开始选择合适的策略来实现这些目标。

概 述

根据目前的计划，Ever Vail 项目是一个大型的、多功能的总体规划，包括 5 层零售空间上的公寓、新的封闭式交通中心、办公空间、

◀ 图 5.20

Ever Vail 项目东南向渲染图。

资料来源：效果图由维尔度假区开发公司提供，未经允许不得复制。

酒店、儿童娱乐中心和其他服务设施。Ever Vail 项目的总体规划获得了 LEED 社区发展铂金级认证。

加拿大不列颠哥伦比亚省温哥华市（Vancouver， BC）的科贝尔特工程师事务所受聘与卡利森公司合作，探索所有关于 Ever Vail 项目可持续发展层面的设计方案，如能源、水、废弃物和室内环境质量。最终生成的 100 多页文档包含了 Ever Vail 项目设计的具体信息。本书显示了一些初步研究和能源分析结果。

模　拟

由于维尔市和项目场地都位于维尔山的北侧，因此团队首先确认了这条山脉本身并没有阻挡进入场地的日照。更进一步，该团队通过使用 SketchUp Pro 和 Google Earth 确定了一年中因为周围山脉的遮挡而减少的实际日照时间。团队分别研究了夏至和冬至以及春分和秋分时的日照时长并以此作为极值和平均值的情况。利用 IES VE 软件计算出了相应的日出和日落时间，并发现有效的日照时间在冬至日减少了 2 h。这些数据为早期的能源模型提供了信息。

对场地配置安排的可行性初步研究包括了优化视野和日照朝向的目标。冬季较低的太阳高度角和强度使得步行可达的五层楼未能实现每个住宅单元完全被动供暖。

节能目标查找器为整个建设项目（包括停车场）明确了场地单位面积年能耗强度为 161 kW • h/（m^2 • a）或单位面积一次能源年用能 348 kW • h/（m^2 • a）的目标。每种类型也分别用“建筑 2030 挑战”目标进行核验，酒店目标为场地单位面积年能耗强度 130 kW • h/（m^2 • a）或一次能源年用能 281 kW • h/（m^2 • a）。

► 图 5.21
实际的日出和日落时间与周围的地形有关。
资料来源：数据由维尔度假区开发公司提供，未经允许不得复制。

日期	日出时间	上午地形阴影持续时间/min	场地充分日照时间	下午地形阴影持续时间/min	日落时间
3月21日	6:17	9	6:26—17:23	51	18:14
6月21日	4:45	48	5:33—18:17	76	19:33
9月21日	6:00	13	6:13—17:08	50	17:58
12月21日	7:31	61	8:32—15:32	70	16:42

◀ 图 5.22

使用 Google Earth 获得的 EnergyPlus 气象文件。

资料来源：数据由维尔度假区开发公司提供，未经允许不得复制。

接下来的研究需要找到最合适的气象文件进行早期能源分析。可以在 EERE 气象文件网站上找到 Google Earth 上的 EPW 天气数据。虽然维尔市（海拔 2468 m）确实有一个气象站，但它只包含了几年的原始数据。附近的气象档案包括伊格尔（Eagle，46 km 外，海拔 1972 m）、利德维尔（Leadville，46 km 外，海拔 3025 m）和阿斯彭（Aspen，62 km 外，海拔 2362 m）。伊格尔与维尔市的距离更近，但它位于更开阔的区域；利德维尔位于南北山区；由于阿斯彭有最相似的邻近地形和海拔，它的气象文件被判断为是最合适的。

维尔市气候非常寒冷，但其天空晴朗，因而几乎全年都有供冷负荷。有趣的是，项目团队了解到许多地区的住宅即使在冬天也会因为大面积玻璃外墙导致室内过热而感到不适。

事实上，Green Building Studio（绿色建筑工作室）软件的基准能耗分析表明，项目每年供冷所需的一次能源大于供热所需的能源。这是因为供冷一般使用电力，相对于燃气供热用一次能源计算碳排放量时有个 3.4 的系数。图 5.23 显示了场地能源和一次能源的使用情况。

除超级保温、三层玻璃和自然通风外，团队还考虑了采用其他策略来减少一次能源用能和供冷负荷。虽然较低的太阳得热系数玻璃和固定遮阳会减少夏季的供冷，但会增加冬季的供热，并且不能利

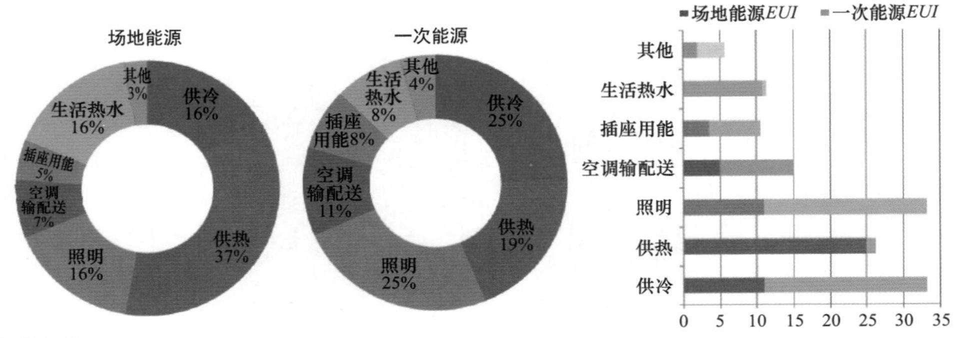

▲ 图 5.23

Autodesk 公司的 Green Building Studio 简单几何形体建筑能源模型结果显示了相对的能耗和碳排放强度。饼状图显示了场地能源和一次能源相应的碳排放贡献。柱状图显示了当考虑碳排放对大气的总体影响时，用场地能耗计算的方法可能有多大的缺陷。

资料来源：数据由维尔度假区开发公司提供，未经允许不得复制。

► 图 5.24

节能目标查找器的目标是降低单位面积年用能强度的60%。

预估能耗使用结果			
能源	设计值	目标值	建筑中位数
能源等级（1～100）	N/A	97	50
能源减少比例（%）	N/A	60	0
一次能源 *EUI*/［kW·h/(m²·a)］	N/A	347	864
场地能源 *EUI*/［kW·h/(m²·a)］	N/A	161	400
年一次能源用能总量 /（kW·h）	N/A	25038125	62595313
总的场地能耗 /（kW·h）	N/A	11621214	29053034
总的能耗价格 / 美元	N/A	547755	1369388
污染排放			
二氧化碳排放量 /（metric tons/a）	N/A	5969	14921
二氧化碳排放百分比（%）	N/A	60	0

用丰富的太阳能资源。团队研究了一种性能更好的选择，通过使用高太阳得热系数玻璃和外部自动系统可开启遮阳帘来控制过热并最大限度降低供冷负荷。研究小组认为，建筑的几何形状可在冬季收集太阳得热，也可以阻止夏季得热。案例研究 7.3 中显示了后续的一个建筑形体体块方案研究。

为了进一步减少一次能源单位面积用能，研究小组研究了场地发电，如光伏发电或热电联产（Combined Heat and Power，CHP）。热电联产将产生电力和余热，后者可用于吸收式制冷机或生活热水。研究小组还研究了一个生物质能工厂，以及微型水力发电和其他可现场发电的可再生能源。

科贝尔特工程师事务所的工程师使用 IES VE Pro 软件进行快速

分析，根据符合规范的构造确定基准建筑的各项能耗。这项研究被用来绘制现场各项能耗总图，并允许该团队评估连接建筑的热力管路的能源优势。如图5.26所示，这项研究需要估算每个月的人员入住率。

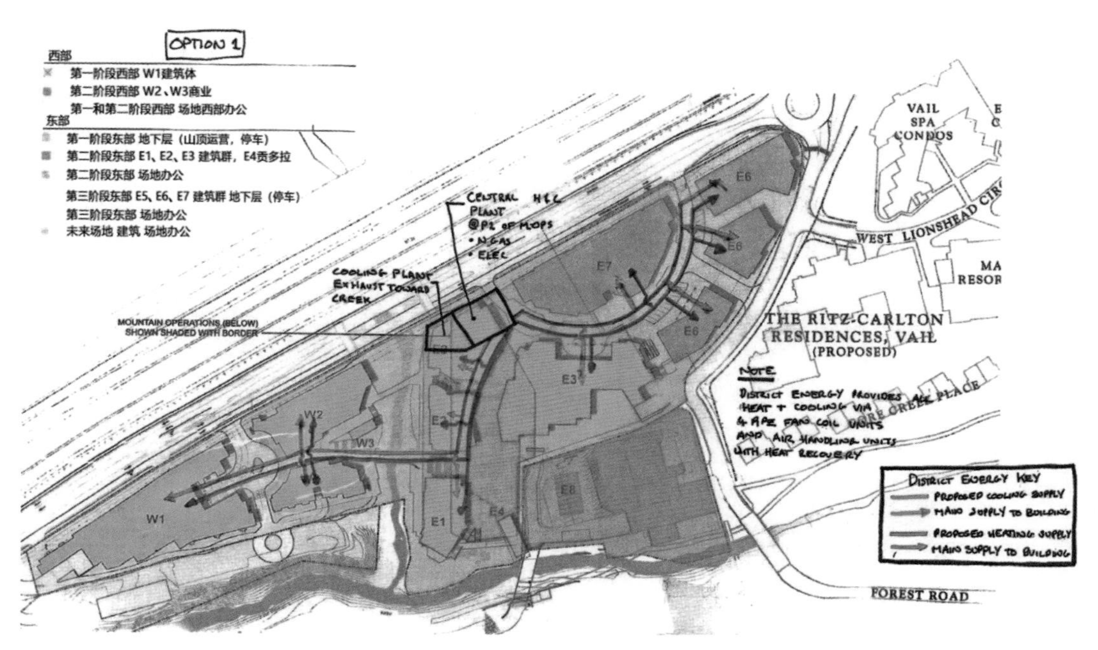

▲ 图 5.25

概念场地图显示地区能源图。

资料来源：效果图和数据由维尔度假区开发公司提供，未经允许不得转载。

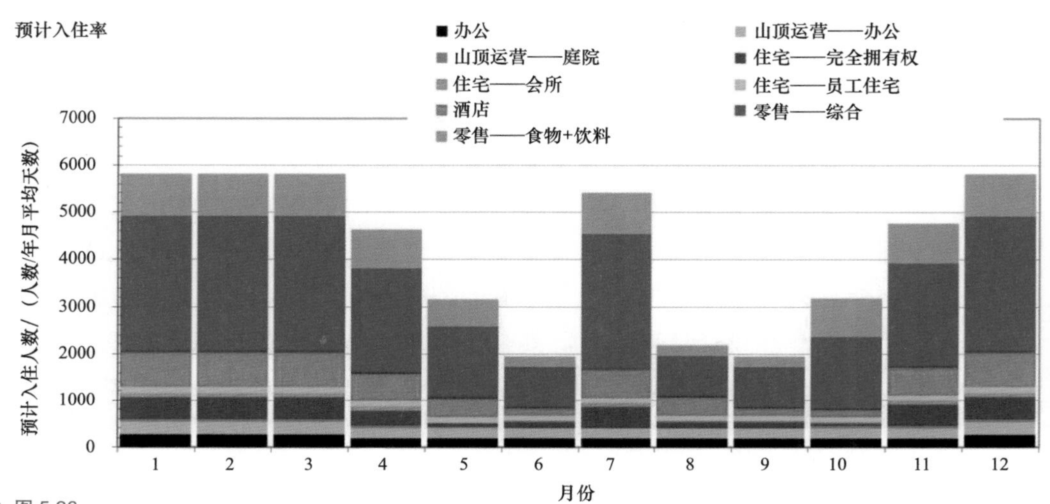

▲ 图 5.26

按房间类型划分的每月预计入住率。

资料来源：照片、效果图和数据由维尔度假区开发公司提供，未经允许不得复制。

由于从南面的山上可以看到眩光，因此维尔市地方法规不鼓励光伏发电。此外，由于积雪、脱落和渗水等问题，屋顶安装的光伏面板在多雪的气候条件下给团队带来了独特的挑战，因此该团队在这一过程中研究了先前的案例。作为该项目的一部分，在项目中考虑了太阳能光热措施，优势在于板面能够融化积雪。太阳能光热系统可用于提供生活热水、一些空间的供暖，以及在供冷期间为吸收式制冷机提供动力。

每一项研究都被用来提供总体规划的详细支撑信息，以确定最佳的场地布局、可再生能源的屋顶坡度和能源目标。

案例研究5.4　体块能源分析

项目类型：三层办公建筑

位置：华盛顿州西雅图市

设计 / 模拟公司：ZGF 建筑师事务所

通过结合正确的建筑类型、代表性的建筑几何形体、能耗模拟软件默认的输入参数和日程表，早期的简单几何用能模型可以用来指导建筑形体体块研究。

概　述

在为期三个月的联邦中心南楼（1202 号楼）竞赛阶段，设计建造团队对西雅图阴天为主气候下的建筑朝向对年能耗和暖通空调系统设备大小的影响很感兴趣。除提供高质量的设计外，竞赛还要求设计团队确保成本和性能，既要达到美国联邦总务管理局制定的预算，又要实现比 ASHRAE 90.1—2007 标准节能 30% 的宏大目标，即实现单位面积年能耗强度降到或低于 87 kW · h/（m^2 · a）。ZGF 建筑师事务所的项目团队赢得了该竞赛并于 2012 年完成施工。

在设计早期阶段，具有详细输入值的复杂几何模型超出了合理的时间和成本要求，尤其是在这个阶段有大量的设计概念需要分析。因为每个概念形体都提出了一个线性的条状办公建筑概念，建筑师只是想知道朝向对暖通空调设备大小、冷热负荷及建筑能耗性能的影响。该分析有助于加强建筑形体的早期朝向定位，并且建成的项目使用了与图 5.25 所示的几乎相同的布局。

◀ 图 5.27
东北方向视角的最终设计。

模 拟

根据项目计划和区划法规，该团队知道带有长条形办公室的三层建筑可能是最佳选择。为了设置典型楼板的宽度，该团队建立了一个简单的采光模型。结果表明，当地板的双侧设置连续的 2.4 m 高的玻璃时（从 0.8 m 的窗台到 3.2 m 窗顶高），18 m 的宽度将是较为理想的，它可以使得整个楼面的大部分区域获取约 2% 的采光系数。

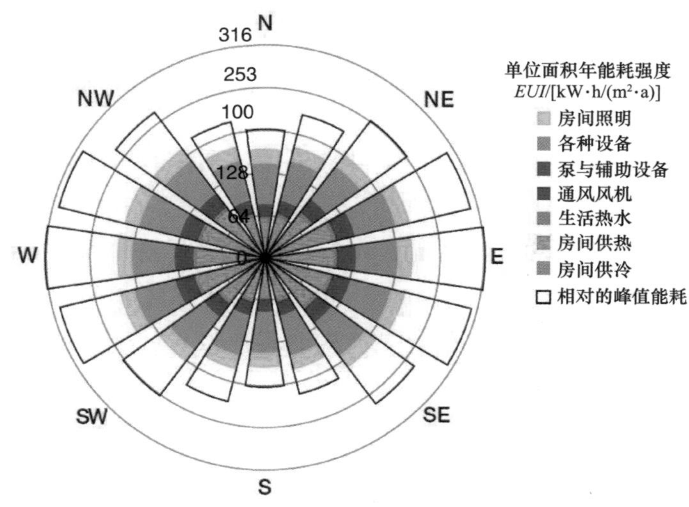

▲ 图 5.28
基于朝向的峰值负荷和年能耗。

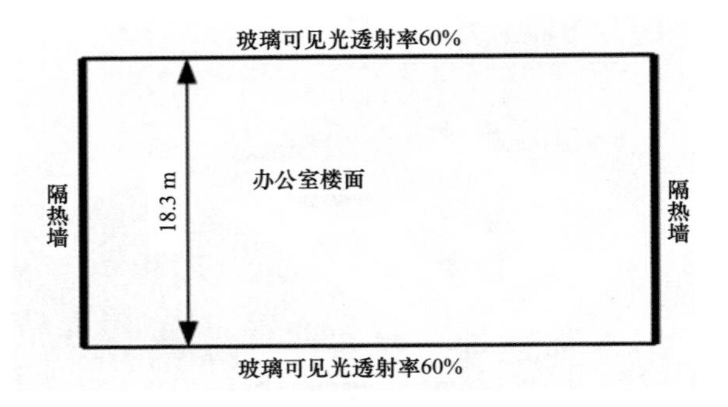

► 图 5.29
用于朝向分析的典型办公隔间简单形体模型。

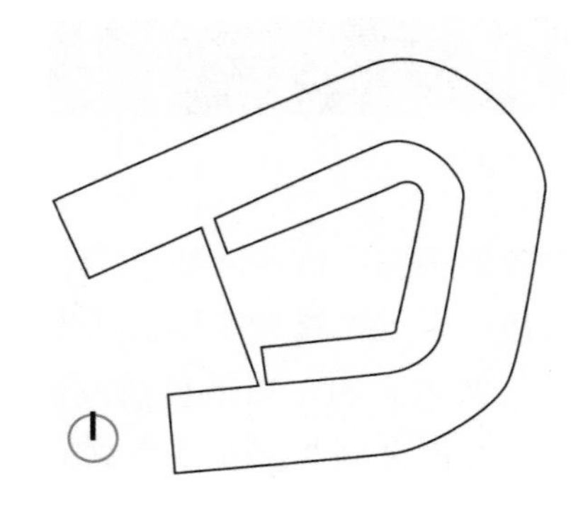

► 图 5.30
楼面平面设计成果。

这个建筑平面使用 eQuest 软件方案设计向导模块来创建，它使用标准办公室设定值来自动执行许多能耗建模输入。由于办公楼的长度仍在研究中，所以建筑模型采用简单形体部分长度作为代表。两侧未加玻璃的侧边墙用高保温值设定为几乎绝热，因此这两个侧墙传热量很小。

模型测试了所有朝向并以 22.5° 的增量来运行。结果随后被绘制成图表用于显示基于模型计算出的相对的年负荷和峰值负荷，其中包括典型的玻璃设计（双玻 Low-E，默认的 *U* 值和 *SHGC* 值）和法规要求的墙体构造等。

研究表明，将条形建筑沿东西向布置可以有效地降低峰值负荷和年负荷。事实上，在适当的朝向下，决定暖通空调设备大小和成本的供冷和通风峰值负荷可降低 36%。

6
玻璃性能

大范围地使用玻璃是20世纪建筑的标志。现代浮法玻璃和其他技术将玻璃的应用扩大到一个完整的建筑围护结构面层材料的层面。玻璃既可以遮风挡雨、阻隔室外温度，又可以联系室内外，产生视觉上的沟通与联系。巨大的玻璃窗可令室内光线充足，提高零售展示的效果，并使建筑能反射出不断变化的天空的图案和颜色。

在过去的几个世纪里，窗户是控制建筑内光与热的主要途径。然而20世纪中叶的许多建筑师抛弃了过去的经验，依靠他们的工程师来提供高能耗的室内舒适环境。

窗户技术和能源意识的结合扭转了这一趋势。两个玻璃面板之间夹有一个密封的空隙，称为隔热玻璃单元（Insulated Glazing Unit，IGU），相对单层玻璃的热阻增加了1倍；而增加低辐射涂层，可将热阻值变为原来的3倍，成为现在的标准。

除更好的窗户技术外，建筑师还重新学习了如何确定窗户的大小以获得适当的光线和热量。对于大多数建筑类型，立面上30%～40%的开窗面积提供了最为理想的建筑用能，而且大多数法规使用这个范围作为符合用能规范的上限值。

在大多数建筑项目中，设计合适的数量、位置、朝向和类型的窗户是控制建筑能耗的最重要的方面，从而影响舒适度（见第3章）、太阳得热负荷（见第7章）、采光（见第8章）、自然通风（见第9章）和整体建筑用能（见第10章）。为了最大限度地提高这些策略的有效性，对温室效应和玻璃性能的理解至关重要。

温室效应

当通过窗户及相邻墙面的热传导、热辐射和冷风渗透损失的热量小于通过窗户的太阳得热时，窗户可以作为一个净热源，这被称为温室效应。从理论上来说，少量的太阳能就能加热温室。

温室效应的产生是因为太阳短波辐射可透过玻璃，而长波辐射不可透过玻璃。太阳能透过玻璃进入建筑内会被内部材料吸收，并以长波重新辐射且被玻璃挡住。如果房间是一个理想的密闭空间，长波辐射会迅速加热房间内的表面和空气，从而导致较高的室内温度。一个温室效应的简单例子就是在暖和的日子里，汽车的内部会过热。

当太阳的短波辐射照射玻璃时，所有的能量被反射、吸收或是透过玻璃传送出去。窗户受光面与太阳入射的夹角称为入射角，并影响光与热的反射量。玻璃、涂层、釉料或薄膜会吸收一部分太阳能，其中一部分吸收的能量以长波形式重新向外辐射，一部分能量向建筑内部辐射从而增加得热，剩余的太阳光和热量则通过玻璃向建筑内传输。

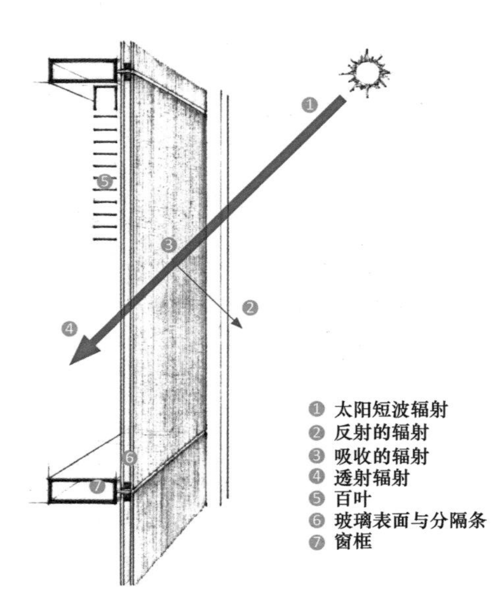

▶ 图 6.1
太阳能与窗户性能的相互作用。
资料来源：阿玛尔·科森戴尔。

室内的百叶可以阻挡那些直接传热或引起视觉不适的直射太阳光。然而，一旦热量通过玻璃透射进室内，由于温室效应，大部分的热量会被限制在建筑内。室内百叶使玻璃和百叶之间的空间过热，部分热量经由玻璃传导出去，从而轻微降低冷负荷。然而，大部分的热量还是变成了冷负荷。

隔热玻璃单元中的每个玻璃面均已编号，以供参考，其中 1 号面朝外，4 号面朝内。玻璃产品包含应用在玻璃上来进行特定目的调节的涂层（通常是 2 号面或 3 号面）。玻璃四周的间隔条保持玻璃中空间距并吸收水分。隔热玻璃单元可由框架固定在适当的位置，这种框架几乎可以用任何材料制造，或者使用结构硅胶制成无框的外观。

多种玻璃特性

早期设计模拟中应该分析的玻璃特性包括太阳得热系数、可见光透射率、传热系数（*U* 值）。太阳得热系数对于控制太阳得热（见第 7 章）、可见光透射率对于采光（见第 8 章）以及传热系数对于通过热传导的得热与散热（见第 10 章）非常重要。可开启性也是一个重要的考虑因素，主要影响空气流通（见第 9 章），通常也会降低整体的热阻值。总体而言，低传热系数和高可见光透射率对于所有窗户都是不错的选择，而合适的太阳得热系数需要根据项目团队选择的太阳能设计策略来确定（见第 7 章）。

以上这些窗户性能指标可以从制造商处容易地获得，并且可以在诸如美国劳伦斯伯克利国家实验室（Lawrence Berkeley National Labs，LBNL）开发的 Optics 等光学软件中进行查找。有近乎无限的颜色和窗户特性可供选择，选择的组合可包括两种不同的玻璃，加上分隔条、涂层和窗框材料，窗户的厚度、样式、半透明程度和可开启性。

涂层附着于玻璃以增强性能。大多数涂层只适用于双层玻璃窗的内表面（2 号面和 3 号面），用来保护涂层，称为软涂层。硬涂层可以应用于玻璃外表面（1 号面和 4 号面），但是效果稍差，而且容易在清洁过程中被锋利的物体剐擦。硬涂层可用于翻新现有的玻璃，并进一步改善玻璃产品的性能。

美国国家门窗评级委员会（National Fenestration Rating Council，

NFRC）以模拟和物理测试相结合的方式监督美国玻璃产品的标准和评级过程。标准的 NFRC 窗户标签目录包括太阳得热系数、可见光透射率、传热系数、气密性以及耐冷凝性。美国“能源之星”项目要求以通过 NFRC 评级门槛来获得能效返利 ❶。

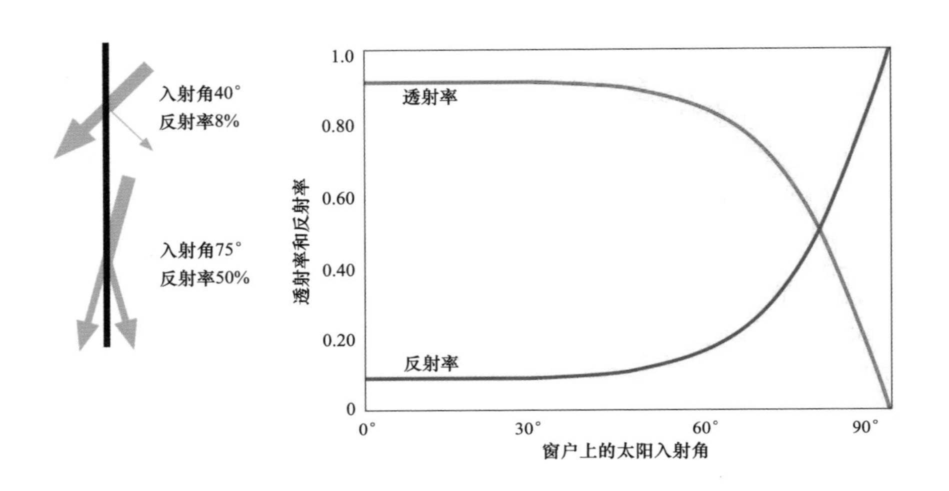

▲ 图 6.2 和图 6.3

大多数玻璃在阳光入射角达到 40° 时，反射率约为 8%；在入射角为 75° 时，近一半的光和热被反射；而在入射角为 85° 时，几乎 80% 的光和热会被反射，这说明为什么在高太阳高度角时，遮阳不太必要。玻璃和涂层特性可进一步降低透射的光和热。这些图表考虑了三维的太阳角度，因此同样适用于平面图或剖面图。

资料来源：ASHRAE。

可见光透射率

可见光透射率是可见光通过某个产品的百分比。不透明材料的可见光透射率为 0，大多数双层玻璃窗户的可见光透射率为 0.25～0.75。含有较少的铁杂质的超白（Low-iron）玻璃有淡淡的绿色，每片玻璃最高的可见光透射率值可达 0.94，每个隔热玻璃单元可见光透射率最高值可达 0.88。涂层、玻璃颜色以及所应用的釉料或图案也会影响可见光透射率。

---

❶ 能效返利项目是美国推出的一项建筑节能促进措施，单位或者个人使用了一些经过认证的节能产品，包括门窗、空调等，则可向政府申请一些节能补助，政府会通过返还个人或者公司所得税的形式进行发放。——译者注

太阳得热系数

太阳得热系数是指通过窗户透射的入射太阳辐射加上（窗户）吸收并随后向室内释放的辐射部分。反射率起着很大的作用。不透明物体的太阳得热系数值定义为0，而大多数双层玻璃窗的太阳得热系数为0.30～0.80。

窗户制造商生产的窗户的太阳得热系数是一个相对固定的数字，表示整个窗结构全年的窗户性能平均值。它包括任一窗框深度所阻挡的热量和玻璃吸收的热量向外部辐射两部分。对于概念上的能耗估算，它已经足够精确。为了更详细地进行研究，需要计算光照射在玻璃上的入射角度，以了解反射光和热的数量，以及由窗框深度所阻挡的部分。

中庭天窗玻璃的太阳得热系数通常比垂直玻璃窗低，因为它接收了更多的太阳能，而且不需要高可见光透射率来提供采光。在大型零售环境和仓库中，通常使用半透明天窗组件来散射天然光，并创造更稳定的光照强度。

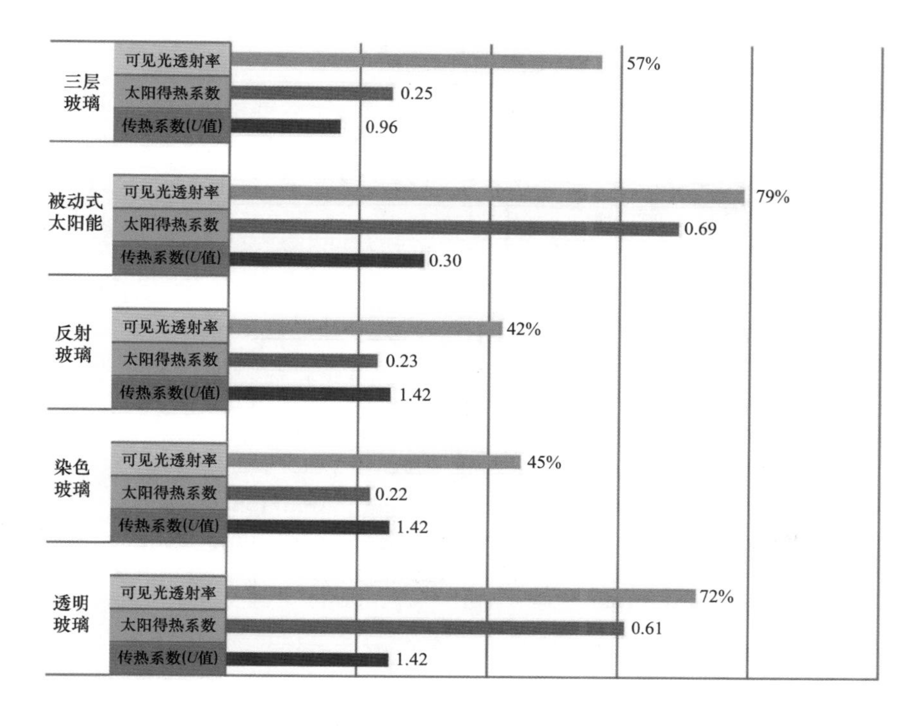

◀ 图 6.4

一些知名公司生产的隔热玻璃窗的玻璃性能。

资料来源：卡利森公司。图表基于©《ASHRAE基本原理手册》（2005，31，20）绘制。

可见光透射率与太阳得热系数的比值称为光与太阳能吸收比。由于我们只能看到波长约在 380 nm（紫色）至 780 nm（红色）之间的光，其中大约 47% 的太阳能在可见光谱波段，不到 3% 的太阳能在紫外光谱波段中，而剩下的 50% 的太阳能在红外光谱波段中。

光谱选择性涂层

光谱选择性涂层可反射可见光谱范围外的红外线和紫外线。正因为如此，它们的光与太阳能吸收比值可以达到 2.0 甚至更高，这在温暖或炎热的气候中非常有用。项目团队进行被动式太阳能设计时更倾向于选择光与太阳能吸收比值约为 1 的玻璃产品。图 6.5 展示了一些玻璃产品能够阻挡的波长范围。

一个非常有意思的结果是，使用反射玻璃尤其是光谱选择性玻璃的高层玻璃建筑的室外周边区域，可能会收到反射的太阳辐射热中不可见部分的热量，从而影响植被和公共空间。在极端的例子中，这些反射热实际上会引起灼伤，例如拉斯维加斯的 Vdara 酒店案例。

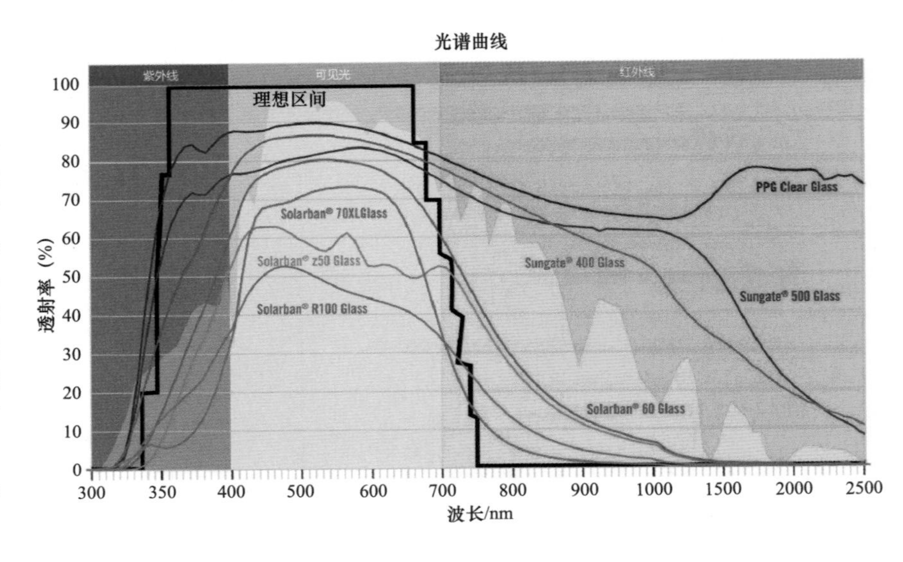

► 图 6.5
光谱选择性涂层使玻璃制品能够在可见光谱之外反射太阳辐射，而不会显著降低可见光的透射率。这使得低太阳得热系数的玻璃产品具有较高的可见光透射率。

资料来源：PPG 工业公司。

*U*值

*U*值[1]用于测量通过材料或构造的传热量。对于美国的玻璃产品，它指的是包括窗框在内的整个窗户组件的传热量。因为玻璃部分几乎总是比窗框和分隔条的性能更好，偶尔文献会列出玻璃中心（COG）的 *U* 值。然而，大多数建筑规范规定了窗户组件的 *U* 值。由于玻璃的热传导在不同温度下是不一样的，因此可以将产品性能分为夏季 *U* 值和冬季 *U* 值。

低辐射率涂层

通常将低辐射率（称为 Low-E）涂层应用于双层玻璃组件的一个内表面，以提升 *U* 值性能（*U* 值降低）。该涂层减少了窗户玻璃之间的长波、红外辐射热传递，从而能在冬天保持建筑物内的热量，并在夏天将热量挡在建筑物外。[2]

反射率

反射率在降低太阳得热系数方面起着重要作用。大多数隔热玻璃单元的反射率约为 8%，但也可以使用高反射率涂层（反射率达到 15%～30% 或更高）或防反射涂层（约 1%）。光谱选择涂层主要反射不可见光。零售商喜欢使用防反射玻璃来增加商店内的可见性。许多办公楼的大堂也都安装了防反射玻璃，以提高透明度。

半透明与特色产品

玻璃面积对建筑物的能耗有显著的影响，所以大量的研究已经投入制造各式各样的产品中，从而为设计师控制光与热提供多种产品方案选择。

如果产品漫射一些透射光、使视线模糊并使光在空间中更均匀

---

[1] 衡量热传导的传热系数 *U* 值主要在美国与加拿大使用，在中国一般被称作 *K* 值，两者的测试方法稍微有些差异。美国冬季 *U* 值测试环境为室外温度 -20 ℃，室内温度 21 ℃，风速 3.3 m/s，相当于夜晚环境；夏季 *U* 值测试环境为室外温度 32 ℃，室内温度 23.8 ℃，风速 6.7 m/s，相当于有阳光照射下的环境。中国的 *K* 值测试环境为室外温度 2.5 ℃，室内温度 17.5 ℃，风速 4 m/s，无阳光直接照射。一般来说，中国测量的 *K* 值会比美国的 *U* 值要小，但相差不大。——译者注

[2] Low-E 涂层也会把冬天需要的太阳辐射热挡在室外。——译者注

地分布，则认为该产品是半透明的。漫射光降低了直射阳光造成眩光的可能性。然而，半透明的产品本身可能比室内光线更明亮，造成眩光，这将在第8章中讨论。

一些创新的玻璃产品具有值得在低能耗项目中考虑的特性：

- 某些玻璃产品可以使用电致变色或其他技术来改变玻璃的颜色、太阳得热系数、可见光透射率和其他属性，但过高的价格阻碍了它们在大多数项目中的应用。
- 视野窗、玻璃墙板[1]或天窗玻璃都可以通过覆盖光伏薄膜来产生少量的电力。尽管玻璃会相应地吸收热量，但薄膜仍将有效地降低玻璃的太阳得热系数，为室内进行遮阳。垂直玻璃通常没有一个理想的太阳能利用朝向，但是天窗可以被合理定向，使其能量收集达到最大化。
- 太阳能热水器可以放置在幕墙或者窗墙系统的玻璃墙板后面。
- 陶瓷釉料可用于各种密度和颜色的玻璃，在减少太阳辐射得热的同时可保证视野。釉料会造成额外的热量被玻璃吸收，其中大部分被重新辐射到建筑物中。如果内侧太亮，在直射太阳光下，它们也会成为眩光源。磨砂玻璃能防止鸟类撞到玻璃建筑。

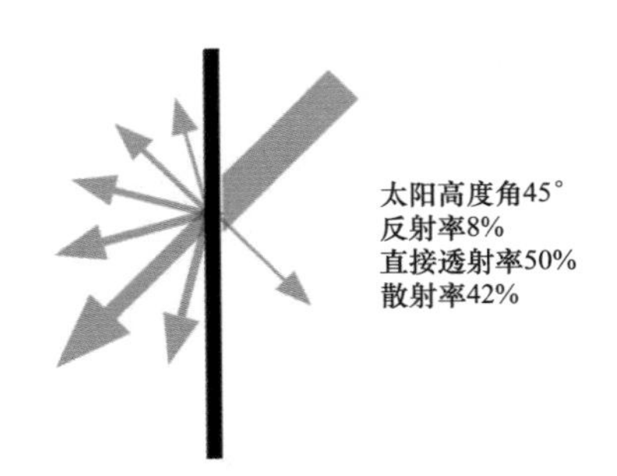

► 图 6.6
半透明的材料可直接传输一些光和热，并扩散其余的透射光。在大多数情况下，漫射光会集中在直射光周围。

[1] 玻璃墙板或者窗间板是指在透明玻璃后覆盖不透明的涂层或者保温层，使人不能从外面看到里面的结构或者机电部分。玻璃墙板的一个重要作用是可降低玻璃幕墙或者窗户的窗墙比，在室外仍然保留了普通玻璃的外观，使得窗间板玻璃与普通玻璃保持了外观视觉的连续性。——译者注

- 半透明相变材料（Phase Change Materials，PCMs）可以嵌入玻璃层后面或玻璃层之间进行蓄热。
- 角度选择性太阳能控制产品在允许某些角度光线进入的同时遮挡其他角度的光线。虽然目前尚无任何商业产品可用[1]，但这可能是未来研究中很有潜力的方向。
- 一些玻璃产品包含内部百叶，在允许漫射日光透过的同时阻挡一定角度的直射阳光，百叶是针对特定的纬度和气候而设计的。这些产品在欧洲使用较广泛，但在美国还不流行。

单层玻璃、双层玻璃以及三层玻璃

平板玻璃材料本身不能提供太多热阻值。然而，从固体（玻璃）到空气的每一次过渡都会增加“空气层”的热阻值，这归功于“空气层”而不是玻璃的效果。空气层是指因为与固体之间的摩擦而保持相对静止的空气层，因而提供了可测量的隔热值。建筑物外的空气层附加热阻平均值为 0.04 K • m^2/W，而几乎没有风流动的室内空气层热阻平均值为 0.11～0.12 K • m^2/W。将室内和室外空气层的热阻值 R 相加，再加一面单层玻璃，玻璃中心周围的热阻值总量为 0.18 K • m^2/W。

具有空气间层的双层玻璃的玻璃中心热阻值约为 0.35 K • m^2/W，而在两片玻璃之间的空气间层的热阻值接近 0.18 K • m^2/W。两片玻璃之间的理想距离为 12～19 mm；若空气间层超过此距离，空气开始在两片玻璃之间对流循环、传递热量并降低热阻值。

增加低辐射率涂层可以将玻璃中心热阻性能提高到大约 0.53［U=1.88 W/（m^2 • K）］。为了进一步增加热阻，可以使用诸如氩气之类的气体取代两片玻璃之间的空气，从而将玻璃中心热阻性能提高到大约 0.7 K • m^2/W［U=1.42 W/（m^2 • K）］。

三层玻璃组件使用三层平板玻璃以及两个空气间层。尽管预计其在广泛使用后成本会降低，但由于它们的额外重量、厚度和成本，它们目前仍很少被使用。大多数窗框和玻璃幕墙目前只允许双层玻璃隔热单元的厚度，因此制造商经常修改现有的窗户框架系统来

---

[1] 目前已有一些角度选择性太阳能控制产品应用案例，如棱镜膜玻璃、编织结构的阳光控制系统等。——译者注

容纳三层玻璃单元。为了满足被动房的要求，三层玻璃单元是必不可少的。❶

窗框与可开启性

窗户玻璃组件可以根据窗框分为几种类型，即窗户、窗墙❷、幕墙和天窗。这些产品中的每一个都可能使用相同的基本隔热玻璃单元。

窗户是作为整体销售和评级的标准产品。窗墙通常是指从一个楼层延伸到上一楼层下侧的组件。幕墙通常连续覆盖整个立面，可以更加容易地控制渗风量。在幕墙上，玻璃墙板或遮阳盒可取代透明玻璃，以控制透明窗户占比和由此产生的能耗性能。玻璃墙板还可以结合光伏、太阳能集热器、通风口或自然通风百叶窗设计。

▲ 图 6.7

西雅图净零能耗建筑布利特中心需要寻找一种可自动开启的高性能窗户。德国窗户制造商 Schuco（旭格）提供了一种窗户设计，该窗户设计可最大限度地减少铝框架热桥，并且平行于建筑立面位置打开 7.6～10 cm 的开口，从而减少衬垫和气流通过框架的磨损。总体来说，这种窗户（包括可开启的窗户部分）的可见光透射率为 0.60，*U* 值为 1.42 W/（m^2 • K)。

资料来源：© 谢尔•安德森。

---

❶ 除使用三层中空玻璃外，也可以使用双层的真空玻璃用于被动房或超低能耗建筑。——译者注

❷ 窗墙与幕墙的区别是：幕墙一般是自支撑结构，从底到顶保持一致，一般用于商业建筑，从室外安装；而窗墙一般由楼板提供支撑，各层中间由楼板隔断，一般用于住宅建筑，从室内安装。——译者注

窗框和窗户间隔条是玻璃组件中热工性能最差的两个部分。玻璃纤维等非金属框架是合适的隔热件，但铝制框架则是热工性能较差的隔热件。通常，减少间隔条的数量可以提高窗户系统的热工性能。例如，当玻璃中心的 U 值为 1.42 W/（m^2 · K）的隔热玻璃单元变成 U 值为 2.56 W/（m^2 · K）有热桥的铝框架整体窗组件时，传递的热量几乎是原来的 2 倍。

隔热玻璃单元在四周配以分隔条以保持窗户各层玻璃之间的空气间层距离，即使在风载作用下也没有问题。分隔条成为平板玻璃间传递热量的热桥，分隔条也吸收水分，而这些水分会慢慢渗入组件中。

可开启窗户要使用更多的框架材料，并且 U 值性能比类似的固定窗户产品差。然而，当它们提供新风或冷却时，较差的热工性能通常可以通过整体减少能耗来抵消，这可以通过设计模拟软件进行分析测试。

总 结

技术的进步使玻璃成为建筑不可或缺的一部分，甚至成为某些建筑上使用的唯一面板材料。然而，玻璃在 20 世纪被过度使用。即使玻璃的性能不断提高，玻璃较差的隔热性能也提示设计团队需要在低能耗建筑中有选择性地使用玻璃，从而实现在每个季节提供适量的光与热。玻璃产品的选择涉及建筑能源性能的各个方面——得热和遮阳、采光、可开启性和围护结构热传导。

7
太阳辐射与蓄热

我别无所求，只希望你移到一边去，免得遮住了我的阳光，把你不能给我的东西夺走。

——第欧根尼

阳光的热量可以在寒冬的日子里给人们带来幸福，或在炎热的天气里使人去寻找阴凉和微风。太阳能会在建筑的局部产生集中的得热，如果能在空间和时间上散布开来，这些热量则可用于空间采暖。通常，这些热量（如第 3 章所述）也是使冷负荷达到峰值的最主要因素，并可能引起局部热不适。

被动供暖的建筑物是可持续建筑理论的主旨，但大多数建筑师并没有很好地理解被动太阳能的使用规则。事实上，美国政府的“能源之星”计划只提供了对低太阳得热系数玻璃产品（以阻挡太阳的热量）的补助，这证明该计划在大多数气候下对利用太阳能加热、遮阳和蓄热的了解和使用并不充分。许多低能耗建筑，例如那些按照被动房标准设计的建筑，采用高太阳得热系数玻璃和朝向设计来减少能耗。

光与热密不可分。大部分遮阳模拟将在第 8 章天然采光和眩光研究中一并介绍。日照设计和蓄热也是不可分割的。热惰性或蓄热材料可以将获取的太阳能分散在 24 小时内，相反没有蓄热的建筑物可能需要在同一天内进行供热和供冷。

本章使用“遮阳”这个词来表示允许或减少得热，而减少不需要的太阳得热最有效的策略是窗户的朝向、大小和建筑物整体几何形状所提供的遮阳。特别设计的遮阳系统由于它的高价低效性而成为第二选择。

好的设计首先建立在太阳能设计策略和太阳能负荷目标之上，然后再精心设计建筑物来实现目标。本章强调了建筑的太阳能模拟以及利用蓄热蓄冷来延缓或减轻供暖和供冷的需求。本章首先介绍太阳能设计策略，其次是太阳辐射测量、遮阳和蓄热。本章用“蓄热”（Thermal Storage）这个术语替代了更常用的术语“材料热惰性”（Thermal Mass）来涵盖相变材料的储热能力。

太阳能设计策略

为了有效设计利用太阳能，项目团队需要为在每个规划的空间中如何利用太阳能制定一种策略。该策略体现了在允许所需的太阳得热与排除不必要的得热之间的选择平衡。这种策略包括太阳能供热与遮阳，考虑有无蓄热、降低峰值负荷、仅遮阳等各种情况，或在密闭的太阳房里捕获太阳能用于供热或散热。

如果将减少一次能源使用作为项目目标，减少使用场地外电力供冷负荷的效率大约是减少使用天然气供热负荷效率的 3 倍，正如第 5 章关于计划和目标设定中所解释的。

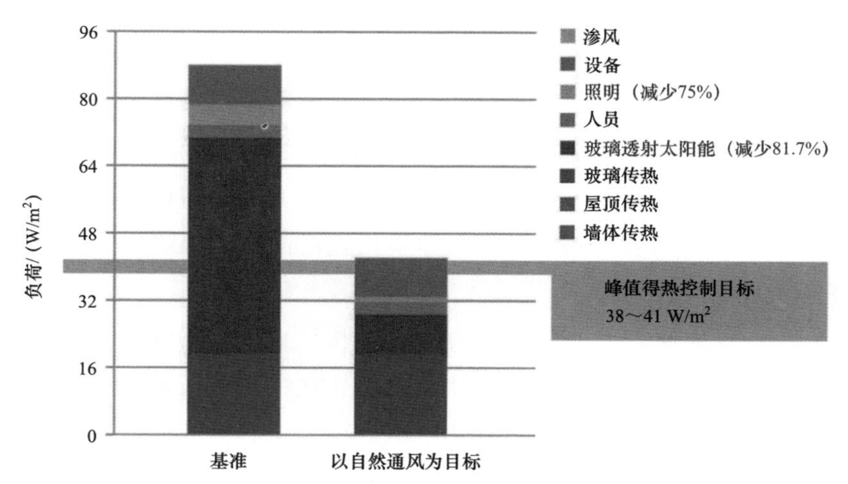

▲ 图 7.1

华盛顿大学的一座实验室大楼使用了一个 eQuest 能耗模型来模拟峰值供冷负荷情况。为去除空调制冷系统，只使用自然通风进行冷却，峰值负荷需要比基准降低 50%。项目团队通过测试许多设计选项，包括减少开窗比例、使用不同属性的窗户以及在太阳得热负荷峰值期间提供遮阳来找到一个平衡。

资料来源：ZGF 建筑师事务所。

太阳能设计策略包括：

（1）带有蓄热的太阳能供热与遮阳设施。在大多数气候条件下，需要设计建筑朝向和遮阳来平衡冬季的供热需求和夏季的过热情况。有了蓄热，冬季白天几个小时的太阳得热可以抵消夜间的热损失。而在炎热的季节，过量的太阳辐射得热可以被夜间的冷却平衡。[1]这种方法经常使用更高太阳得热系数（0.5或更高）玻璃，特别是与可调节遮阳相结合。

（2）无蓄热的太阳能供热与遮阳设施。在许多气候条件下，建筑物不能在没有蓄热的情况下充分利用太阳能。白天更多的人员活动和设备使用会加剧一天中日照时间内的太阳辐射带来的总得热。过量的昼间得热通常与高能耗的机械供冷相关联，而夜间的热损失通常与机械供暖相关联。未使用蓄热的最佳策略通常包括使用低太阳得热系数（如0.2～0.4）玻璃来减少每日太阳辐射得热。

（3）降低峰值负荷。峰值负荷的大小决定了空调系统的选型、风管尺寸大小和气流，以及由此产生的成本。在许多气候条件下，太阳得热往往占总峰值冷负荷的很大一部分。高效的冷却系统，如自然通风和辐射冷却需要通过建筑和立面设计来控制峰值冷负荷。设计师正在寻找最有效的方式从而利用采光减少电力照明及其产生的热量，而开窗的朝向和遮阳减少了太阳得热。为了减少峰值冷负荷而设置窗户的朝向与大小可能会导致冬天所需得热减少，但每年减少的总能耗往往可以弥补这一不足。太阳能峰值目标通常是根据窗户附近区域的每平方米的建筑面积来确定的，它们也可以转化为映射到窗户上的太阳辐射强度，即单位窗户面积的辐照度。蓄热也有助于减少峰值负荷。

（4）仅遮阳。一些温暖或炎热的气候几乎不需要或完全不需要太阳能加热。立面设计成为平衡光线、视野、朝向宜人的微风且减少全年多余太阳辐射得热的设计。在极端炎热的气候中，如沙特阿拉伯的利雅得，通过玻璃的热传导会对年供冷能耗产生巨大的影响，

---

[1] 这种情况可以参考干热地区（如中东地区）的传统建筑，夏季白天利用厚重的建筑围护结构吸收太阳辐射得热并蓄热，而夜晚可通过对天空冷辐射来增大建筑围护结构的散热。——译者注

而来自遮阳的影响并不大；在这些气候条件下，最重要的是先减少开窗的比例。除非自然通风能满足几乎所有冷却需求，否则整个玻璃窗区域需要被优化、调整朝向和考虑遮阳以最大限度地减少冷负荷。

（5）阳光夹层，如双层幕墙，是另一种太阳能设计策略的一部分。这一策略使用了在外部单层玻璃层和内部双层玻璃层之间的一个非控温空间。在一些时段内，非控温空间会过热：多余的热量在温暖环境下可通过烟囱效应被释放到室外并吸入较冷的空气，或者在较冷的时候提供热源和一层额外的隔热层。非控温空间通常是无人使用的，而住宅的赠送空间、封闭式阳台或空中花园除外。

双层幕墙立面垂直地连接阳光夹层，从而在玻璃层之间产生较强的空气对流。在冬季，通常利用非控温空间来获取热量；在夏季，打开顶部和底部使其产生对流，从而冷却立面。20世纪90年代，双层幕墙在欧洲很受欢迎，但由于其性能数据过于混杂，导致其不再受到推崇。设计一个有实际效果的双层幕墙立面需要通过正确的气候、朝向、高度以及复杂的气流模拟软件进行热工模拟。

何时需要获得太阳能？

一旦确立了太阳能策略，下一步就是确定需要利用太阳得热的月份和时间。这些数据可以与采光的目标相结合，有助于确定建筑玻璃窗的位置与朝向。被选定的方案也成为后续测试开窗尺寸、朝向、玻璃特性及遮阳系统设计的基础。

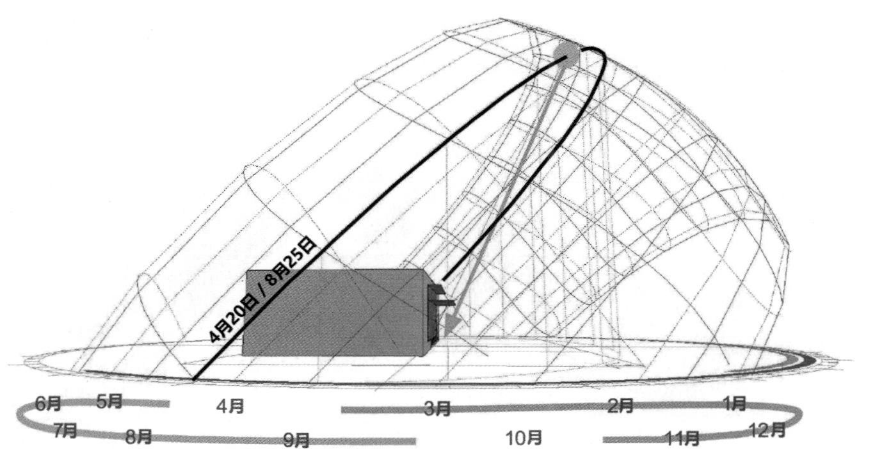

◀ 图7.2
太阳轨迹分析（西视图）。不利的是，固定遮阳在供冷月（如9月）可减少得热，但也会减少供热月（如3月）的得热。利用Ecotect进行的太阳路径分析使用的是多伦多机场的气象数据。

资料来源：卡利森公司。

对于可以进行概念性阶段体块模拟的项目团队，可以为遮阳和所需的最大太阳得热设置特定的参数，并且与蓄热及其他项目参数进行交互研究（参见案例研究 7.3）。对于其他项目，可以使用下面描述的几种简单方法来确定窗户玻璃朝向或远离太阳入射角的最佳月份。总的来说，由于每年的天气都会有所不同，因此这项工作应该按照年平均值进行设计。

选择采取或不采取遮阳措施的月份会受到建筑物内部热负荷的影响。对于办公室和数据中心而言，由于其内部得热负荷较多，因此一年中大部分时间都需要冷却。住宅物业和酒店的内部得热往往较低，因此一年中处于供暖模式的时间比例较高。在温和季节，经常可以直接使用室外空气以较低能耗进行冷却，因而在此期间可更容易地去除多余的太阳辐射得热。

温度方法

最快速但不准确的方法是使用平均温度曲线作为起点。在月平均温度低于 12.8 ℃ ❷ 的月份中，可能更希望使用太阳能供热；而在月平均温度高于 15.6 ℃ ❶ 的月份中，避免太阳得热的方法通常更合适。增强保温隔热和更高的内部得热负荷则会降低这些温度值。

简单体块模型

一个简单的、自动生成的体块模型可以更为精确地显示需要进行遮阳设计的月份。对于这种分析，一个带有窗户的热工区域模型可从 Autodesk Ecotect 上传到 Green Building Studio 软件平台，然后利用 EnergyPlus 进行模拟。选择供冷能耗高的月份（见图 7.4 中 ❸）进行遮阳设计。由于这个体块模型包含了办公室人员、设备和灯光

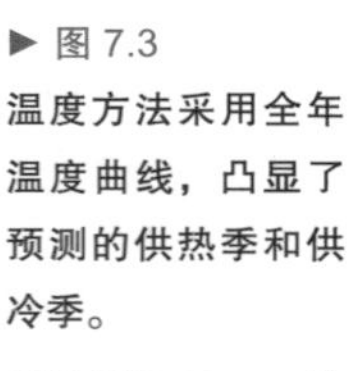

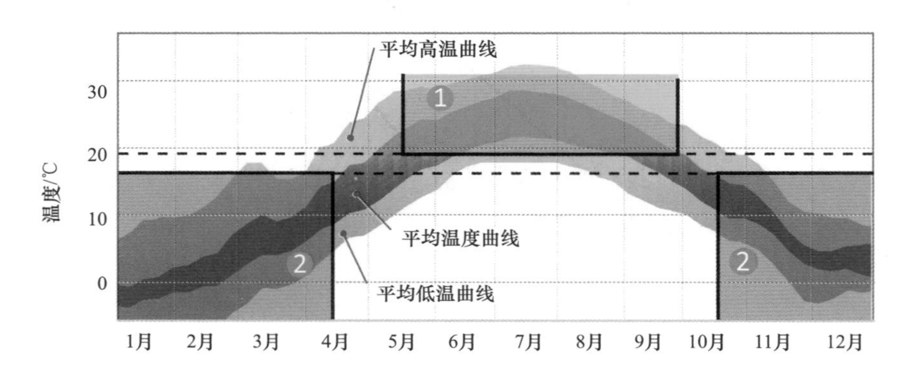

► 图 7.3
温度方法采用全年温度曲线，凸显了预测的供热季和供冷季。
资料来源：Ecotect 输出的纽约中央公园年度天气数据。

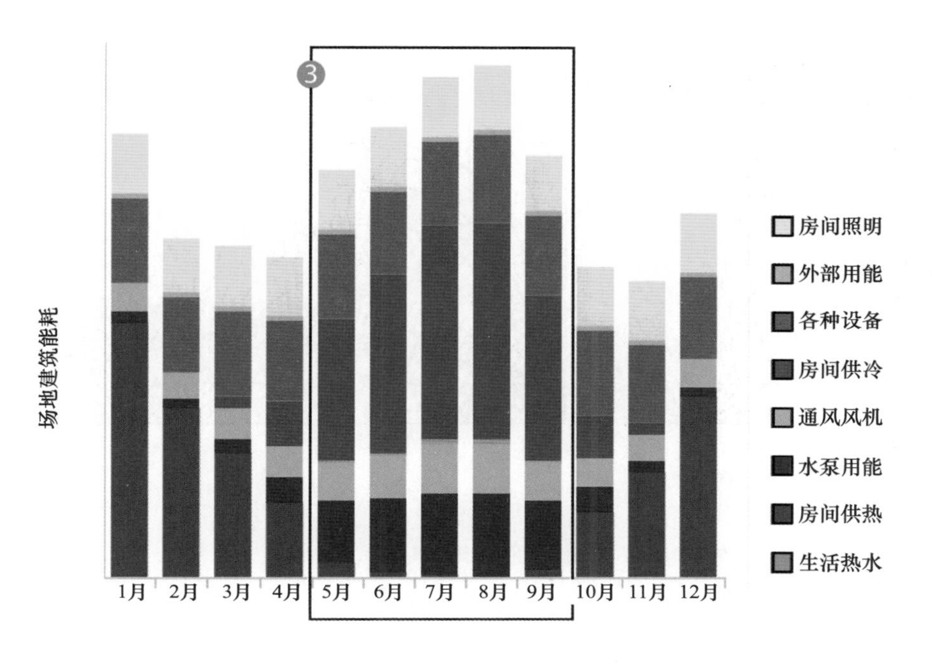

◄ 图 7.4
简单体块模型方法。纽约市某办公室每月能耗使用情况。在 Green Building Studio 中使用简单体块模型进行模拟。

设置，从而增加了白天的得热量，因此这个例子似乎比温度方法的例子需要更多的供冷。

气候顾问

Climate Consultant 软件允许从窗户的有利位置来观察考虑针对太阳路径的遮阳。将一年中各个小时的时间点绘制在太阳路径上，红色、黄色和蓝色分别表示室外炎热、舒适和寒冷的温度。灰色区域 ❺ 代表被水平遮阳装置遮挡的时间段（见图 7.5）。在图 7.5 中，遮阳装置延伸至窗台上方 80° 的角度，并提供一些防晒保护，尤其是在 6 月的下午。然而，从第 6 章可知，在这个角度上超过 50% 的太阳能会被窗户玻璃所反射。可以通过拉伸遮阳装置的角度来测试其他遮阳深度。案例的样本窗户朝向为南偏东 30° ❻，不过朝向的角度也可以改变。由于太阳角在春分、秋分点是对称的，因此需要同时考虑夏季 / 秋季和冬季 / 春季的情况。

另一种方法要求项目工程师设定所需的辐照度水平以降低峰值负荷。如案例研究 7.1 和案例研究 7.3 所述，建筑师可以自由选择窗户朝向，调整大小、遮阳，然后模拟开窗来满足峰值负荷要求。案例研究 7.5 则介绍了另一种方法。

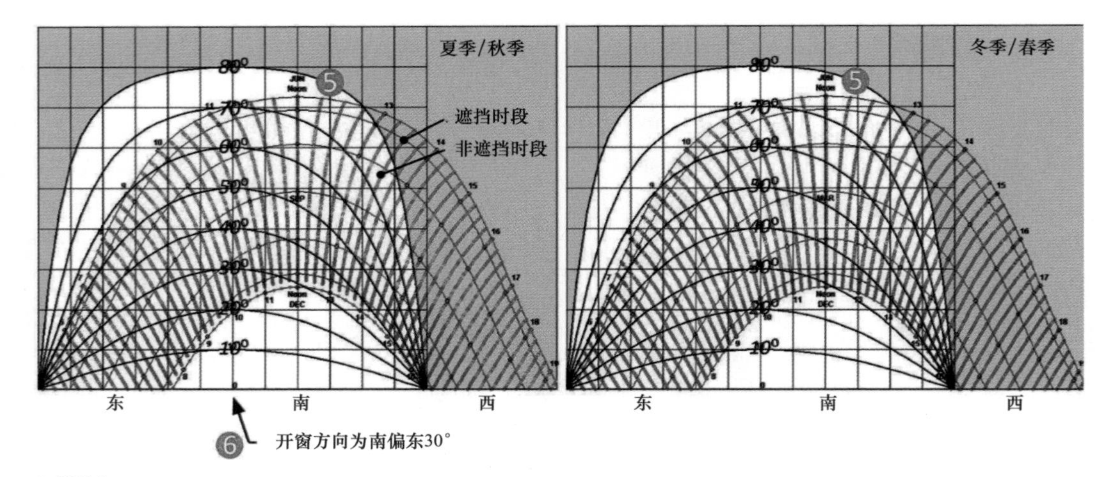

▲ 图 7.5

Climate Consultant 软件可快速并交互式评估各种朝向和遮阳宽度下的遮阳效果。

资料来源：由加州大学洛杉矶分校的能源设计工具小组（Energy Design Tools Group）提供。

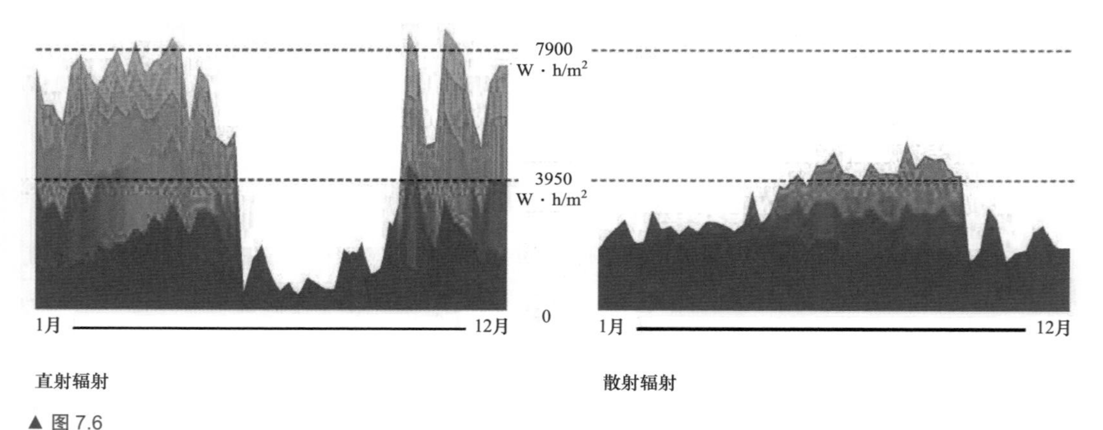

▲ 图 7.6

印度孟买全年太阳辐射曲线。除在夏季季风期散射辐射达到顶峰外，其他时间全年直接辐射都很高。

太阳辐射测量

正如在第 4 章中关于气候分析所讨论的那样，投射于物体表面的瞬时太阳辐射测量值称为太阳辐照度（Solar Irradiance，也称为日照强度或太阳辐射通量）。由于云层覆盖以及随着大气层而改变的太阳角度，一天内地球表面的太阳辐照度是不断变化的。墨尔本或利雅得的太阳辐照度峰值可达 950 W/m^2 左右。相比之下，伦敦或西雅图冬季的太阳辐照度峰值可能仅有 95 W/m^2。

一个表面（如窗口）在一小时或一天中接收的太阳辐照度总量被称为小时或日辐照量（辐射量），并且以 W·h/m² 为单位来测量。太阳辐射量计算可以包括直接辐射以及受朝向和遮阳遮挡的非直接辐射（散射辐射）。散射辐射很难被阻挡，因为它包括了大气和云层中的微粒、地面、水体或附近的玻璃建筑反射的太阳辐射。

由于阴天或在太阳高度角很低时太阳散射辐射可能超过受到的太阳辐射的一半，所以运用软件模拟太阳能的时候需要考虑来自周围表面的反射的太阳辐射。

目前，主要有两种方法来计算建筑物每个表面的太阳辐射量，即逐时法和累加法。逐时法通常基于天气文件中的太阳位置和散射辐射来单独模拟每个小时的太阳辐射❶。在大多数使用此方法的软件中，要么不考虑来自地面或其他建筑物的反射，要么仅使用多倍散射辐射来节省计算时间。

累加法使用与采光天空模拟相同的计算方法。软件根据气象数据生成能够表征一天或一个月太阳辐射的一个单一天空状况。然后，使用光线跟踪算法进行太阳辐射计算。该方法具有可以计算地面和其他物体反射的光线的优点；然而，它太通用了，以致于计算较短时间内的模拟结果尚不如逐时法准确。

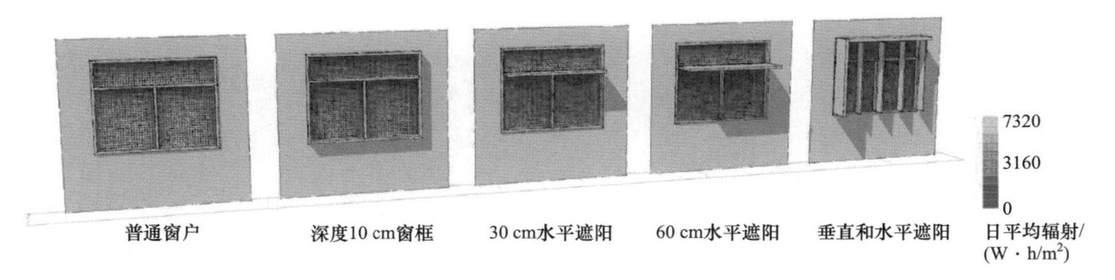

▲ 图 7.7

几种遮阳选项的比较，可以用来确定对于特定朝向而言的日平均辐射（以 W·h/m² 为单位）或峰值辐照度（以 W/m² 为单位）的有效性。

资料来源：使用 Autodesk Ecotect 输出的佛罗里达州迈阿密的天气数据，由卡利森公司提供。

---

❶　此处应指用来自气象文件中的太阳位置所在的太阳法向直接辐射和水平面的散射辐射来模拟每个小时的太阳辐射。——译者注

在概念设计中，太阳辐射转化为建筑物内部热负荷部分的计算，可以通过窗户外部接受到的太阳辐照量乘窗户的太阳得热系数和玻璃窗清洁系数 0.9（垂直玻璃）或 0.75（水平玻璃）来进行。对于更加详细的热负荷研究，计算时需要考虑玻璃窗属性，如反射率、太阳入射角度与玻璃窗的关系以及第 10 章所述的窗框深度和遮阳等进行更详细的理解。

在设计以被动式太阳能作为主要供热源的小型建筑时，被动房规划方案包（Passivhaus Planning Package，PHPP）计算电子表格软件包含一种已被验证有效的方法来估算太阳辐射得热。虽然该软件是一个需要培训的较为复杂的工具，但其模拟的准确性已经在欧洲成千上万栋建筑物中得到验证，这些建筑物的单位面积年能耗强度为 32～48 kW·h/（m^2·a）。它与太阳入射角度、玻璃清洁度以及更全面的太阳得热系数相关（参见案例研究 10.4）。

在早期设计中，使用太阳能光热和光伏发电的场地可再生能源系统也可以使用辐照量分析来进行评估。制造商列出的平板或热管效率可与辐照量结果相乘。案例研究 7.5 说明了净零能耗建筑布利特中心使用的确定光伏板面积大小的方法。每个可再生能源制造商都使用特定的标准来估算年度和峰值功率输出。例如，光伏发电板在一定温度以上功率会下降，并且根据不同的制造工艺，对直射和散射辐射会有不同的功率输出。

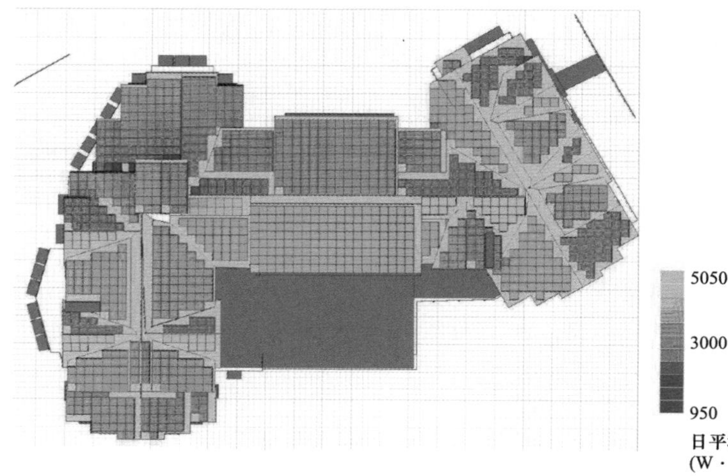

▶ 图 7.8

利用 Autodesk Ecotect 进行的屋顶年太阳辐射分析平面图，以显示可再生能源收集的理想朝向和屋顶形式。

资料来源：卡利森公司。

遮阳类型

为了通过窗户获得适量的太阳辐射，建筑师需要考虑可以提供遮阳或反射太阳的各种建筑表面，包括以下内容。

固定遮阳

- 周围环境，包括其他建筑物和地形环境。
- 自遮阳，建筑物的几何形态提供了内凹角落或楼板突出部分以遮挡窗户。
- 专为遮阳设计的不透明或半透明材料。
- 窗户属性，包括窗框深度、玻璃（类型）和反射或吸收热量的涂层。

可调节遮阳

- 周围环境，包括季节性变化、生长和死亡的树木以及绿化墙面。
- 可以每天或季节性调整的遮阳篷。
- 外部或内部百叶、窗帘、卷帘。
- 电致变色玻璃，可改变太阳得热系数的特性。

周围环境中的遮阳通常来自相邻的建筑物，但也可以包括树木或地形。可以使用 Google Earth 来模拟地形上的遮挡，或者简单地朝上照一张鱼眼照片并与太阳路径重叠来显示遮挡情况。由案例研究 7.3 可知，在科罗拉多州维尔市，与山脉相邻的场地每天日出和日落时间将改变 1 h，同时也改变了可用的太阳能。

通常，外部遮阳应尽可能合理地降低技术含量。在冬季可收回的夏季遮阳篷技术含量低、成本低、使用相当有效。高层建筑遮阳系统，特别是可调节遮阳帘，需要具有抗风能力并尽可能减少维护，还要能集成到建筑控制系统中。由于这些原因，有必要使用高科技遮阳系统。

理论上，可调节遮阳设施比固定遮阳更有效。它们可以应对非典型的季节性天气条件，并且可以对每小时甚至每分钟的天气变化做出反应。详细的能耗模型显示，可调节遮阳设施可显著提升舒适度并降低能耗。可以让业主节省含空调系统的总初始投资成本，如韦伯•汤普森（Weber Thompson）设计的西雅图特里 · 托马斯（Terry Thomas）大楼（见图 7.10）。

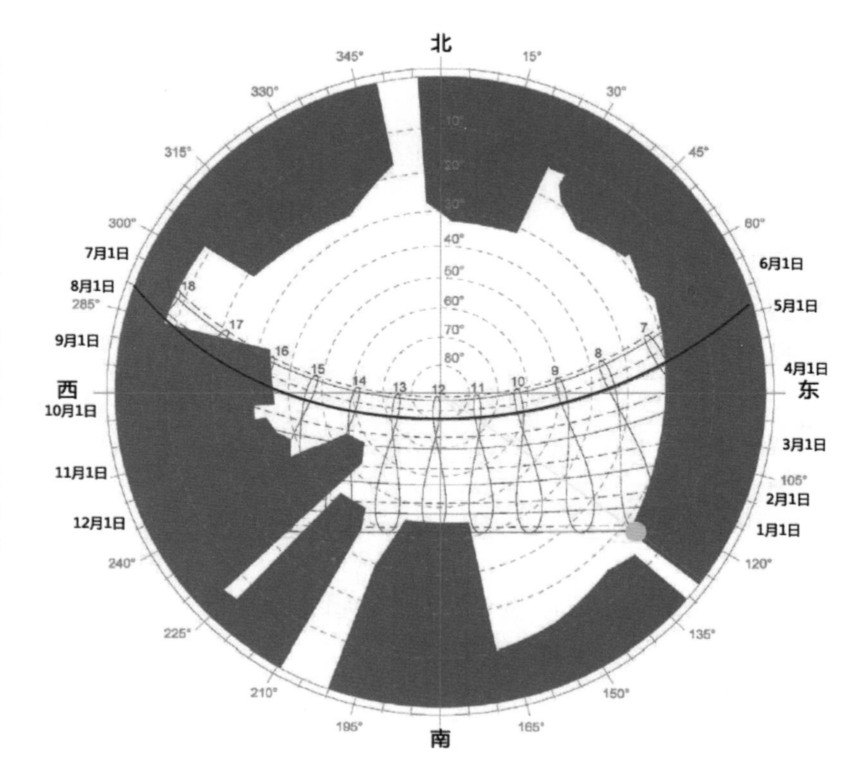

▶ 图 7.9

鱼眼图像显示年度太阳路径和相邻建筑物在城市环境下对位置产生的遮挡。夏季的下午大多数时间被遮挡，而每天的前两个小时也被遮挡。图像突出显示了夏季高峰季可（遮挡）降温的日期，下午 4 时后可完全遮挡。

资料来源：经过修改后的 Autodesk Ecotect 输出结果，由卡利森公司提供。

▶ 图 7.10

外部固定和可调节遮阳可以集成到立面设计中，阻挡下部视野窗的眩光或得热，而上部采光窗能够使日光进入更深的空间。

尽管如此，可调节的外部遮阳也有缺点，从而限制其使用。在大多数情况下，它必须使用物理调控器，而可调节部件会受太阳能导致的膨胀和收缩、每天和每年温度循环变化、冰冻、降水、风力及故意破坏等影响。它们需要进行正确的编程和操作，并正确地连接到主要的建筑管理系统中，同时获得住户的共同参与和理解。

外部百叶和卷帘通常沿着两侧的轨道或导向索安装。外部卷帘如同室内遮阳一样可保留视野，但在展开时几乎遮挡了所有太阳能。它们在风速高于 6.7～12.2 m/s 时会自动回缩，并且织物可能因暴露于紫外线和天气侵蚀下而褪色。外部金属百叶可以承受更高的风速并且使用寿命更长，但在其展开时会限制视野。隔热玻璃单元或双层玻璃幕墙内的可调节遮阳设备可受到更多保护，但热量会聚集在隔热玻璃单元内部而不是外部。

蓄　热

虽然蓄热是以最少的能源输入来维持舒适度的一个重要措施，但在过去的 200 年中，欧美等发达国家大部分地区的建筑都倾向于轻质保温隔热建筑。轻质建筑物通常不易使用太阳能，因为它们不能延迟或存储每天数小时的强烈的太阳辐射加热。蓄热犹如一个电池，可以将太阳热负荷分摊到 24 小时的周期中，从而降低峰值冷热负荷及相应成本。除全年炎热潮湿的气候外，几乎在其他任何气候条件下，尤其是在干旱的气候下，蓄热措施是有效的。

图 7.11 显示了在科罗拉多州丹佛市一栋办公楼内朝南的一个区域模拟的 24 小时室内空气温度曲线。绿色线条显示了 200 mm 厚混

▼ 图 7.11

有无蓄热装置的办公室 24 小时室内空气温度状况。

资料来源：Autodesk Ecotect 建筑模型输出，由卡利森公司提供。

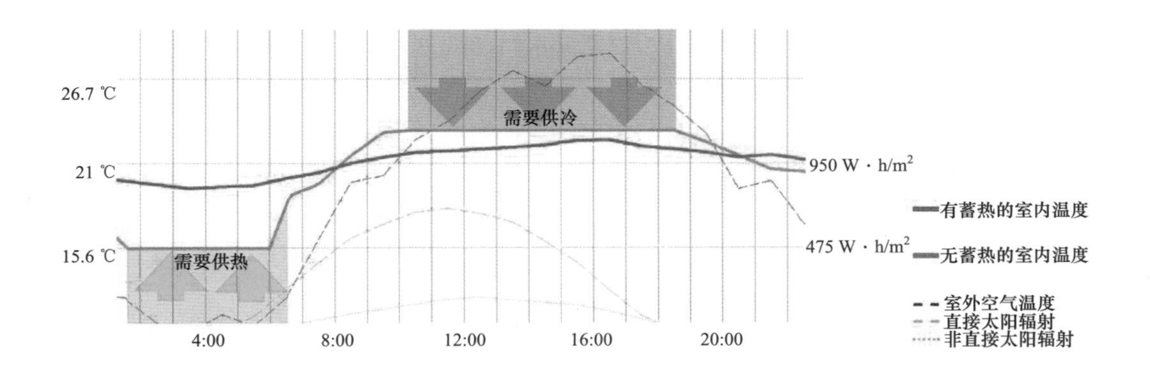

凝土砌块墙（Concrete Masonry Unit，CMU）蓄热体的房间室内空气温度；棕色线条显示了同一楼内只有轻质外墙结构的房间室内温度。具有蓄热设计策略的建筑房间室内温度一天中保持在舒适范围内，而不需要任何机械供热或供冷。

没有蓄热的设计策略需要在同一天内既供热又供冷。暖通空调系统使得办公区域夜间保持在 16 ℃的低设定值。到了早晨 6 时，室内预设温度升高到 20 ℃，通过采暖系统为使用者预热建筑。在 7 时左右，太阳辐射开始照射到建筑东立面，这时办公室里挤满了人，人们打开计算机、复印机和照明设备，这些都为房间增加了热量。太阳辐射得热也显著增加了，使得这个区域很快就达到了 23 ℃的最大设定温度。仅在建筑物预热 3 h 后，暖通空调系统便在上午 9 时 30 分左右切换到供冷模式。直到下午 6 时 30 分使用者离开且室外温度允许建筑自然冷却时，都需要空调系统提供供冷。供热系统在凌晨 1 时 30 分左右开启，以维持夜间的设定温度值。[1]

通过暴露于太阳下和建筑内部得热，蓄热系统可以每天被重复加热。在晚上可通过自然通风、外围护结构的散热或夜间空调供冷来进行冷却。对自然通风建筑而言，蓄热系统应单独设置在凉风经过的主要通道上，以便多余的热量可以通过白天或夜间的通风来储存和带走。对于烟囱效应驱动的自然通风来说，蓄热系统在白天自然通风路径末端会吸收更多的热量，而在夜间则是被凉风带走的热量更多。

即使在夜间使用机械冷却，蓄热系统在白天吸收热量也可以降低室内峰值负荷和整体用能强度。夜间气温较低，因此夜间使用机械冷却系统可以以较少的电力移除白天得热（因为制冷系统效率更高）。

由于峰值负荷确定了空调设备大小和管道尺寸，因此蓄热还可降低初始投资成本。控制峰值能耗还允许使用辐射系统，而辐射系统通常能更高效地提供良好的舒适度。此外，峰值冷负荷决定了制冷机在整个建筑物内提供的空气温度，因此降低那些峰值负荷最大的房间负荷大小可以提高整体送风温度，从而进一步减少能耗。[2]

---

[1] 丹佛市昼夜温差大，为防止房间夜晚温度过低，故夜晚会开启供热维持一定的室内温度。——译者注

[2] 在供冷工况下，提高送风温度可以提高冷水机组的冷冻水温，从而可提高制冷机效率。一般而言，提高冷冻水温 1 ℃可提高冷机效率 6%～8%。——译者注

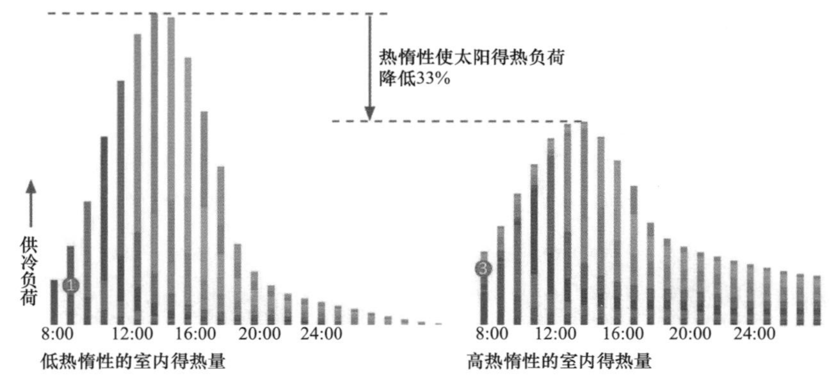

透过玻璃后的太阳辐射得热每小时释放的百分比

时间	0	1	2	3	4	5	6	7	8	9	10	11	12	13	14	15	16	17	18	19	20	21	22	23	24
❷ 高热惰性	27%	13%	7%	5%	4%	4%	3%	3%	3%	3%	3%	3%	2%	2%	2%	2%	2%	2%	2%	2%	2%	2%	2%	1%	1%
低热惰性	55%	17%	9%	5%	3%	2%	2%	1%	1%	1%	1%	1%	1%	1%	—	—	—	—	—	—	—	—	—	—	—

▲ 图 7.12

将多伦多一栋窗墙比为 0.50 的建筑的朝南窗户的太阳辐射值导入电子表格，运用辐射时间序列（Radiant Time Series，RTS）方法计算材料热惰性对峰值太阳负荷的影响。根据室内低热惰性和高热惰性的区别，每小时穿透玻璃的太阳得热在接下来的 24 小时内成为区域冷负荷的比例也不同，并用颜色编码表示累积效应的影响。上午 9 时，进入的太阳辐射颜色为红色❶，可以在接下来的几个小时内进行跟踪，直到它变得几乎可以忽略不计。对于低热惰性的方案❷，在太阳能到达区域的 1 小时内，55% 成为冷负荷，17% 被延迟到第二个小时，而 9% 成为在第三个小时中的冷负荷。每个小时都被分配了一种颜色来跟踪一天中的负荷情况。而高热惰性系统的前几个小时的冷负荷❸包括前一天的剩余的太阳得热。辐射时间序列方法（ASHRAE，2013）被用于估算峰值冷负荷，该方法使用了一种精确但简化的方法来估算太阳得热在低、中、高热惰性建筑中成为冷负荷的时间延迟。低热惰性建筑包含地毯，而高热惰性建筑则是裸露的混凝土楼板。其他建筑构件对时间延迟的影响，如外墙和玻璃吸收的太阳能的影响则没有考虑。利用 Autodesk Ecotect 软件来计算太阳辐射值。

资料来源：卡利森公司。

蓄热通常越靠近窗户越有效，因为它以两种方式影响房间：它吸收或释放显热到房间从而影响室内空气温度，并且还可抵消邻近区域窗户的辐射得热。例如，即使室内空气温度舒适的地方，在冬天通过窗户的低温冷辐射也可能会降低室内热舒适性。而窗户附近的蓄热系统会提供热辐射，从而减少人员在窗户方向的净辐射热损失。

蓄热类型

所有材料都吸收辐射能量，然后在数小时内通过传导、对流和辐射将其释放。蓄热系统是指能够吸收更多能量然后缓慢释放的材料及构造。蓄热系统可以由裸露的热惰性材料或相变材料来构成。

虽然混凝土框架建筑具有较大的热惰性，但现代设计通常用地毯、木材、毛皮和其他隔热材料覆盖在混凝土表面，从而降低了蓄热效果。只有坚硬的、质量较大的饰面材料，如石膏板或无孔的石材直接应用于热惰性材料上，才不会减弱蓄热效果。

水是历史上最常用的蓄热相变材料。最初的空调就是在夜间冷冻水以制冰，然后在白天通过向冰上吹空气来提供制冷的，这也是用“吨”来表示冷量（冷吨）的缘故。在现代蓄冰系统中，热循环系统可在第二天与冰交换热量以提供制冷并降低峰值冷负荷。

轻质建筑可以使用现代相变材料来取得类似热惰性的效应。它们的重量远低于传统蓄热体，因此适用于建筑改造和高层建筑中。在本书中，除非另有说明，相变材料被认为与蓄热材料是同一个概念。

轻质相变材料在设计温度（如 23 ℃）下改变状态，因此当房间温度超过此值时，它们可以吸收大量热量。当温度降到凝固点以下时，它们可以释放热量。但是，夜间温度高于此相变材料凝固点的房间在第二天无法吸收任何热量。在这种情况下，热惰性仍然会更好，因为它在夜间仍然会被冷却。大多数软件引擎都包括或即将包括对相变材料的模拟功能。

超级隔热性能和空气气密性使得建筑物内的所有构件在昼夜间都能够保持相当稳定的温度，即使在热惰性较低的建筑物中也能有效地存储热量。

▶ 图 7.13

相变材料可以用小包相变材料组合的片材形式充当。这张照片显示了相变材料被铺设在华盛顿大学分子工程与科学研究所办公楼的天花板上。相变材料片材也可以在安装饰面材料之后贴附在墙间支撑柱上。

资料来源：ZGF 建筑师事务所。

蓄热测试

热惰性储存显热。材料热容量用来衡量材料中可存储热量的能力，单位为kW·h/℃，是材料密度和比热容的组合。材料的发射率和传导率也很重要，因为它们决定了材料接收和传输已存储热量的难易程度。热惰性和房间的相互作用与二者温度差成正比，意味着在峰值供热和供冷之间的中性温度下蓄热效果最好。

在参考书中，材料热惰性通常以体积来衡量，例如厚度为0.1 m、平面大小约为6 m×9 m的混凝土板。模拟软件通常将建筑构件中的材料热惰性分为低、中、高三类。如果需要更多细节，则需要利用复杂的算法来计算每个表面上吸收和释放的热量。

相变材料不是像热惰性材料一样储存显热，而是储存来自凝固和融化的潜热。当房间的温度升高到相变材料的凝固点以上时，相变材料会熔化吸热；当房间的温度降至相变材料凝固点以下时，相变材料则会释放热量。一家制造商可提供凝固点分别在23 ℃、25 ℃、27 ℃和29 ℃的相变材料。

*M*值是由相变材料行业创造的一个指标，指的是每平方米材料储存能量的大小。相变材料的*M*值可达316 W·h/m^2或更高。工业界声称1.3 cm厚的相变材料的蓄热性能可以媲美0.3 m厚的混凝土。科研界仍在测试相变材料性能随时间变化的结果及在不同现场条件下的应用结果。

可以通过使用建筑能耗软件进行迭代模拟，从而获得最佳性能

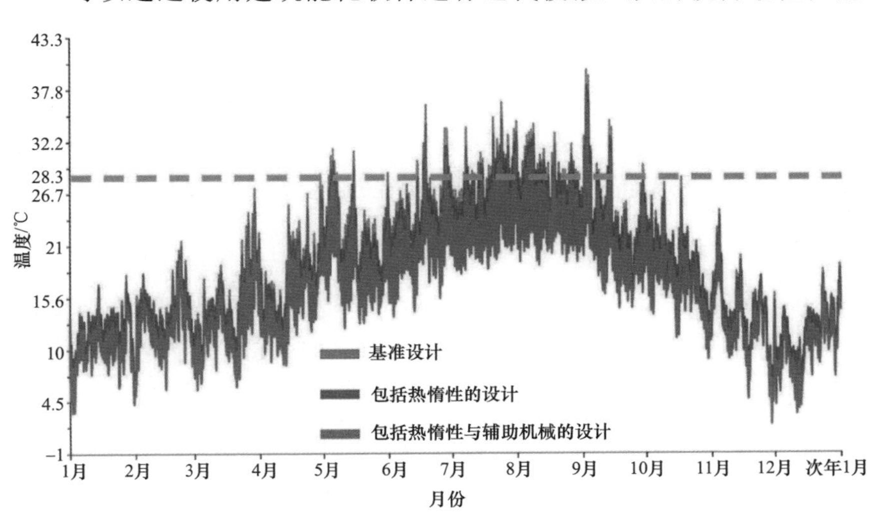

◀ 图7.14

基于三种方案预测室内逐时温度的能耗模型。第三种方案降低室内温度，使得从上午8时至晚上8时使用时间段内大于97%的时间室内温度低于28.3 ℃，可以通过自然通风为客户提供可以接受的降温方式。详见案例研究10.1。

资料来源：ZGF建筑师事务所。

蓄热体的尺寸。第 10 章讨论了这些内容。然而，某些能量建模软件并未考虑蓄热的影响，因此必须进行进一步研究来确认热工计算引擎是否能够以及如何考虑材料热惰性及相变材料蓄热性能。

图 5.7～图 5.9 展示了用以储存热能的地埋管系统，第 10 章讲述了建筑材料热惰性如何增强墙体构造的保温隔热性能。

总　结

太阳辐射是一种可收集并可被建筑利用的免费能源。虽然它是一种局部较为强烈的热源，可能会引起人员不适，但一个出色的设计可以收集并储存适量的能源为人所用，并排除多余的热量。制定太阳能利用战略，确定需要使用或排除太阳得热的月份，能够帮助项目团队确定建筑和窗户的朝向，并帮助团队设计合适的遮阳设施。蓄热可以使热源的强度分散到一天内或更长时间。虽然这个过程可以凭直觉来完成，但使用模拟的方法进行设计验证是确保所选的设计策略是否有效的关键。

案例研究 7.1　峰值遮阳设计

项目类型：18 层办公大楼（1974 年建）

地点：俄勒冈州波特兰市

设计 / 模拟公司：SERA 建筑师事务所与卡特勒 – 安德森（Cutler–Anderson）建筑师事务所及 Stantec 工程设计公司

峰值负荷决定了空调设备的大小和空调系统的选择。制定峰值负荷目标有助于确定开窗的比例、朝向和立面的遮阳等内容。同时，遮阳设计需要平衡得热、采光和眩光这三个要素。

概　述

位于波特兰市中心的 EGWW 联邦政府大楼是一座 18 层的办公大楼，占地面积为 46972 m^2。该建筑需要在 1996 年进行大规模的翻新，美国联邦总务管理局委托相关单位进行了一项综合研究，分析建筑本身和工程系统的缺陷。2003 年，SERA 建筑师事务所和卡特勒 - 安德森建筑师事务所受聘一同承担这个杰出设计项目的维修和改建设计工作。

2009年，《美国复苏与再投资法案》（*American Recoveny and Reinvestment Art*，ARRA）使该项目恢复了生机。成本效益分析揭示了建筑成本和附近可租赁空间的市场变化，表明在翻新期间将建筑完全腾空是经济上更为可行的做法。这对该项目来说是一个改变，创造了实现大幅节能的机会。

《美国复苏与再投资法案》要求项目符合《能源独立与安全法案》（*Energy Independence and Security Act*，EISA）中的能源和水资源保护的要求。该项目预计将通过LEED铂金级认证，其能源使用将比普通办公楼低60%～65%。该项目不但满足而且超过了《能源独立与安全法案》的相关要求，而且预计将成为美国能源利用效率最高的写字楼之一。

建筑中的每个系统都需要在重新设计时加以改进，其中包括一个新的节能的建筑围护结构、高能效的空调、电气以及语音/数据通信系统、防爆幕墙、租户体验优化和抗震结构提升设计。目前各项改造已经完成，而EGWW联邦政府大楼也已成为美国联邦总务管理局全国建筑能效改造模式的典范。

▲ 图7.15

西南方向视角。

资料来源：杰里米·比特曼（©Jeremy Bitterman）。

模　拟

为了满足《能源独立与安全法案》的目标，项目团队从外部的遮阳和采光到热舒适以及居住者行为等方面进行了广泛的技术研究和初步建模分析。Stantec 工程设计公司的能耗模拟发现结合辐射供暖和供冷是节能方面表现最好的设计策略之一。

尽管辐射冷暖系统非常高效，但当其处理的建筑峰值冷负荷超过 63～95 W/m^2 时，则无法保证室内的舒适性。虽然可使用 eQuest 软件估算年度用能负荷，但 Stantec 工程设计公司选用 IES Virtual Environment V5.9 软件计算每个立面的峰值负荷。IES 模型能够确定通过太阳辐射控制将冷负荷降低到一定程度，保证辐射供冷系统能够满足室内舒适要求。在 IES 软件中建立能耗模型，可使用“Suncast”模块来进行太阳辐射计算，用“Apache”模块来进行热工分析。

由于部分峰值冷负荷由独立室外新风系统处理，该系统能够在送风温度为 13 ℃时提供最小通风量。基于该能耗模型模拟结果，此房间的总峰值冷负荷标准设定为 110 W/m^2。设计团队根据研究结果确定了在什么样的太阳高度角下需要或不需要采取遮阳措施。每一个立面都采用一个单独峰值条件进行测试；图 7.16 展示了一个西南朝向的区域，由于太阳高度角度低，因此该区域在 3 月 15 日出现峰值负荷。

下一步是确定西立面、南立面和东立面在峰值供冷时间段内需要进行遮阳的时间百分比。以固定的水平遮阳装置的深度为变量，

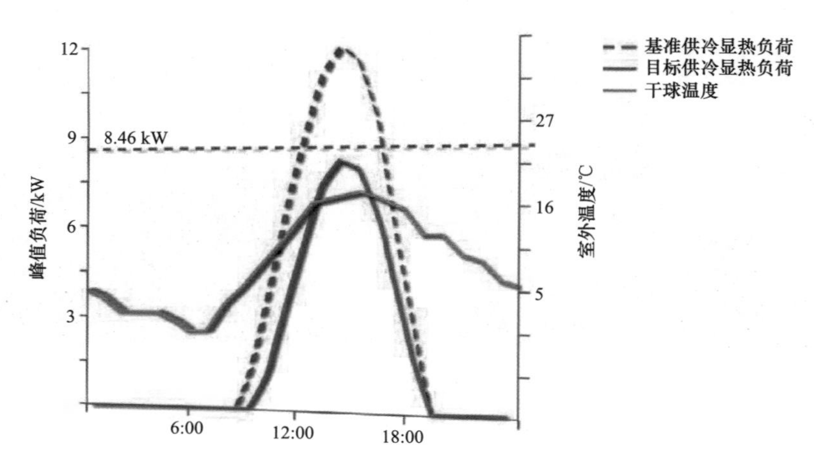

▶ 图 7.16
由于太阳高度角的关系，该建筑物的西南朝向区域在 3 月 15 日出现了峰值负荷。该图显示了所必需的峰值负荷减少量，从而使得所有的机械供冷可以由辐射板来满足。

以 15 cm 为增量，在 45～90 cm 范围内进行测试。结果显示 60 cm 是能够满足辐射供冷系统要求所需的最小遮阳深度。

增加遮阳会减少可用的采光量，可能导致照明能耗增加，继而增大峰值负荷。由于需要同时测试多个变量——开窗比例、采光和峰值遮阳——所以采用了迭代过程。

在俄勒冈大学建筑能源实验室的研究中，模拟了三种不同的遮阳策略下的采光和遮阳：

- 第一种：仅使用水平遮阳。
- 第二种：水平遮阳结合垂直隔板，并将水平遮阳板作为反光板。
- 第三种：水平遮阳结合垂直隔板，并将水平遮阳作为窗台反光器。

在东南和西南立面上，模拟了窗墙比分别为 41%、47% 和 57% 的遮阳策略。西北立面考虑到太阳高度角较低，需要一个不同的遮阳策略，因此进行一个单独的迭代建模。通过这些研究，使得团队确信，他们可以通过 41% 的窗墙比和合理的遮阳深度达到峰值负荷削减目标。

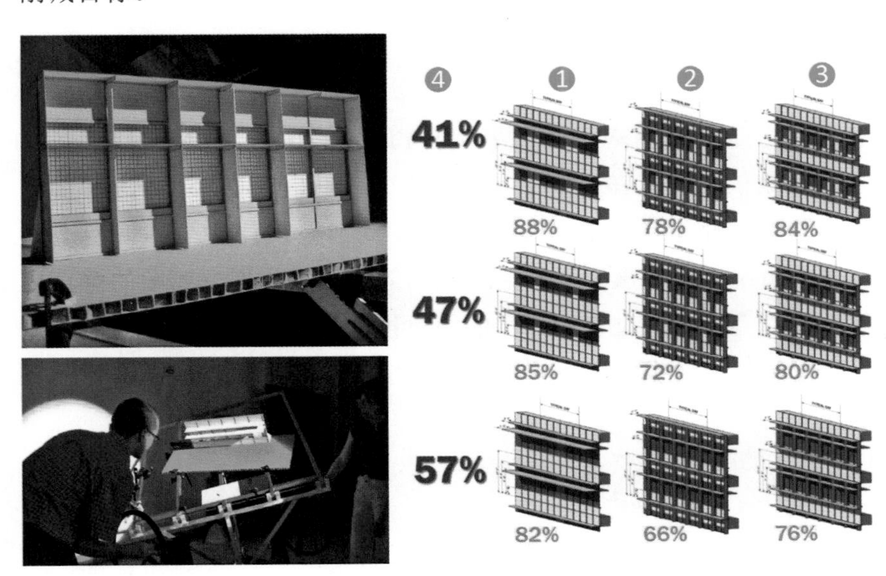

▲图 7.17

外立面遮阳研究测试选项。❶ 仅使用水平遮阳。❷ 水平遮阳结合垂直隔板，并将水平遮阳板作为反光板。❸ 水平遮阳结合垂直隔板，并将水平遮阳作为窗台反光器。每个选项都使用 3 种开窗比例进行测试。❹ 灰色数字表示每个选项中有遮阳的玻璃占比。

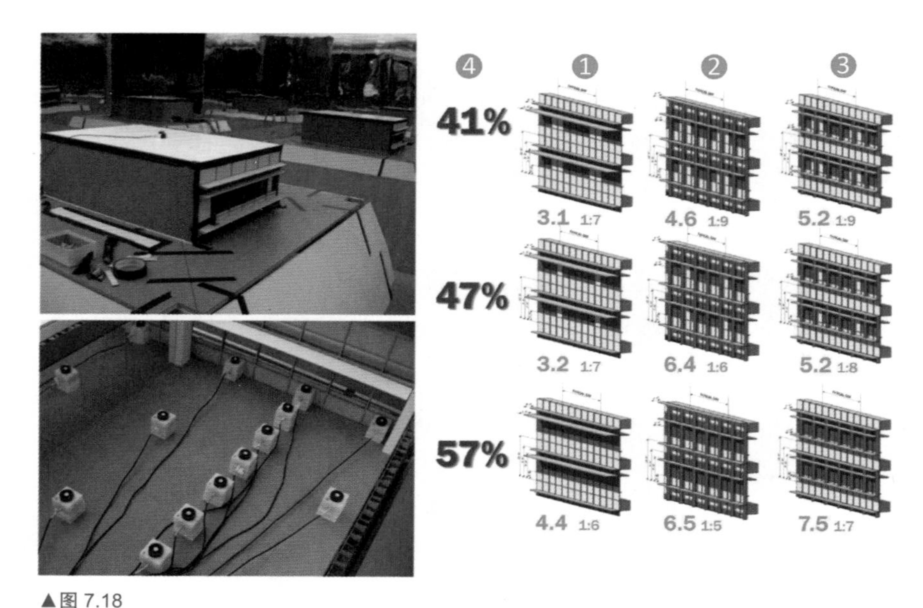

▲图 7.18

采光研究测试的 9 种遮阳方式与图 7.17 一样，大的橙色数字表示靠窗周边区域 5 m 内的平均采光系数，小的橙色数字表示该区域的明暗对比度。

在确定了外部遮阳的基本参数后，SERA 建筑师事务所与卡特勒－安德森建筑师事务所携手合作，不断交换草图和分析，直到项目的采光和遮阳目标在建筑形式上予以实现。

首先提出的策略之一是最初在物理模型中显示的遮阳策略的分析方案。尽管此策略符合遮阳要求，但出于预算原因还要重新考虑这个策略。在扩初设计阶段的反复推敲设计并与幕墙制造商合作的情况下，提出了一种经济、高效的设计方案，遮阳的垂直构件为垂直管道，通过它们之间的相对位置达到遮阳要求。为了确保设计符合遮阳要求，使用了计算机和手工计算方法对改进设计进行了验证。

补充研究

在整个设计过程中，团队使用了一系列不同的软件程序，包括 Revit、Ecotect、Radiance 和 eQuest，对遮阳系统的其他变化进行了测试。最后采用手工计算验证计算机和物理建模结果的准确性。

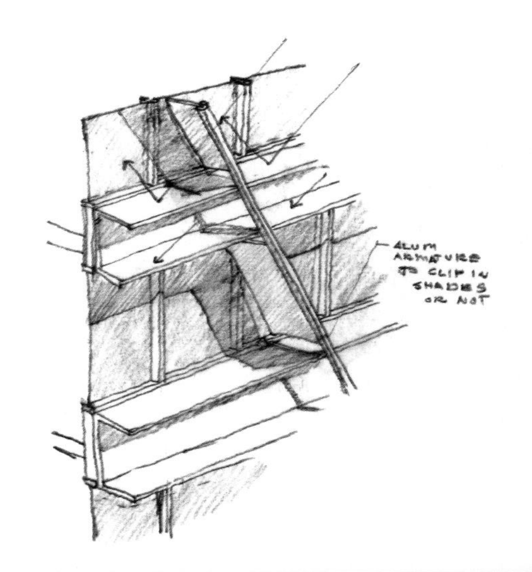

▲图 7.19 和图 7.20 **遮阳措施的草图与渲染图。**

资料来源：吉姆·卡特（Jim Cutler）。

案例研究 7.2　自遮阳

项目类型：42 层住宅楼

地点：印度柯钦市（Kochi）

设计 / 模拟公司：卡利森公司

通过调整建筑设计，尤其是带阳台的住宅建筑，能够产生自遮阳功能。一旦确定了供冷和供暖季节，就可以通过模拟来确定如何利用阳台和如何设计调控措施，以及是否需要额外的遮阳措施来提供足够的遮阳。

概　述

印度柯钦市全年温度舒适，日最高相对湿度接近 70%。夏季阴天较多，季风期间，降雨使得湿度更高。在这种气候条件下，设计不仅需要关注遮阳，还要关注可开启窗户用于自然通风，以及必要时作为备用系统的机械空调系统。这意味着当合理的窗户设计用于形成穿堂风时，低能耗建筑物可以有更大的开窗面积。在这种热带气候条件下，遮阳设计适用于太阳高度角较低的冬季晴天情况。

这个项目包括两座住宅塔楼和一些别墅。塔楼的每个单层单元之上都有双层单元。住宅阳台和大部分大面积开窗区域都面向南部，整合了景观和太阳辐射得热控制。在东面和西面的有限开窗中，金属网在控制阳光进入的同时，允许气流进入以提供微风冷却。通过北侧的阳台和可开启玻璃窗可实现穿堂风。

▶ 图 7.21
东塔渲染图，柯钦市。

模　拟

设计师将详细的 SketchUp 模型导入 Ecotect 以测试遮阳策略的有效性。该模型被简化为仅包括四层的单层单元和六层的双层单元以及顶层阁楼单元。开窗区域被细分为 200 mm 的网格，以确定遮阳的最佳区域。该模型分别模拟了旱季（12 月至次年 3 月）与夏季季风气候（6—7 月）两段时间内日出到日落的时段。

模拟分析证明了在建筑中心附近的单层单元和双层单元的阳台大小和位置的有效性（见图 7.27）。角落位置 ❶ 需要对所有单元进行额外的处理。基于模拟结果，设计团队在该区域增加了密集的陶土遮阳栅格。客户对该解决方案非常满意，因为它在不牺牲周围环境景观视野的情况下降低了太阳辐射得热。在双层单元 ❷ 中，上层的阳台为南立面的大部分区域提供了遮阳。

阁楼楼层 ❸ 在一个双层高的起居室前设有可开启的推拉门，但显示出并没有被完全遮挡住。由于可开启的推拉门前面不能安装固定的遮阳物或遮挡物，设计团队建议在滑动门的双层玻璃间安装活动百叶。

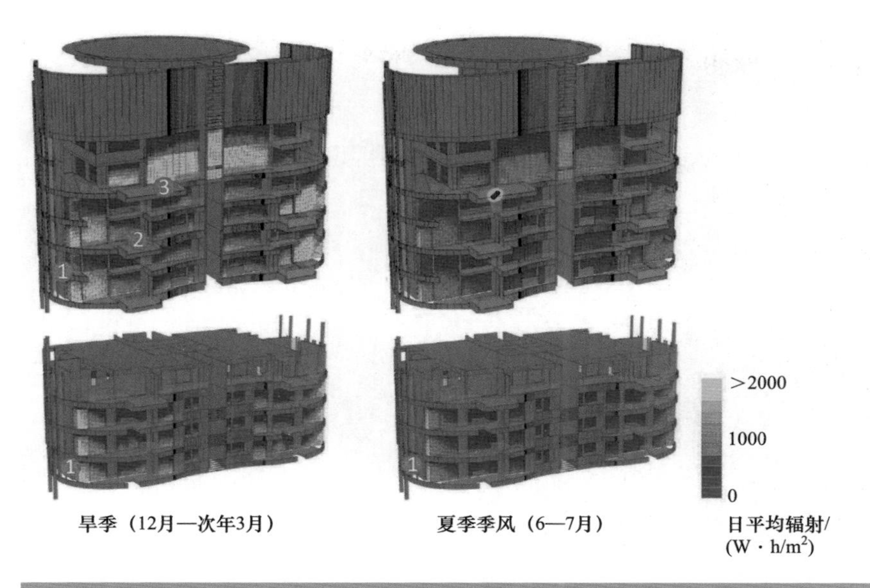

◀ 图 7.22
旱季和季风季节下南立面的太阳辐射研究。

案例研究 7.3　太阳辐射目标

项目类型：住宅和酒店零售业

地点：科罗拉多州维尔市

设计 / 模拟公司：卡利森公司

遮阳设计既可在冬季最大限度地利用太阳能供暖，也能在夏季尽量减少太阳辐射得热。这需要使用某种方法来确定需要遮阳的月份和需要太阳辐射供暖的月份。

概　述

按照目前的提议，Ever Vail 项目是一个大型的综合体开发计划，其中包括密集开发的零售空间及上部的公寓、新的封闭式交通中心、办公空间、酒店、儿童娱乐中心和其他便利设施。它已经获得 LEED 社区发展铂金级认证（第 2 阶段）。

该项目是从可能的场地配置开始进行初步研究的，包括优化视野和日照朝向。双侧建筑的内廊式设计虽然可以使其密集开发，最大限度地减少围护结构面积和热损失，但不能使各住宅单元获得全部被动采暖。要么南向的单元通过简单的控制就能获得大量热量；要么东西向的单元即使使用非常复杂的控制手段，也只能获得半天的太阳能。由于场地规划的问题，方案设计中对这些问题都要考虑到。

► 图 7.23
Ever Vail 项目刚朵拉广场场景。
注：本案例研究中与 Ever Vail 项目开发相关的照片、渲染图和数据由维尔度假区开发公司提供，未经许可不得转载。

如案例研究 5.3 中所述，在设计前期，设计团队便提出了过热的情况是有可能存在的。在这种非常寒冷但阳光充足的气候条件下，过热现象经常发生在大面积玻璃窗附近区域。夜间采暖系统会使房间保持舒适的温度，但是当白天强烈的阳光出现时，建筑就需要被快速冷却下来。蓄热策略被证实为非常有效，可以减少在同一天中既采暖又供冷的需求，而且可将白天的太阳辐射得热储存起来供夜晚使用。

设计中考虑了两种太阳能策略。更为传统的方法使用低太阳得热系数窗户来限制全年太阳辐射得热，减少夏季供冷，并在冬季获得需要的热量。另一个更有效的选择是使用更高的太阳得热系数（$SHGC > 0.50$）以及外部可调节遮阳，从而获得需要的得热并遮挡不必要的太阳得热。

本案例研究着眼于第二个太阳能策略，以确定在满足维护和成本要求的条件下，是否可以将外部可调节遮阳最小化。由于区域设计法规要求使用一个形状复杂的屋顶悬挑，这些悬挑设计方案也可以在某些区域提供遮阳，从而减少外部可调节遮阳的数量。

模　拟

为了开始进行此分析，设计团队要有一个大体的概念，即在每个立面上需要多少合适的太阳辐射得热，以及需要自遮阳的时间段。

基于平衡每日太阳辐射得热与通过窗户传导的热量损失来创建一个曲线图，其中横轴显示每个月的供暖度日数，纵轴显示窗户外侧所需的太阳辐射量。根据每个月的供暖需求，绘制了一幅基于窗户属性的宽线条图。这种方法有用，但过于简单，因为它没有考虑室内得热、墙壁导热或新风负荷，但它为团队确定了每年、每个月的大致目标。

因为固定的遮阳板在春分和秋分遮阳情况对称，所以有必要使用一种方法来确定合适的遮阳月份。运行一个简单的 Green Building Studio 能源模型，基于典型房间人员使用和 40% 窗墙比来确定供暖占主导地位和供冷占主导地位的月份。结果用蓝色表示供冷的月份，用红色表示供暖的月份，用黄色表示供暖和供冷需求最小或重叠的月份。

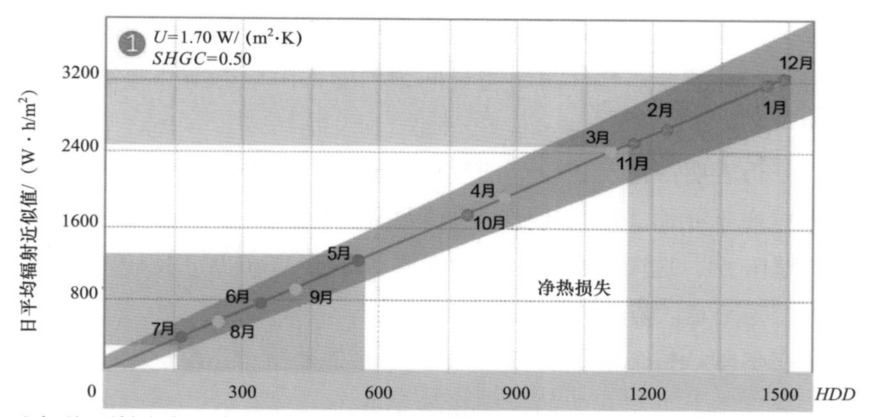

▲ 图 7.24

假设具有一定的建筑热惰性，玻璃外表面上期望的日平均辐射近似值。

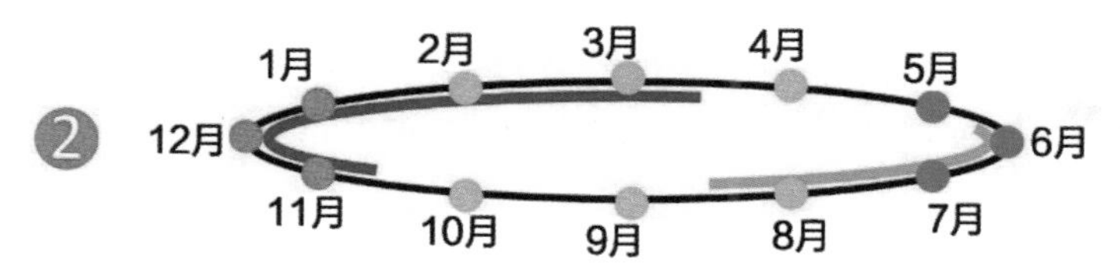

▲ 图 7.25

基于简单的能耗模型显示了各月的情况，红色代表供热需求主导，蓝色代表供冷需求主导。

为了进行太阳辐射分析，设计团队通过简化几何形状、删除窗框和其他细节重新绘制了已经出于设计目的而创建的 SketchUp 模型。然后将 3D 模型导入 Ecotect 进行分析。每个外墙表面被分成网格状传感器以测试太阳辐射。对每个季节都进行分析，来比较太阳辐射是否达到了期望的水平。

模拟输出透视和立面的伪彩色模型图供团队参考。由于在上一阶段删除了窗框以简化模型，因此在 Adobe Photoshop 中将立面与更详细的立面重叠起来。这样做的另一个好处是可以在 Photoshop 中重新定位立面上的窗户，从而可立即确定任何改进，而无须重新进行太阳辐射分析。

说　明

科罗拉多州的维尔市在一个平均冬季日接受的太阳辐射量超过了南向空间 ③④ 供暖所需的热量，并且足以确保东西朝向的窗户也成为净得热源。这项研究表明有必要限制全年包括冬季的太阳辐射得热，并结合热惰性材料将昼间强烈的太阳辐射得热缓缓传递到夜间。

分析表明，由于在较高的楼层有较深的挑檐，在较低的楼层其窗户内嵌于立面 460 mm 处，这使得夏季主要的南立面都得到了一定的遮阳 ⑤。遮阳使每日太阳辐射得热小于 3160 W·h/m^2，而其中约有一半是难以阻挡的散射辐射。

在冬季，整个南立面 ⑥ 暴露在多余的热量下；由于太阳高度角低，在夏季上下层有效的遮阳在冬季并不一定有效。在大多数情况下，内部可调节百叶或遮阳装置可用于阻挡低入射角度的阳光，减少部分直接太阳辐射得热。南立面 ⑦ 表现最差的区域则建议使用外部可调节百叶。

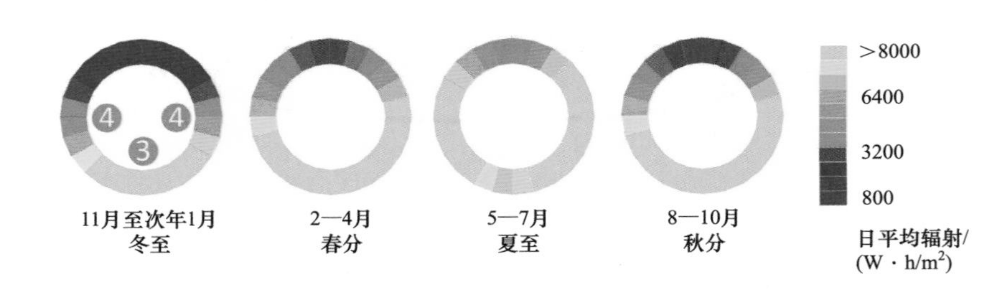

► 图 7.26

太阳辐射玫瑰图。

对于西立面而言，几乎所有的窗户在冬季都能获得足够的热量，以满足冬季的太阳辐射分析要求。然而，在夏季，一些窗户受到太多的太阳辐射，以致于几乎无法维持室内舒适条件。在这些位置⑧，建议使用外部可调节百叶。

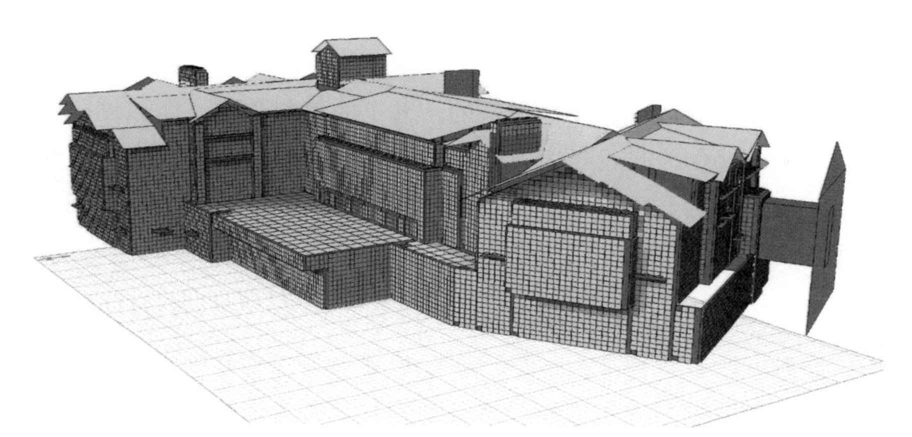

◀ 图 7.27
东南向视角，冬季太阳辐射研究。

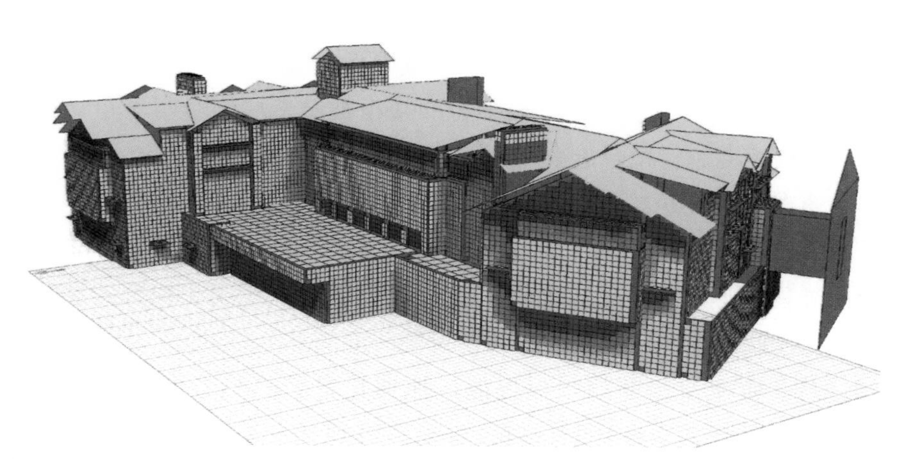

◀ 图 7.28
东南向视角，夏季太阳辐射研究。

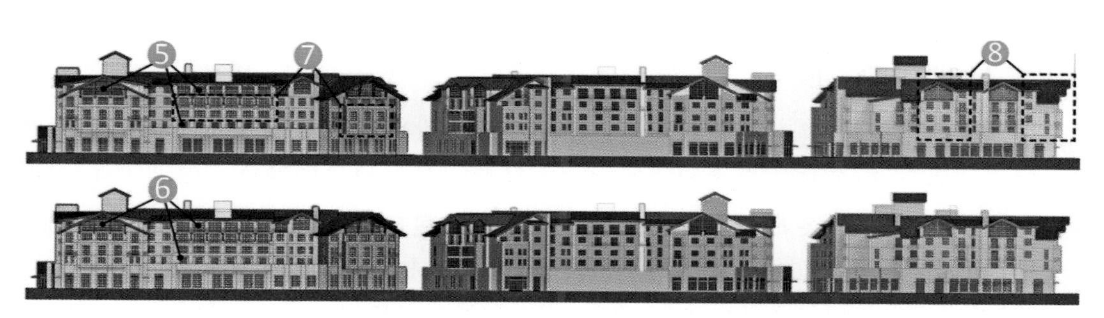

▲ 图 7.29
夏季（上图）与冬季（下图）的南立面、北立面与西立面。

案例研究 7.4 固定遮阳优化

项目类型：多功能摩天塔楼

地点：伊利诺伊州芝加哥市

模拟公司：杰夫·尼玛斯和乔恩·萨金特公司（Jeff Niemasz and Jon Sargent）

遮阳优化通常选择一个恒定的、固定的遮阳深度，而该遮阳深度是基于供暖供冷月设计的。该遮阳深度优化方法使用能耗建模来平衡所需的得热与所需的遮阳程度。模拟结果给出了有利遮阳的三维理想模型，而将实际的遮阳系统设计留给了设计师来决定。

概 述

乔恩·萨金特和杰夫·尼玛斯在哈佛大学的建筑硕士论文中探索了一种以联系形式生成与数据驱动为设计目标的模拟方法。作为一个测试案例，他们从概念上考虑了 Studio Gang 建筑师事务所设计的 Aqua 塔楼项目的思路，这是芝加哥饱受赞誉的多用途摩天大楼。据它的设计师所说，这座塔楼独特的楼板被塑造成一个与城市稠密的环境相呼应、将视野最大化并且可提供遮阳的形状。

该理论研究更广泛的目标是重新考虑设计人员常使用的基于气候的设计方法。以 Aqua 塔楼的平面图、构造、环境为前提，探索了设计过程中形式的产生，而这些设计过程着眼于遮阳和视野的实际问题。在此，本案例研究只介绍了遮阳研究的部分。

为了协调交错的遮阳板性能，他们开发了一个名为 Shaderade 的新工具，该工具将 EnergyPlus 模拟集成到 Rhinoceros 参数化建模环境中，使设计人员可以自由地使用超越规定的遮阳设计方法。

模 拟

静态遮阳的常用方法是在峰值供冷的季节建立一个可以完全遮蔽窗户的悬挑板，通常这个悬挑板具有统一的深度。但是，任何遮阳设备都会影响全年的能耗使用，包括可能供暖的季节。因此，需要计算遮阳对全年热负荷的逐时影响来确定遮阳的净收益。这是一项相对容易的任务，可使用当前的热工模拟引擎来完成。

在一个像Aqua塔楼使用曲线的项目中，试图设计出达到最佳热工性能的悬挑深度，通常需要测试大量的各楼层遮阳方案来寻求最佳方案。若要确定每个层级遮阳板所需的参数数量以及针对每个参数测试的潜在解决方案的数量，一台计算机可能要花数百万年时间才能彻底地测试所有正式的可行方案。

此外，这项结果将不能让设计师认识到哪些部分的遮阳在减少能耗时最为有效。这意味着设计者不能在美学上做出反应，也无法在不损害潜在能耗性能的情况下修改任何一个优先方案。

由一个演化求解器完成的测试可以比任意的盲目猜测更快地得到一个最优解决方案，但是仍然不能为建筑师提供任何关于哪些部分的遮阳最重要的指导。

◀ 图 7.30

Aqua塔楼利用Shaderade方法进行参数化美学遮阳设计。

资料来源：杰夫·尼玛斯。

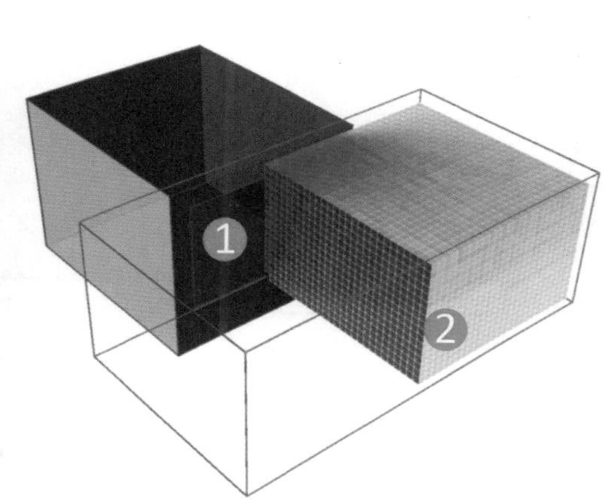

◀ 图 7.31

Shaderade波士顿立方体，如果该区域有遮阳设施，每个单元将以色彩显示出净能耗增加（红色）或净能耗减少（蓝色）部分。

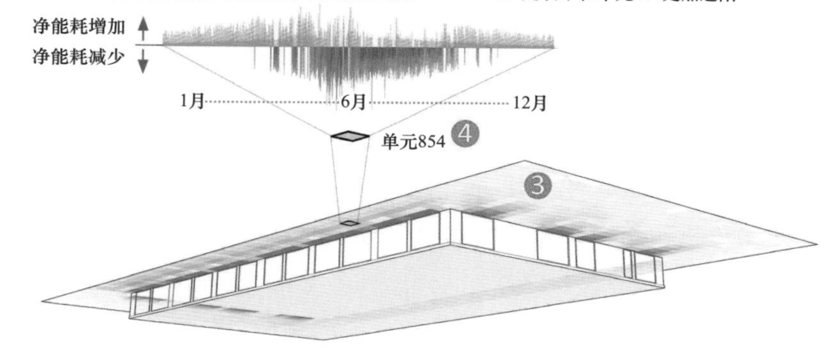

◀ 图 7.32

典型的窗户剖面，显示了理想的遮阳设施宽度对更高能耗与更低能耗影响的拐点。

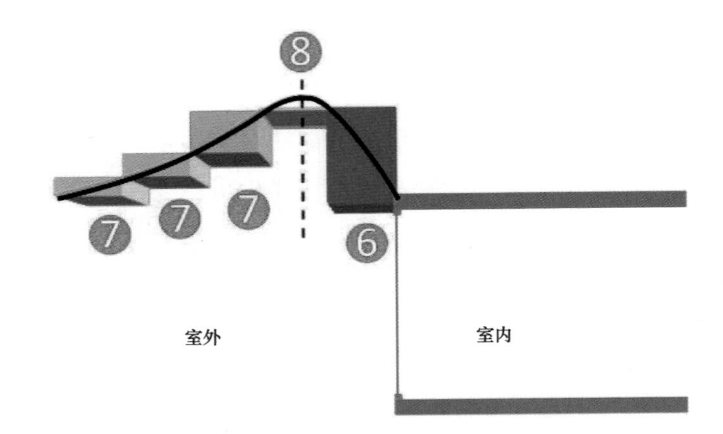

▶ 图 7.33
拐点。

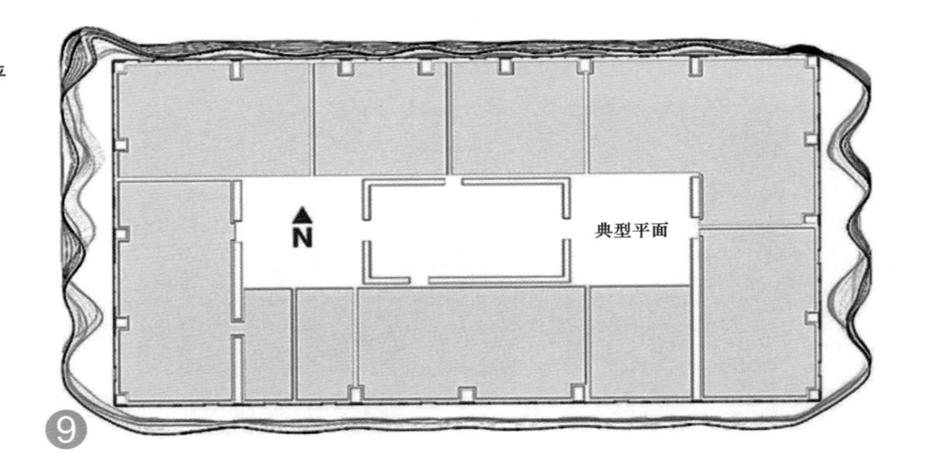

▶ 图 7.34
优化遮阳后的平面图。

Shaderade 工具的方法推进了厄兰·卡夫坦（Eran Kaftan）和安德鲁·马什博士早期的工作，可将遮阳能够影响窗户能量传输的每一个位置的年度用能进行二维或三维映射绘制。

该方法首先将周围环境对建筑的遮蔽情况进行了单独模拟，这样可获得每小时有关热工负荷和来自太阳与天空透过窗户的得热信息。然后遮阳装置占用的水平面被分成许多小单元块 ❸。在大约 1 min 的运行时间内，Shaderade 可为单一楼层找到一个能耗优化的遮阳形式，并可创建遮阳板每个部分对全年净能耗影响的图示 ❸。

通过将穿过该单元块并与任何窗口相交的直接或散射太阳光线和热工分析相结合，可预测遮阳板每个部分 ❹ 在一年中对净能耗的逐时 ❺ 影响。

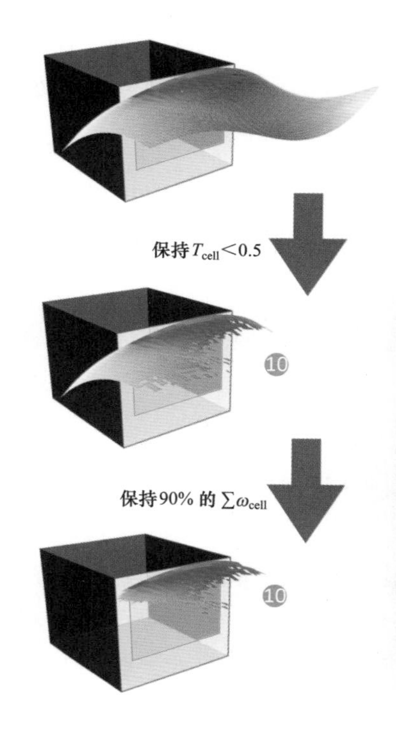

◀ 图 7.35
根据不同的参数进行裁剪的三维遮阳优化。

◀ 图 7.36
使用 Shaderade 工具进行能耗优化的三维结果。许多其他的变化可通过加权各种参数进行分析。

其后可以对单元块进行排序和统计，以找到热工最优的组合。在像 Aqua 塔楼这样的水平遮阳的情况下，整合各种遮阳装置深度的全年分析结果的截图显示了净能耗的减少 ❻ 和增加 ❼。拐点 ❽ 确定了最佳的遮阳装置深度。由此产生的遮阳装置深度的变化可以简单地应用于二维空间 ❾，类似于 Aqua 塔楼的美学，它也可以通过裁剪而在三维空间中找到最优的遮阳形状 ❿，或者可以将其解释为美学的改善。

最后一项设计策略或许是最有效的，因为设计师通过简单地观察伪彩色图就可以确定遮阳装置设置在哪里对全年热工性能是有益的、有害的或是几乎无影响的，所有这些都与特定的窗户、建筑物类型、环境和气候有关。

尽管遮阳通常被认为与气候、纬度和朝向密切相关，但是城市环境、内部负荷以及开窗模式也同样重要。即使没有密集的城市环境产生的遮挡，对于每一个单独的房间，由于房间的功能和使用情况、窗户位置和窗户尺寸 ❿ 的变化，遮阳的优化也不尽相同。

尽管可选择任意数量的准则来生成遮阳形式，但最初的论文研究关注点考虑了景观和能源，这与 Aqua 塔设计团队阐述的设计意图是一致的。每个标准的选择及其权重可由建筑师确定，以帮助其创建具有卓越的美感和性能的建筑。

Shaderade 方法已经自动作为 Rhinoceros 平台上 Grasshopper 中的一个插件，并将在 DIVA for Rhino 软件中发布。

案例研究 7.5 可再生能源位置与尺寸

项目类型：6 层办公建筑

位置：华盛顿州西雅图市

设计 / 模拟公司：米勒 • 赫尔建筑师事务所

可再生能源往往是低能耗设计中最后采用也最昂贵的设计策略。然而，净零能耗建筑物经常使用可利用的可再生能源来实现项目初期的能源目标。使用参数化建模来研究特定面板的尺寸、朝向和角度上的直射和散射辐射来优化总能量产出、最有效的产出，或尽量减少总体可再生能源区域面积。

▲ 图 7.37

布利特中心南向渲染图。

概 述

位于西雅图的4740 m^2 的布利特中心有望达到“生态建筑挑战”的绿色建筑标准，并且在获得认证后将是规模最大的获得认证的建筑。为了在西雅图多阴天的气候条件下实现“生态建筑挑战”净零能耗的要求（不允许使用化石燃料），该项目需要采用光伏发电来提供电力。

总体设计包含几乎无数的设计策略。在这种情况下，由于设定了全局能耗目标，所以每个光伏板布局都需要快速量化。因为它是一座多层的城市办公建筑，设计团队从一开始就知道为满足该项目的能源要求需要大量光伏组件。设计模拟被用来分析形体的解决方案，使得现场光伏发电量最大化。与此同时，设计师们必须考虑光伏阵列对遮阳、采光利用率、雨水收集和其他项目目标的影响。

最初的计算结果表明，包含在建筑红线内的屋顶光伏阵列无法为项目提供足够的电力。幸运的是，在建筑所处的城市场地中，尽管南面公园里有一棵树会直接遮挡住南立面的一部分，但是附近没有建筑物遮蔽屋顶区域。其他研究表明，光伏阵列不会对相邻建筑设施产生不利的遮挡。

这一分析发生在概念设计阶段，与此同时，项目团队正在发展节能措施，在案例研究10.7中会被提到，其中包括一些考虑光伏布局效果对采光的影响研究。

模 拟

模拟的目的是确定光伏阵列的参数——包括倾斜角、朝向和板间距——来提供所需的电力生产。SketchUp用于创建初始设计模型，然后将其导入Rhino中，以便与Grasshopper进行交互操作。为了平衡美学和功能的需求，Grasshopper定义了光伏阵列边缘和高度❶的每一个点，以便对它们进行控制。Grasshopper参数定义以一定间隔自动排布光伏阵列，以避免光伏板相互遮挡。

一旦配置建立，这些光伏阵列就会通过Ecotect日照分析来确定年预估产电量。这些估算值还由团队的太阳能顾问利用美国国家可再生能源实验室（National Renewable Energy Laboratory，NREL）的PV Watts估算工具进行检查。水平的光伏板以一个非常高的效率

（19%）进行模拟。垂直安装的光伏板需要一定的通透性来满足采光和建筑物内的视野要求，所以模拟的面板的效率较低。

最初，团队研究了数百种组合配置，在第一轮分析后得到了一种最佳方法。设计团队和客户根据能耗和美学目标对结果进行了评估。

该分析从众多设计策略中选择了可以达到设计团队设定的最低目标 250 kW・h 的设计策略。配置主要包括一个低坡度的屋顶光伏阵列❷，一个南向的垂直阵列❸和一个东南向的垂直阵列❹。由于该东南立面需要透过天然光，所以这个立面上的光伏阵列并不连续。大部分发电量由屋顶光伏阵列提供，其坡度与场地坡度一致，大约 5° 朝向西南方。

一些设计和朝向可以使每块光伏板产生更多的电能，但这些设计包含较少的光伏板数量从而降低了总发电量。净零能耗的目标要求年度总发电量最大化。

▼ 图 7.38

光伏阵列模型以及 Grasshopper 设定。

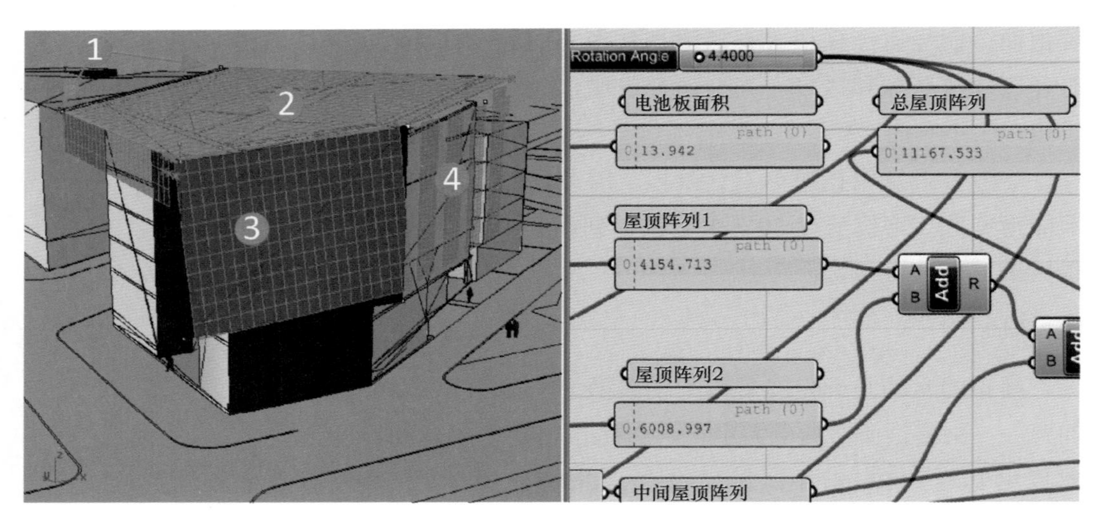

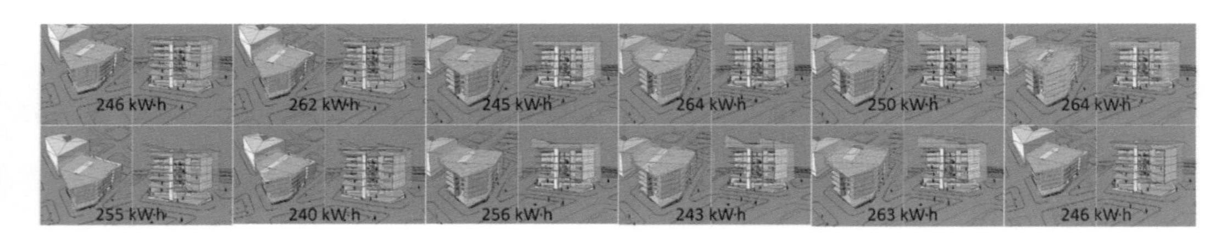

▲ 图 7.39

测试了多种方案，每种方案都与它们的总发电量有关。

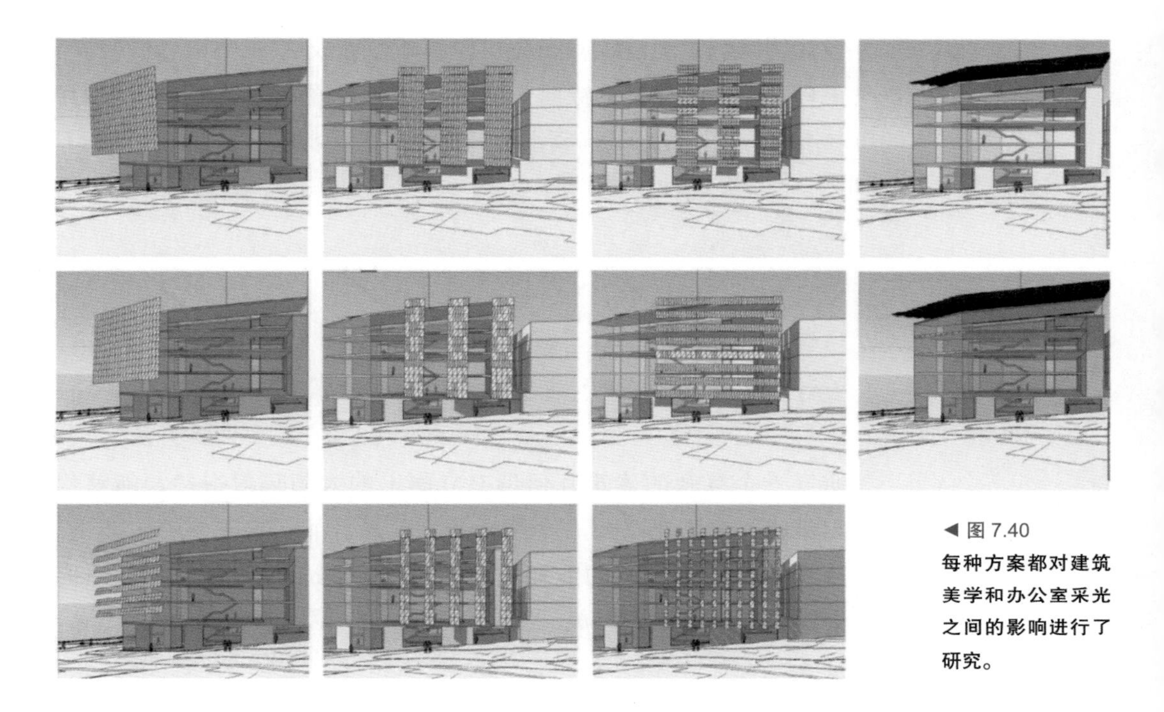

◀ 图 7.40
每种方案都对建筑美学和办公室采光之间的影响进行了研究。

最初的设计任务书包括一个面积为 3900 m^2、单位面积年能耗强度为 63～76 kW·h/（m^2·a）的建筑，所以每年的年发电量最少为 250000 kW·h，但最好达到 280000 kW·h。一旦这个方案进一步深化，提高的效率允许设计团队将预计的单位面积年能耗强度降低至 50 kW·h/（m^2·a）。与此同时，建筑面积增加到 4740 m^2。最终建筑每年仅需 230000 kW·h 电力，而这仅仅是屋顶阵列的预估发电量。

最后，对这个项目来说，光伏板的最佳安装方式与太阳能咨询顾问起初所建议的内容相一致，即通过水平的或接近水平的板面间无间隔的屋顶安装方式可实现发电量最大化。虽然非理想板面角度状态使光伏板的倾角稍微减少了每块光伏板的发电量，但是通过这种方式可以将光伏板安装面积和总发电量最大化。

光伏板安装的优先权由西雅图市技术支持小组在项目早期进行了评估，该技术小组支持本项目目标，并从早期就参与了该项目。最后，设计小组能够证明该建筑的设计已尽可能高效，并且能够实现净零能耗的唯一方法是将光伏板优先设置。在项目后期，开发商获得了优先占用权的许可，类似于其他业主获得了遮阳篷、人行天桥或大面积悬挑屋面的许可。

设计团队利用上述工具在公司内部即可完成这项工作。建筑师与电气工程师、太阳能咨询顾问一同协作以核实预估发电量，并在项目的每一步中与其他技术顾问紧密协调能源平衡，实现净零目标。

案例研究 7.6　既有建筑遮阳研究

项目类型：生活中心

位置：加利福尼亚州圣地亚哥市

设计 / 模拟公司：卡利森公司

研究一个复杂的建筑几何形态立面上的太阳辐射得热，能够优化遮阳策略，而不是采用一个统一的、更昂贵的、普遍的遮阳要求。与每个房间都建立完整的能耗模型的方法相比，太阳辐射得热研究可以更快、更精确地被完成。

概　述

韦斯特菲尔德（Westfield）是圣地亚哥 UTC 生活方式中心的业主，他聘请卡利森公司监造一个包括能效升级在内的重大改造项目。店面遮阳是应用的多个节能策略之一，以减少太阳得热负荷并提高每个商店的舒适度。

圣地亚哥气候宜人，全年阳光充足，使得许多玻璃橱窗的商店在没有适当遮阳的情况下变得过热。客户和项目团队希望确认那些暴露在最多太阳光下的店面，并要求这些相关店面的租户提供适当

▶ 图 7.41

韦斯特菲尔德 UTC 生活方式中心渲染图。

的遮阳措施。卡利森公司不是简单地要求为所有店面提供遮阳，或是为每一个租户空间运行一个能耗模型，而是建议研究每个零售店立面上的太阳辐射能量，并根据模拟结果提供遮阳优化建议。

模　拟

韦斯特菲尔德为卡利森公司提供了项目开发的 SketchUp 模型，卡利森公司将其导入 Ecotect 中。商店橱窗玻璃为进行太阳辐射分

>4100
2500
950
日平均辐射/($W \cdot h/m^2$)

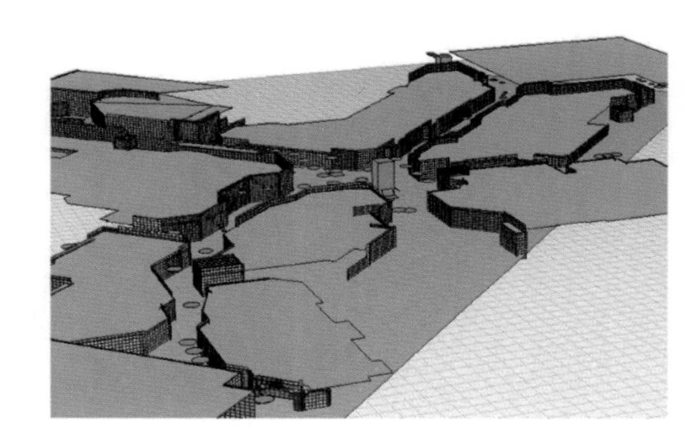

◀ 图 7.42
Ecotect 模型显示了每个立面上的太阳辐射。

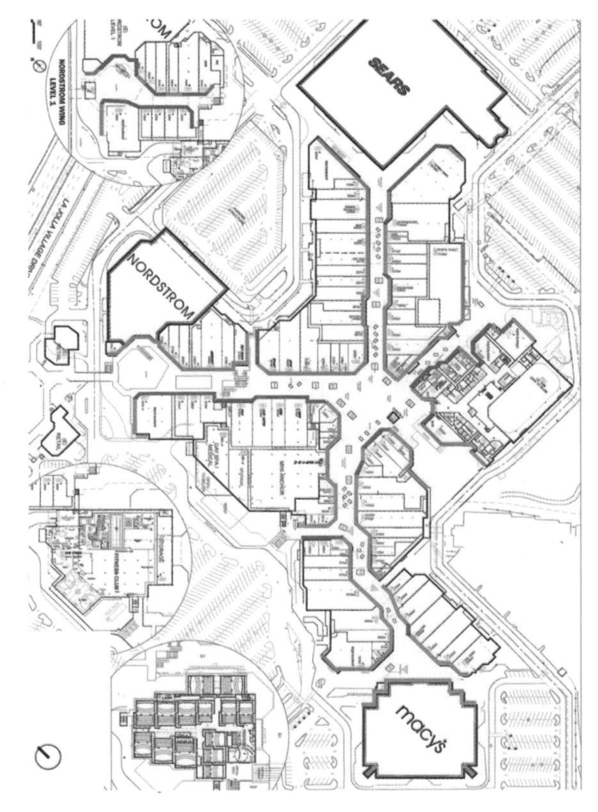

要求
鼓励
不重要

◀ 图 7.43
租户手册中包含了显示遮阳重要性的平面图。

析而被细分为网格阵列。运行全年模拟分析来帮助决定哪一个立面更需要遮阳，模拟结果被表征为“日平均”辐射，使数字更容易被理解。

然后将结果以三种颜色进行图形化解释：以黄色轮廓线标出的外立面必须具有遮阳装置，以红色轮廓线标出的外立面强烈建议提供遮阳，以蓝色轮廓线标出的立面被认为遮阳装置不太重要。带有颜色区分的平面图内置在租户手册中供他们参考。租户通常会接受有关遮阳的建议，根据自己商店的朝向进行适当的遮阳设计。

8 天然采光与眩光

建筑是光线组合形式正确、绝妙而又神奇的游戏。

——勒·柯布西耶

自然如此有力，如此强壮。捕获它的本质并不简单——你的工作变成了与光和天气的舞蹈。它把你带到内心深处。

——安妮·莱博维茨

光对于人类的重要性无可非议。它与知识、智慧、诚实以及安全等紧密相连。好的设计可以为空间和物体带来具有雕塑感、形体感和色感的光。充满整个房间的日光可以提供泛光照明或光亮，从而满足日常活动。

现代研究表明，天然光可以显著地提升人员的幸福感、工作绩效和零售额。也有其他的研究表明，当人们沉浸在动态变化的天然光中，并且视觉与外部环境相联系时，人们的健康状况会得到改善。

- 一项针对加利福尼亚州 73 家连锁商店（其中 24 家拥有充足天然采光）的研究发现，天然光采光等级可以用来预测商店的销售情况、停车区面积、当地竞争对手的数量及社区内的人口情况。此外，采光等级也与高达 40% 的销售额增长有关联。这也证实了另一家零售商的先前研究，该研究认为其销售额增加的 40% 与天然采光有关。这两家零售商都使用散射天窗采光（Heschong Mahone Group, Inc., 2003a）。
- 一项针对 200 名办公室工作人员在办公桌上进行短期认知测试的研究发现，工作效率与是否有天然采光之间存在关联（Heschong Mahone Group, Inc., 2003b）。

- 一项涉及8000余名3～6年级学生的研究发现，学生的学业表现与窗户特征和天然采光有关。而这与教师水平、计算机数量或缺勤率对学生表现的影响一样重要（Heschong Mahone Group，Inc.，2003c）。

电气照明的广泛使用削弱了建筑师正确使用天然采光的能力。建筑师正在学习如何通过设计模拟软件为建筑提供高品质采光并降低电气照明能耗。很多照明设计师使用采光分析软件，因为人工光与自然光的相互作用可以营造引人注目的场景和昼夜氛围对比。由于本书侧重于能源，因此将更详细地介绍通过正确使用天然采光措施所产生的节能效果。

天然采光节能潜力的峰值可能与用电负荷峰值时段重合。由于照明能耗可以占到一栋建筑总能耗的20%～40%，所以在供冷峰值时段尽量减少电力照明的使用可以减少建筑用电负荷峰值，参考案例研究8.3和案例研究10.2。

如果不能减轻眩光影响，天然采光设计和相应的节能设计就都是失败的。五分钟的眩光经常会促使使用者放下百叶，这种状态通常会保持数小时或者数天，所以优秀的天然采光设计通常通过自动控制来平衡人员的手动操作。只有当使用者大多数时候更倾向于关闭电气照明、节约能源时，天然采光设计才算成功。

本章介绍了天然采光方法，提供了最常见的建筑物内天然采光和眩光的测量方法，为计算机天然采光模拟提供指导，并通过案例分析说明每种常见的测量类型。

▼ 图 8.1
米勒·赫尔建筑师事务所设计的布利特中心一层的物理采光模型。华盛顿大学整合设计实验室均匀天空条件下的模型。

太阳和天空作为光源

太阳是一个富有挑战性的光源。相对于窗户或天窗，太阳的角度和高度时刻都在发生变化，因此需要持续不断地引导及控制日光来避免产生眩光。日光是一种混合光源，包括太阳直射光以及大气、水蒸气、云层以及周边环境反射提供的散射光。在晴天时，太阳和天空会在建筑的迎光面提供眩目的光照强度，而无法为背光面（阴影面）提供足够的光照强度；在阴天时，散射光会通过云层均匀地散射于整个天空。

进行天然采光设计与模拟的第一步是确定天空类型，通常将其称为"天空条件"或简单地称为"天空"。在某个季节，某一天空条件会占主导地位，例如西雅图多云的冬天或者凤凰城晴朗的夏天。国际照明委员会（International Commission on Illumination，其缩写CIE源自法语）定义了采光模拟中常见的以下天空类型。

在模拟中，每一种天空类型都由算法定义，该算法将亮度等级及分布图映射在一个想象的半球上，称为天空穹顶。作为计算机采光模拟的一部分，天空穹顶的每一个点都会被映射在3D模型中。

- 均匀天空是最简单的天空模型，它假设天空穹顶上每个点的亮度相等。
- 当天空云量低于30%时，称为晴天天空。晴天天空可以近似地认为从太阳到其余天空部分亮度比为10:1，随远离太阳而急剧下降。相对于其他天空，晴天天空主要运用于采光可利用率（Daylight Availability）等各种计算。
- 当天空云量高于70%时，称为阴天天空。为了便于计算，通常采用标准阴天天空作为标准，标准阴天天空相对亮度分布与太阳高度角及方位角无关，且地平线到天顶亮度比为1:3过渡。阴天天空一般用于采光系数的计算。[1]

能够适用于晴天和阴天这种极端条件的采光设计一般在任何条件下都没有问题，因此这两个天空模型被广泛使用。其他天空条件可以从气象文件中计算获得，以便更详细地分析采光和眩光水平，从而帮助全年照明能耗模拟计算。在许多情况下，软件可自动基于气象文件帮助选取合适的天空模型。高动态范围（High Dynamic Range，HDR）图像同样也可以用于创造天空模型，可参见案例研究8.6的说明。

---

[1] 天空云量为30%～70%，处于晴天天空与阴天天空状态中间的天空状态称为中间天空。——译者注

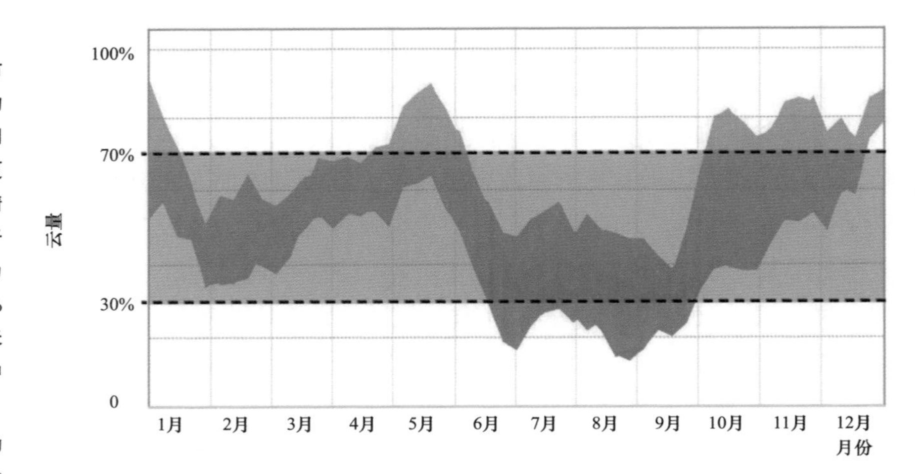

▶ 图 8.2

得克萨斯州阿伦市（Allen，Texas）的云量在冬季为中间天空和阴天天空，夏季为中间天空和晴天天空。CIE 将大于 70% 的云量定义为阴天天空，小于 30% 的云量定义为晴天天空，其他定义为中间天空。

资料来源：修改后的 Autodesk 公司 Ecotect 软件输出结果，由卡利森公司提供。

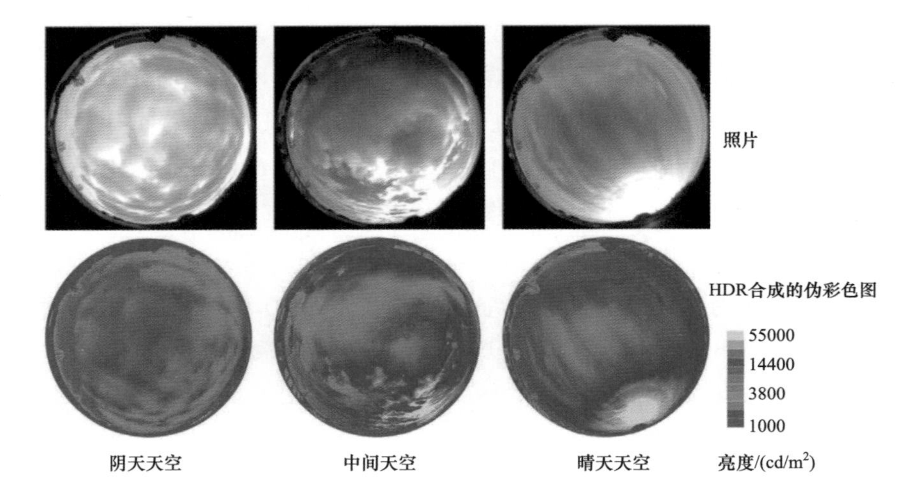

▶ 图 8.3

使用高动态范围鱼眼照片和伪彩色图像显示了阴天天空、中间天空和晴天天空相对应的实际天空状况。虽然大多数采光模拟使用合成的、平均的天空条件，但实际的天空条件每分钟都在变化。HDR 天空可用于采光模拟，参见案例研究 8.6。

资料来源: Inanici (2010). Images © Illuminating Engineering Society, www.ies.rg。

天然采光设计

好的天然采光设计始于为每一个房间设定采光目标，这一步在收到房间类型要求之后即可进行。每个房间都要考虑理想的光照强度、光照时间，侧面或顶部采光偏好，视野要求，以及对来自太阳直射光的敏感度。案例研究 8.1 分析了学校内两个有不同采光需求的房间。通过绘制房间安排图表，可以将对天然采光有密切要求的房间放在理想的采光位置。

对于天然采光，设计团队会努力在满足最低照度水平、避免眩光、平衡房间内的光照强度、通过开窗优化太阳得热和散热之间寻求最佳平衡点。前三个要点可以使用本章介绍的采光模拟来确定，后两个要点更多是通过经验或能耗模拟来处理的。

大部分电气照明设计师的任务是在整个房间内提供均匀的照明，并提供一些重点照明。通过天然采光，尤其是侧面采光提供均匀的光照几乎是不可能的。相反，满足最基本的光照强度、较低的眩光及视觉平衡的采光设计是最好的。

由于天然光的存在，建筑物内可以关闭或调暗电气照明的区域称为天然采光区。房间的高度、进深和朝向是定义天然采光区最重要的几个方面。对于天窗，在平面上的有效天然采光范围（满足采光要求的范围）粗略估算为天窗边缘向外延伸 1/2 空间高度。

对于侧面采光，天然采光区通常是距离墙约窗顶高 1.5～2 倍的区域，有时为外墙内 4.6～5 m 的区域。该区域的电气照明系统通常可安装光照传感器。在侧面采光区内，从窗户到室内的光照强度会随着距离加大有显著的下降，因此通过光照传感器控制近窗的两排电气照明灯具可以有效地减少能耗。窗户上的反光板可以为靠近窗户区域减少眩光并提供更均匀的照明。

采光方法

侧面采光

使用垂直安装玻璃的侧面采光是大多数建筑的主要采光策略。在 1940 年之前，大多数办公楼、酒店和住宅楼都采用狭长的平面布局和高大的窗户，这样可以提供充足的侧面采光。斯蒂文 • 霍尔（Steven Holl）在《建筑手册 5》（*Pamphlet Architecture 5*）中提及

▼ 图 8.4

平面图研究显示了在阴天条件下，北立面三种开窗策略的照度水平。房间的宽度和深度的照度对比度也显示出来，其中低对比度更好，但使用侧面采光很难实现。照明设计师通常在研究中包括房间的对比度，用来确保整个房间的照度均匀。

资料来源：SERA 建筑师事务所。

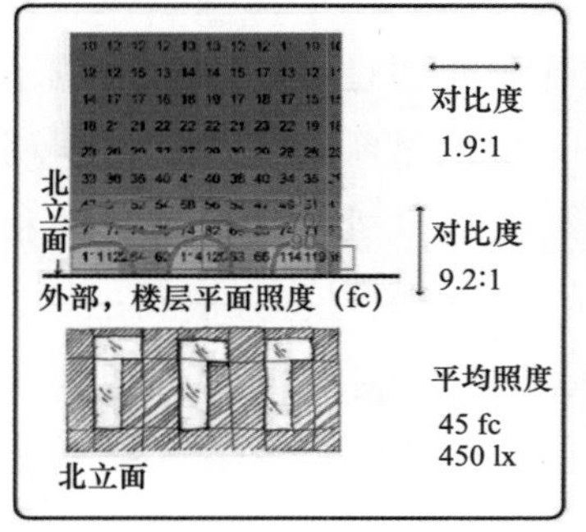

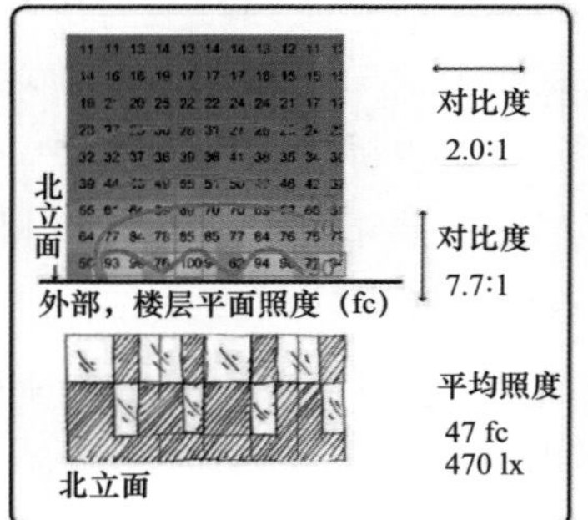

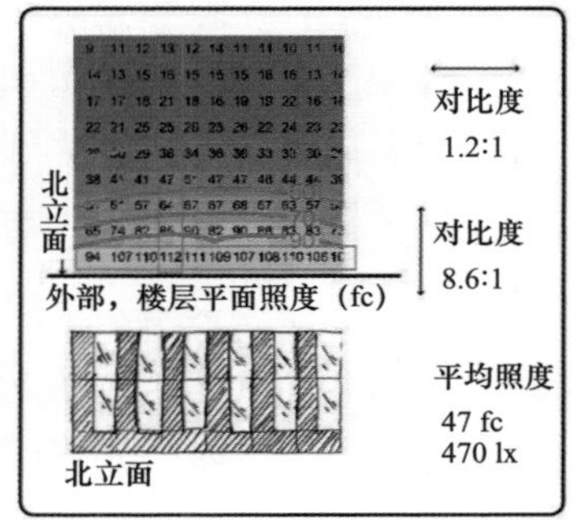

这些就像字母建筑（Alphabet Buildings），因为在总平面图中它们就类似于 15～21 m 宽的字母。在字母建筑背后的天然采光逻辑也可以通过围合两翼间的区域形成天然采光中庭来表达。

影响室内侧面采光的因素有很多：相邻的树木或构筑物的遮挡或反射、外部遮阳系统、遮阳板、玻璃特性、百叶或窗帘等眩光控制措施、室内布局以及家具和室内的颜色。在天然采光模拟中，其中一些因素的影响可以通过几何图形绘制来评价，而其他一些因素的效果则需要项目团队来评估。

距离地板 2.1 m 或 2.4 m 高的玻璃区域通常被认为是“视野窗”，而在该区域上方的玻璃区域称为“采光窗”，利用该区域可将自然光引入房间深处。在特定情况下，可利用不同的玻璃特性、不同的百叶操作或是在交接处设置反光板来防止在大部分太阳高度角下采光窗造成的眩光。

顶部采光

顶部采光可以提供更多的创造性，因为屋顶形状往往希望能够更加有趣和引人注目，就像斯蒂文·霍尔在西雅图设计的圣伊格内修斯教堂（Saint Ignatius Chapel）一样。顶部采光相比于侧面采光可获取更多的光，因为通常天顶的光照亮度比地平线的亮度更强。顶部采光主要用于高大空间，如中庭、大型商店、教堂和仓库。路易斯·康（Louis Kahn）非常成功地将顶部采光融入了得克萨斯州沃思堡（Fort Worth）的金贝尔（Kimball）美术博物馆。

接近水平的顶部采光系统可以提供朝向天空的视野，但是通常会造成得热增加、热损失增加以及较严重的眩光。它们通常最适用于无空调或半空调的空间。具有垂直玻璃的天窗（称为凸出式天窗）不太容易出现这些问题，因为它们可定向阻挡一些不需要的光和得热。大型商店通常使用半透明天窗，这样阳光通过天窗散射形成了较好的光线分布，也减少了眩光程度。一些半透明天窗相比于透明天窗也具有更好的热工性能。通过模拟仿真研究天窗的几何形状和玻璃类型，可以帮助设计师减少直射阳光造成的眩光并控制得热。

从历史上看，工厂和仓库都是使用一排侧窗和顶部采光（如锯齿形和凸出式天窗）来建造的。最近，这些采光策略已被重新

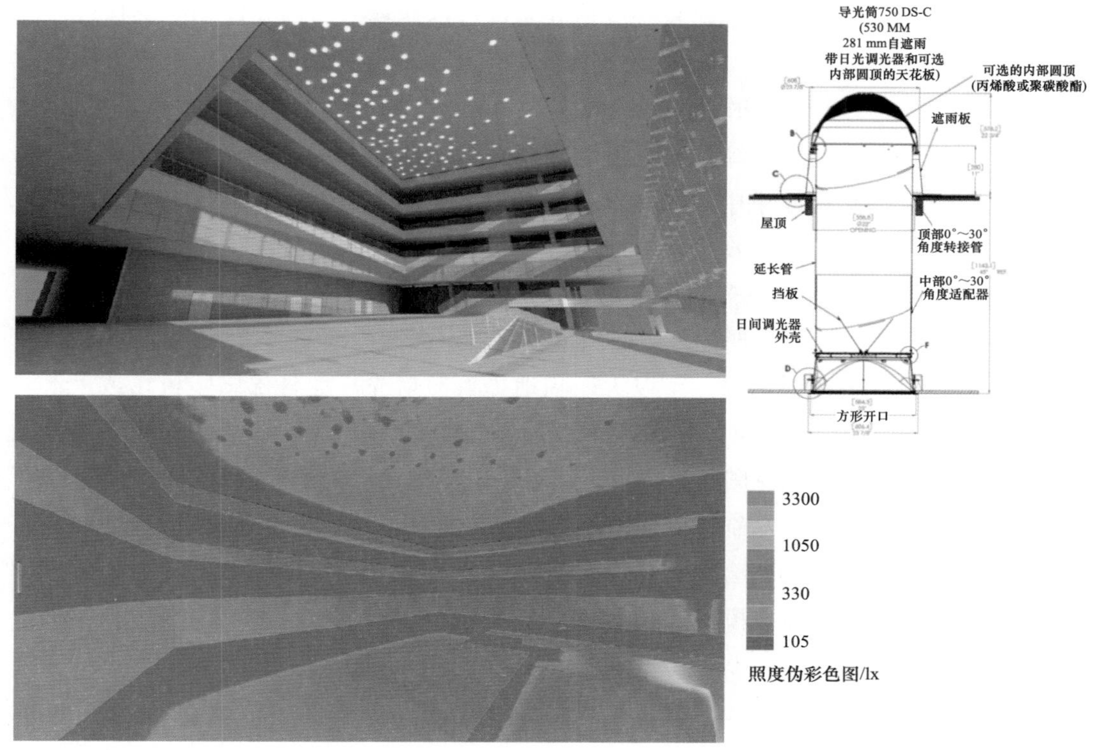

▲ 图 8.5

为了平衡中庭和一面玻璃外墙的光环境，LMN 建筑师事务所研究了使用不对称的导光管阵列。在与制造商交流后，将这些导光管阵列中的每一个导光管作为单独光源在照明模拟中建模，而不是试图使用光线追踪方法来计算预测照度水平。三维视图和照度图像显示了所有垂直表面上的光分布均匀，这有助于减少玻璃外墙区域与内墙区域之间光线的强烈对比。

资料来源：LMN 建筑师事务所。

使用，并被纳入许多高性能建筑中，例如由 SOM 建筑师事务所（Skidmore，Owings and Merrill）在案例研究 8.7 中设计的罗氏制药公司（Roche Pharmaceuticals）实验室。顶部采光的开口也可用于驱动自然通风。模拟可以用来测试创造性建筑形体的性能特征，组合半透明、不透明和透明部分以及多变的几何形体，以便为每个房间提供足够数量和高质量的天然采光。

其他自然光传递方法

其他自然光传递方法也有效但更难以正确模拟。导光管是从屋顶传递光到天花板的固定管道装置。它们的顶部有天窗，内部有类似镜子的表面，底部有一个散射的“固定装置”。在许多情况下，这些管道的内部装有可调灯光，可以在每天天然光波动时确保最低光照度输出。一些导光管还包括太阳光线追踪系统，可以将太阳直射光通过反射引入到房间中。

光导纤维装置可以配合太阳光线追踪镜，将直射阳光反射到光导纤维束中。光导纤维可以在障碍物周围弯曲并穿过狭窄的空间，为无法接收到阳光的房间提供采光。在晴天使用太阳追踪可以增加10倍或更多的传输光量，但在阴天不会显著增强光照效果。

半透明的外立面和屋顶材料，如磨砂玻璃、熔块玻璃[1]、塑料和半透明织物，可以大面积地提供散射光，如丹佛国际机场或“水立方”（北京国家游泳中心）。它们中的每一个也可以用作允许部分光通过的遮阳装置。本章稍后将更详细地讨论半透明材料的特点。

产品制造商通常愿意协助设计团队模拟导光管或其他特殊产品，但成功整合这些产品信息必须具有采光模拟的背景。其他制造商可提供免费模拟或按小时工作量进行模拟收费。

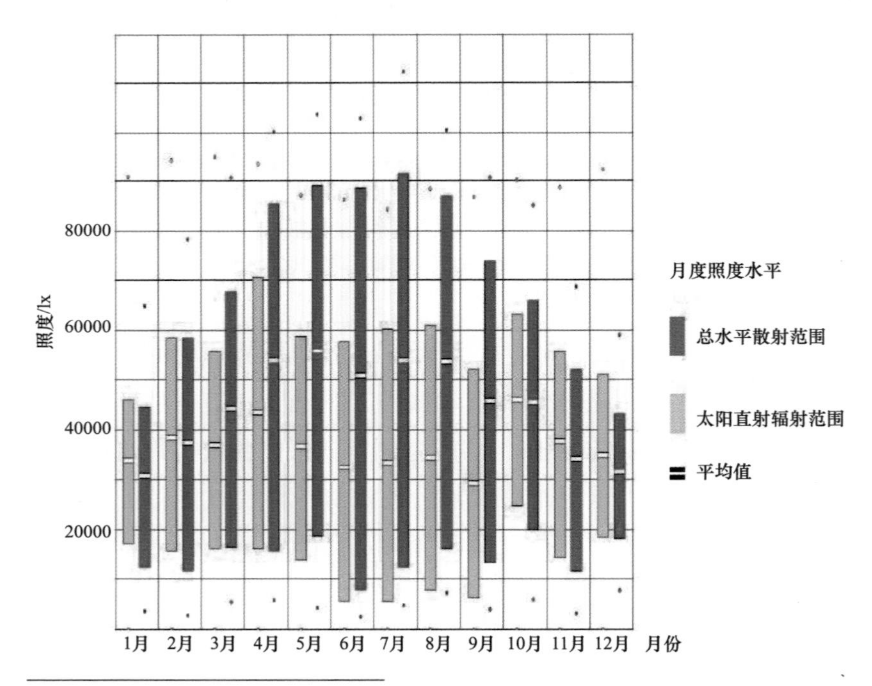

► 图 8.6
Climate Consultant软件的输出结果显示了佐治亚州亚特兰大市的每月室外照度水平范围，数据来自TMY3气象文件。

资料来源：卡利森公司与加州大学洛杉矶分校能耗设计工具小组.

---

[1] 玻璃熔块是陶瓷或玻璃釉料的一种半成品，制作工艺是将玻璃熔块粉碎，然后将粉末配成釉浆，均匀地上到坯体表面，然后通过高温使其均匀融化在坯体表面。同这种方法制成的玻璃叫作熔块玻璃。此外，有些是在玻璃上装饰用的熔块，这种熔块是以直接在玻璃上粘贴或镶嵌的方式完成的。——译者注

采光测量

一个表面上接收的太阳辐照度以 W/m^2 为计量单位，见第 7 章相关说明。太阳辐射包含红外光、可见光和紫外光如图 6.5 所示。可见光谱的波长在 380 nm（紫色）和 780 nm（红色）之间，占日光辐射功率的一半以下。在可见光谱内，人眼对光的敏感度在 550 nm（黄绿色）附近达到峰值并向光谱的两端递减。

这意味着光与热相关却不等同。将热量（通常以 W/m^2 为单位）转换为有用的光照（lm/m^2）需要一个称为光度函数的数学运算，该运算基于人眼对不同波长的典型敏感度。

流明（lm）用于表示光输出的计量单位。例如，一个 60 W 的白炽灯、一个 15 W 的小型荧光灯和一个 13 W 的 LED 灯[1]都可以输出大约 800 lm 的光照。对于一个光源，流明与瓦特的比值称为发光效率。与大多数电光源（10～100 lm/W）相比，太阳和天空在单位热量中提供更多的光照（发光效率为 100～150 lm/W）。这意味着与大多数电光源相比，天然采光在放出更少热量的同时可提供更多的光照。令人困惑的是，电灯的发光效率既可以指光照输出与电力输入的比值，又或者是光照输出与产生的热量的比值[2]。

照度以勒克斯（lx 或 lm/m^2）或尺烛光（fc，lm/ft^2）为计量单位，它是指落在物体表面上的光通量。照明设计师和建筑规范使用它来量化光照强度并估算整个房间的光照平衡。人们看不到照度，但可以用照度计测量照度。在阴天和晴天，室外的照度值分别约为 21500 lx 和 107600 lx。各种各样的室内最低照度标准被提出并公布；办公室的照度通常为 270～540 lx。在大多数照明模拟中，1 fc 被等同于 10 lx，即使正确的比率为 1:10.76。

亮度是可感知的光亮，是可以被计算的进入人们瞳孔的光的数量，这涉及计算从光源或物体反射到瞳孔的角度。由于人们瞳孔的直径不断调整，所以绝对亮度水平不如相对亮度水平重要。角度测量以球面度为单位，因此可感知的光以流明 /（平方米 × 球面度）来测量，通常称为坎德拉 / 平方米（cd/m^2）。太阳的亮度可以高达每平方米 16 亿坎德拉，而大多数室内亮度水平为 100～5000 cd/m^2。

---

[1] 现在 10 W 的 LED 灯可达到 800 lm 输出。——译者注

[2] 在我国，发光效率是指输入功率与光照输出的比值，并不存在疑义。——译者注

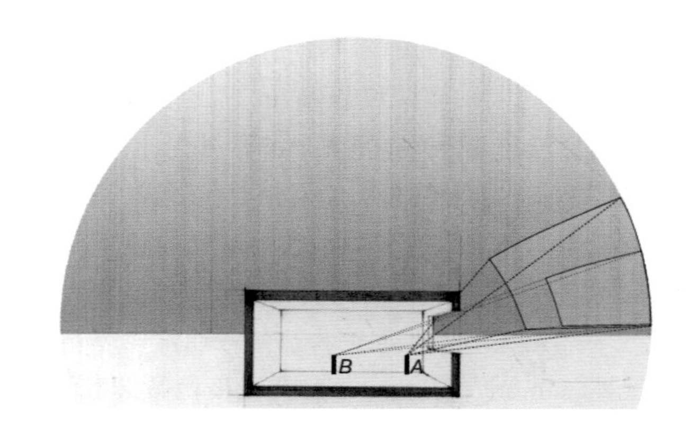

► 图 8.7
采光系数是基于在全阴天情况下，室内某点照度与室外无遮挡水平照度的百分比值。使用 CIE 阴天天空时，采光系数反映了天然光到达指定点的百分比。*A* 点显然比 *B* 点更接近天空，因而拥有更高的采光系数。

资料来源：阿玛尔·科森戴尔绘制插图。

亮度取决于表面的照度以及其他物理性质，如镜面反射（与散射相反）、反射率、颜色、透明度和其他属性。亮度值在评估空间的光环境质量（包括眩光度量）时非常有用。

照片是亮度图像。尽管照片包含了关于空间的相对亮度信息，但它们通常没有根据人类视觉灵敏度进行校准，因此对于采光设计目的不是特别有用。高动态范围图像结合了来自相同位置的多个快门速度曝光来映射绝对亮度值，因而在采光设计中是有用的。它们可用于分析案例研究 8.4 中的物理采光模拟，或如案例研究 8.6 所示来生成天空条件。虽然测量起来比较麻烦，也可以使用点亮度计来测量亮度。

在设计过程的早期阶段，采光分析通常使用简单且不包括家具的模型来进行。项目团队可以通过将最小和最大光照强度提高 1 倍来弥补这种几何形状遗漏（所带来的误差）。例如，在案例研究 8.3 奥斯汀中央图书馆的采光模拟中发现，所需的最低照度为 300 lx，但模拟的最低阈值和伪彩色标尺设置最小照度为 500 lx，以弥补在模拟中缺乏三维家具影响的问题。由于亮度和照度是令人困惑的相似词，因此作者发现，记住照度“照亮”表面是非常有用的。

工作平面分析

照明设计的最基本准则是满足工作平面上的最低照度等级，工作平面通常定义为地板上方 0.75 m 的水平面。阅读、书写、准备食物以及许多其他需要照明的任务都是在这个近似高度进行的。采光设计，尤其是侧面采光，在从靠近外窗到房间内部的工作平面上具有固有的照度对比度，而良好的采光设计可最大限度地降低这种对比度。

测量工作平面照度等级最常用如下方法。

时间 – 点照度

时间 – 点照度分析可用于研究和比较在一天的特定时间和在各种天空条件下最低的并引起眩光的光照强度，通常用于研究和改善极端条件。例如，朝西的房间可在晴朗的天空下于 12 月 21 日下午 3 时进行测试，此时太阳高度角较低并可能会带来眩光。

采光系数

采光系数（Daylight Factor，DF）是 CIE 阴天天空下或是通过灯箱创造的一个均匀天空下的室内某个水平照度传感器点与室外照度（水平测量）之间的比值。采光系数和朝向与一年中的时间无关，但如果模拟中包含相邻建筑物和遮阳设备，则需要考虑它们的影响。办公室的采光系数在 2%～5% 则可以认为采光充足。

在许多情况下，对比眩光是由室内光照强度与来自室外地面或建筑物反射的光线之间的差异造成的；由于采光系数是室内水平光照度与室外水平光照度的比值，因此它本身就考虑了这种类型的眩光，而其他大多数指标则没有考虑。

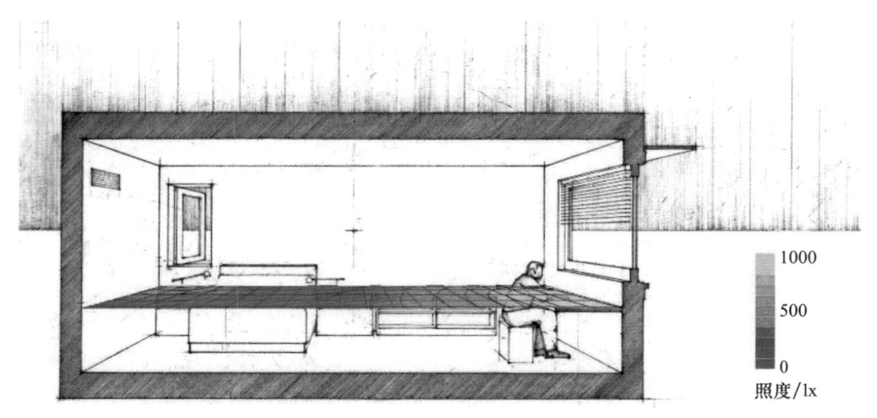

▲ 图 8.8

3 月 21 日下午 2 时，伪彩色图显示该房间大部分区域离地面 0.75 m 的工作平面上照度超过了 250 lx，这意味着该房间采光良好，不需要开电灯。

资料来源：Autodesk Ecotect 输出的 Radiance 数据添加在阿玛尔 • 科森戴尔绘制的插图上。

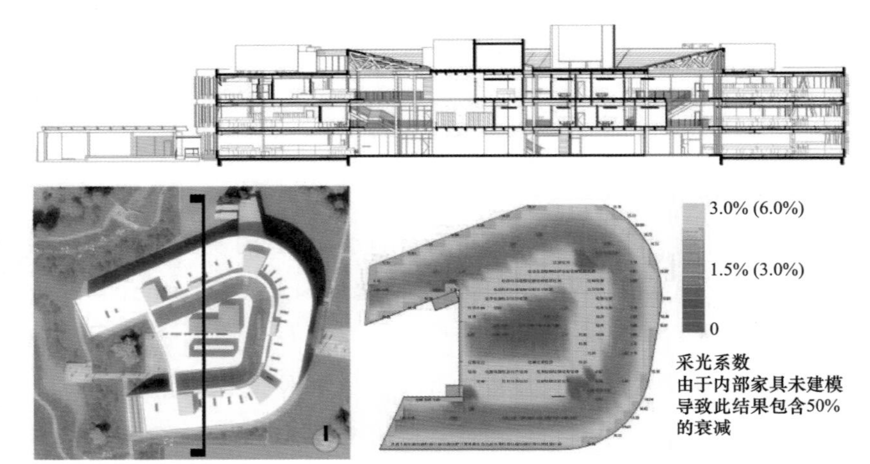

▶ 图 8.9
联邦中心南楼(1202号楼)有一个 18 m 宽的 U 形办公平面围绕的采光中庭。模拟生成的一楼采光系数伪彩色图显示了较好的采光照度等级，这是基于建筑剖面的性能特点，如办公室平面宽度、天窗形状和玻璃性能。

采光系数往往会高估顶部采光照度等级而低估侧向采光照度等级，但是这为以阴天条件为主的早期设计模拟提供了快速、有效的分析。当这种类型的计算使用晴天条件时，它被称为采光可利用率。有关示例，请参阅案例研究 8.1。

自主采光阈

自主采光阈（Daylight Autonomy，DA）是一种年度模拟，用于评价建筑物内测试点的照度传感器满足最低目标照度的时间占所有使用时间的百分比。计算结果可以与简单形体或者建筑整体能耗模拟的照明和百叶使用时间表相协调，这将在第 10 章中讨论。一年中每个小时的天空条件通过将气象数据与年度太阳路径位置相结合来近似拟合。

如果一个设定的照度传感器报告自主采光阈为 75%，那就意味着全年 75% 使用时间内在传感器反馈的位置不需要人工照明。自主采光阈为调暗或关闭灯具提供了最为理想的场景，因为眩光可能会导致使用者展开百叶，从而降低传感器位置的照度。自主采光阈的计算软件需要输入关于建筑使用或用户操作百叶的各种假设参数，如图 8.10 所示。

如案例研究 8.2 所述，设计自主采光阈为 100% 对于具有深天窗的顶部采光来说是一个有用的目标。然而，在侧面采光环境中，设计自主采光阈为 100% 通常容易导致过度采光、产生眩光和使用者放下百叶。

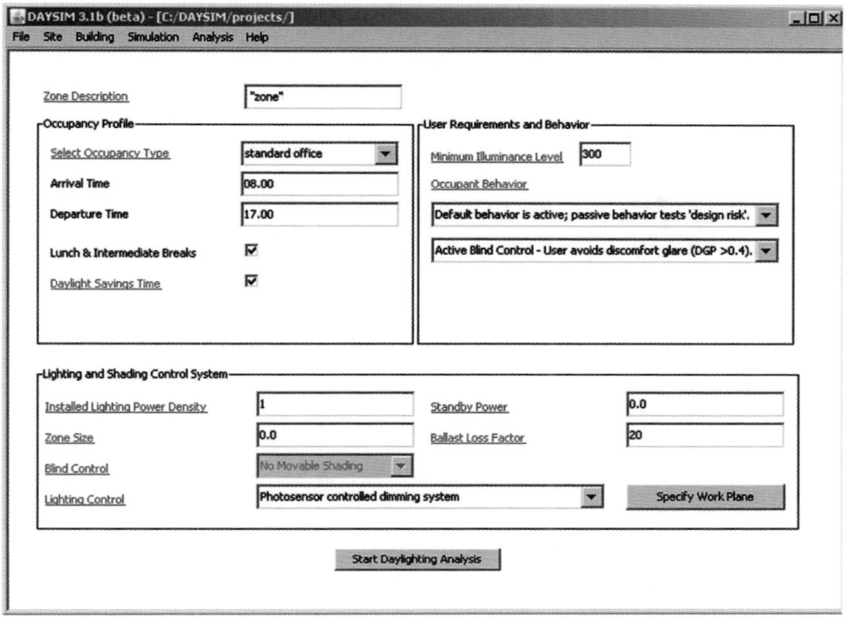

◀ 图 8.10
Daysim 是一款可以计算自主采光阈的软件，拥有可供用户输入的最小照度阈值，通常是人工照明推荐的照度水平。当在以年为基础来准确估算何时人工照明可被调暗或关闭时，使用者的特征、工作时间和其他信息对准确评估都是十分必要的。

自主采光阈系列指标包括许多关于什么是“成功”采光的定义。然而，模拟人员可以为自主采光阈计算输入任何最小照度阈值。北美照明工程协会（Illuminating Engineering Society of North American，IESNA）认为，当某房间一年中 50% 的时间内照度超过 300 lx 时，就说明该房间有充分的采光。自主采光阈指标通常使用输入参数的下标编写，例如，自主采光阈占比有时会被写为 $sDA_{300/50\%}$，指一年中 50% 时间内的照度值超过 300 lx。

- 自主采光阈最大值（DA_{max}）：自主采光阈可以设定可能产生眩光的最高照度值。Daysim 将自主采光阈最大值 DA_{max} 定义为所需最低照度水平的 10 倍。
- 有效采光照度（Useful Daylight Illuminance，UDI）将房间中某个点一年中的照度分为三个类别，计算各个类别照度的小时数，并报告各个类别所占全年使用时间的百分比：
  - 有效采光，照度为 100～2000 lx。
  - 潜在眩光，照度高于 2000 lx（UDI>2000 lx）。
  - 采光不足，照度低于 100 lx（UDI<100 lx）。

  实际上，应根据所需的最低和最高照度水平为每个项目修改有效采光照度范围。例如，在案例研究 8.8 中，300～2000 lx 的采光照度被认为是有效的。

- 连续自主采光阈（Continuous Daylight Autonomy，cDA）分析与自主采光阈分析类似，但在测试点上照度传感器接收的照度低于目标照度时，也会按比例获得部分得分。例如，在给定时间步长内接收 100 lx 而不是要求的最低照度 200 lx 的传感器点将获得该时间步长内一半的分数。当采光照度等级低于最小值时，对于可通过调光或采用阶梯式照明、工作任务区照明的房间而言，连续自主采光阈是一个有用的度量标准。
- 自主采光阈占比（Spatial Daylight Autonomy，sDA）是一个非常简单的指标，它是指整个房间一年中 50% 的时间里照度达到或超过目标照度（例如 300 lx）的面积占房间总面积的百分比。达到这个阈值意味着房间有充足的采光，照明在一年中的大约一半时间内可关闭，并在一年中部分时间段可以调光变暗。与有效采光照度一样，应根据预期用途和照明目标为每个房间设置阈值。

三维视觉分析

三维视觉分析可显示特定日期、时间和天空条件下的采光效果和数值。在 Radiance 渲染中，每个像素包含精确的亮度或照度值，而采光眩光概率（Daylight Glare Probability，DGP）和其他眩光分析指标使用高级研究相关算法来预测眩光，并将其可视化地映射到三维渲染图上。各种叠加层，包括伪彩色图像和轮廓线图，可用于突出视图中采光的特征，详见案例研究 8.7。

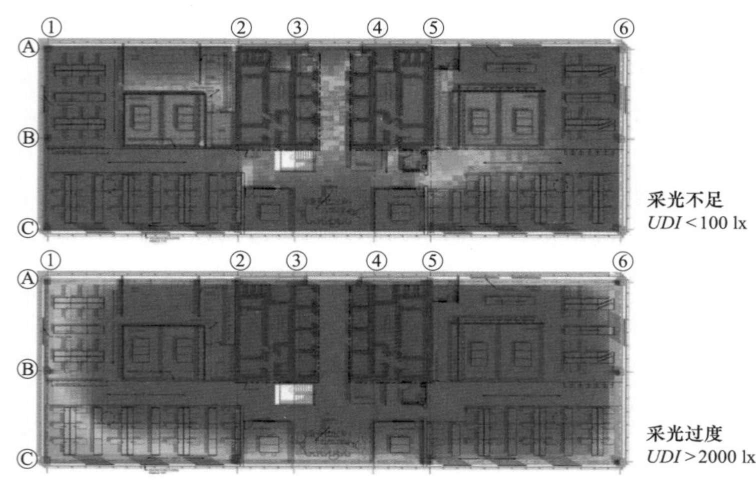

▼ 图 8.11
使用有效采光照度来测试 LMN 建筑师事务所的办公空间各区域采光过度还是采光不足，其中低于 100 lx 的区域视为采光不足，而超过 2000 lx 的区域则视为采光过度。伪彩色图展示了全年建筑使用时间段内采光过亮或过暗的时间百分比。

有三种常见的方法可进行三维光线渲染：

- 亮度图像是一种计算机渲染图，该图像可以显示出准确的亮度级别（明亮度），包括物体的反射。这些生成的透视图中，每个像素都有一个绝对亮度值，这意味着可以将其与标准进行亮度对比度比较，从而确定眩光。有关基于算法的眩光测定，请参阅下文介绍采光眩光概率的相关内容。
- 高动态范围图像可产生类似于计算机生成的亮度图像。它们可用于物理模型分析（见案例研究 8.5）或创建天空亮度图（见案例研究 8.6）。
- 尽管看起来很逼真，但计算机生成的照度图像显示有多少光线落在每个表面上，而不是每个表面反射了多少光线。有必要了解在采光房间的墙壁、天花板和地面上实现最低照度等级和视觉平衡所需的额外光照的位置和数量，这也有助于确定可能的眩光。详见案例研究 8.5。

此外，也可以使用动画来研究光，它将时间－点模拟的准确性与时间元素相结合。

眩光分析

眩光发生在视野中亮度有高对比度时，尤其是在高对比度区域相邻或最亮区域面积较大时。与热不适类似，眩光测试是主观评价的，因此其部分基于个体的特征。出于这个原因，眩光通常被描述为潜在的或概率的，是基于研究中的使用者的平均反馈。

◀ 图 8.12
使用 DIVA 软件对中庭天窗进行的采光眩光概率研究显示，*DGP* 为 26% 和 29% 都可以被认为是难以察觉的眩光。一个视野内的每个导致眩光的区域都被随机分配了一种颜色来显示它的位置。

资料来源：SERA 建筑师事务所。

眩光可能由以下原因引起：

- 高亮度光源，例如太阳或无外壳灯泡。
- 高镜面表面的反射，如镜子、抛光地板或计算机屏幕。
- 具有明显亮度差别的相邻表面，例如直射太阳光下紧靠暗墙的窗框。
- 明亮的光线通过半透明的玻璃产品在昏暗的房间内形成的散射。

利用天然采光实现节能的最大障碍一是突然出现的眩光，二是使用者缺乏对自己在舒适与节能方面所能发挥作用的了解。使用者通常手动关闭百叶以阻挡几分钟的眩光，此后整天或整周百叶都保持在关闭的状态。当百叶关闭时，室内就要开灯，这意味着眩光可显著降低模拟预期的照明节能量并增加全年和峰值冷负荷。如果设计团队考虑如何在提供采光的同时减轻眩光，则节能更容易实现。

设计团队通过朝向、玻璃特性、百叶的操作（特别是顶部百叶可以独立于底部百叶进行旋转调节）、可自动缩回的百叶或遮阳帘、外部遮阳设备、植被和反光隔板等设计措施的综合使用，以解决采光设计中的眩光问题。这些设计措施中的每一项对照明和能耗的影响都可进行模拟。

大多数窗户都有可开启的遮阳控制装置，如窗帘、百叶或遮阳帘。这些装置可以手动操作或嵌入建筑的控制系统中。当遮阳作为照明系统的一部分时，采光照明系统、太阳能加热系统和热舒适系统有时会相互冲突。[1]关于可开启的窗户措施和用户行为在第 3 章“热舒适与控制方式”中进行了介绍。大多数遮阳帘都是深色的，因此遮阳帘不会发亮，但会遮挡外面的景色。

尽管半透明材料和熔块玻璃可在阳光直射下提供一些眩光控制，但是它们也可能会在散射日光后引起眩光。例如，当 60000 lx 的室外日光落在半透明窗户上而附近的室内照度条件约为 500 lx 时，窗户可能比房间亮 30 倍或以上，因而可能造成大面积的潜在眩光。

眩光通常根据特定的视点和视线方向确定。在许多情况下，人们可以转头或移动以避免眩光；然而，在某些环境中，例如办公室和

---

[1] 如冬天办公室使用者会打开百叶让阳光进入室内来提升热舒适，但较低的太阳高度角容易引起眩光。——译者注

医院病床，人们几乎无法控制它们的位置和方向。虽然这里描述的指标是模拟来自固定位置的眩光，但是人们已经提出了自适应视角的概念来说明建筑用户具有调整其主要视角的某些可能性（Jakubiec and Reinhart，2011）。

有许多算法试图定义眩光的主观体验。DIVA 和 OpenStudio 软件都将用户位置的眩光感应传感器与视角相结合，以估算百叶的使用。眩光感应传感器充当使用者的眼睛；当眩光达到一定的阈值时，百叶和遮阳帘会关闭。

采光眩光概率

弗劳恩霍夫研究所（Fraunhofer Institute）创建了采光眩光概率指标评估一个 180° 的鱼眼视图并输出一个数字来描述整个场景的潜在眩光。分配给场景的数字可能小于 0.35（未察觉的眩光），或介于 0.35～0.40（可察觉的眩光），或介于 0.40～0.45（扰人的眩光），或大于 0.45（无法忍受的眩光）。*DGP* 根据给定日期、时间和天空条件来计算特定视点的眩光。它基于紧邻区域的亮度的对比强度、视觉场景内强对比区域的大小，工作平面周围的光的加权影响，以及

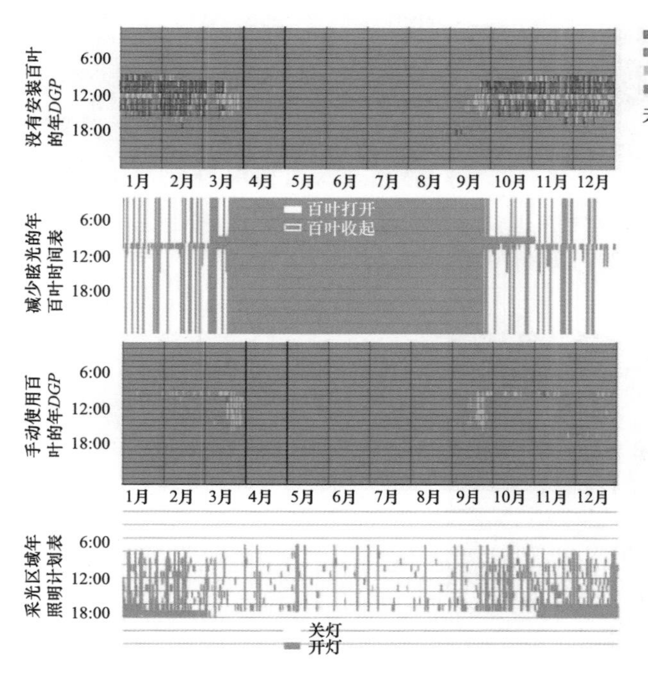

◀ 图 8.13

南向的办公空间内东向的视角主要在秋冬季节太阳高度角较低时会产生眩光。DIVA for Rhino 软件创建了一个百叶使用时间表以使眩光最小化，该时间表是依据建筑使用者根据眩光放下百叶但很少会收起百叶的趋势建立 Lightswitch（照明开关）模型来制定的（Reinhart，2002）。百叶使用时间表有助于创建一个照明使用时间表，可用来评估照明节能量从而比较设计方案。

资料来源：杰夫·尼玛兹。

一些其他加权因素来评估眩光发生的概率。

全年采光眩光概率

全年采光眩光概率（aDGP）是计算一年中每小时（或其他时间步长）DGP 的新指标。输出结果可以快速可视化一年中最容易出现眩光的时间点，并汇总每种眩光类型出现的时间长度。此外，输出的结果还可包括百叶展开的全年时间表。当百叶展开时通常会开启照明，因此可以与自主采光阈分析同步，以便更准确地了解全年照明能耗和相关的热负荷情况。案例研究 8.8 分析了全年采光眩光概率。

年日照时数

年日照时数（Annual Sunlight Exposure，aSE）是一种简单的测量指标，近似于全年的直射眩光。它测量一年内接收超过 250 h 直射阳光的工作平面区域的百分比，直射阳光通常设定为大于 1000 lx。年日照时数不考虑可能产生眩光的物体范围，假设百叶从未展开，并不量化计算直射太阳光或来自房间内反射的光所导致的眩光。

▶ 图 8.14

物理采光模型显示了使用照度计来计算采光系数。使用灯箱模型来模拟阴天天空，该灯箱通过高反射率的天花板和墙壁创建均匀的光照强度。

在俄勒冈州波特兰市的建筑能源研究实验室，物理采光模型显示了使用日影仪来预测晴天天空条件下的采光照度等级。通过巨大的轮盘来旋转模型，以一个明亮的电光源模拟特定角度的太阳。

资料来源：SERA 建筑师事务所。

物理和计算机采光模拟

虽然本书中的大多数分析偏向于计算机模拟，但是借助于物理模型也可以有效地完成实时的采光模拟。相机或人员可以在模型周围移动，因此采光的直观实验性效果可以与他人共享，从而实现实时的结果发现和群体决策。而计算机模型的每个视点必须单独呈现，需要时间和处理器密集操作。物理模型在预测光的反射方面也更准确。例如，光在 13～300 mm 范围内的模型里的表现与实际全尺寸没有区别，而计算机的采光模拟由于需要减少运算时间可能导致尺寸缩放相关的问题。

物理模型使用日影仪（Heliodons）模拟晴天天空，使用天空灯箱来模拟阴天天空。实际的室外条件也可用于物理模型。除非日影仪尺寸非常大，否则只能测试模型的一部分。天空灯箱盒具有高反射性的墙壁和天花板，散射的天花板灯可以产生接近均匀的光线。许多大学和研究机构都保留了这些工具，可供建筑师使用。

计算机采光模拟术语与概念

随着建筑师更频繁地构建三维设计模型，将计算机采光模拟集成到项目工作流程中变得更加容易。虽然在许多情况下，需要简化或重建模型以减少采光模拟的运行时间，但是建筑师熟悉三维设计模型构建技术，从而能够更快速地创建和修改特定用途的建筑采光模型的几何形态。

最简单的照明和眩光分析可以使用任何具有阴影投射计算能力的三维软件。这可以用来快速评估来自太阳的直接眩光，但是它忽略了反射光和眩光。在某些软件中，可以同时叠加显示多个小时的阴影，来了解给定日期内阴影的范围。

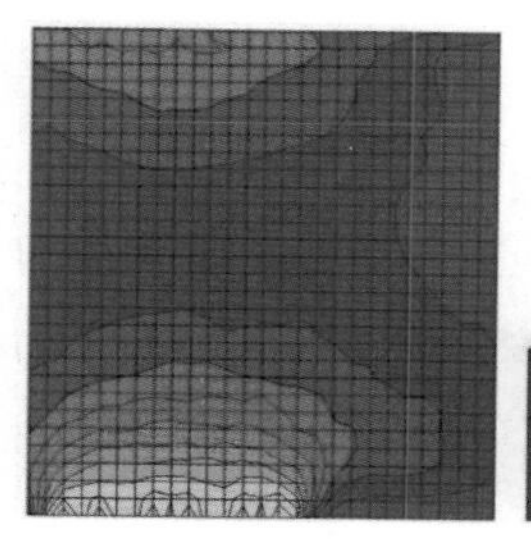
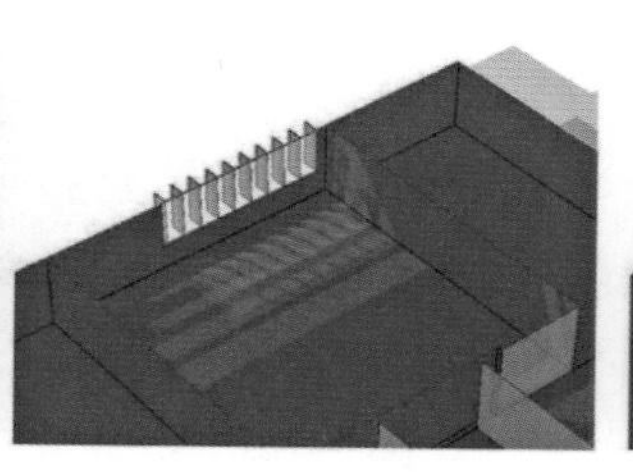
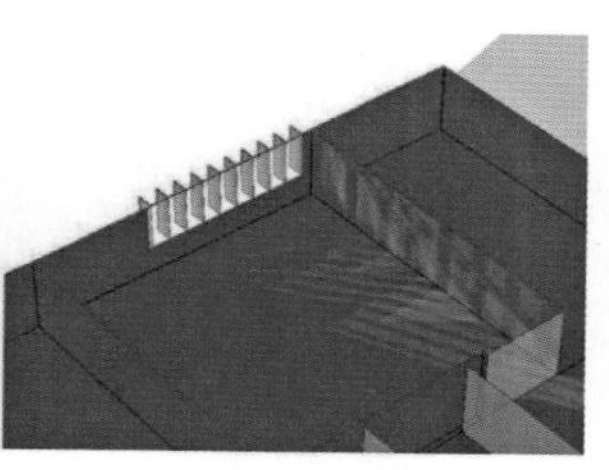

◀ 图 8.15

教室的平面图和轴测图。采光系数可与阴影范围分析相结合，用于快速估计一天或一个月中潜在的产生直接眩光的位置。

资料来源：Autodesk Ecotect 阴影范围输出和 Radiance 照度分析输出结果。

精确的采光分析模拟了来自天空各个部分的光。在软件中，天空条件由一个算法来定义，该算法将相对亮度分配给天空穹顶上的各个点，并可以与气象文件的照度[1]相结合，以产生绝对亮度值。作为采光模拟的一部分，需要计算这个分布图的各处亮度值对建筑表面和建筑室内的叠加作用。气象文件并不包含有关云的位置的信息，因此计算机模拟的天空使用平均数据或可能的云的位置。

使用计算机进行的采光模拟评估设计需要了解材料特性及其敏感度，设计人员还要进行适当的训练，以正确地输入参数和解释模拟结果。大多数采光图形用户界面（Graphical User Interfaces，GUIs）软件，如DIVA或Rhino，都包含适合用于早期设计模拟的常用标准材料属性。

反　射

反射给计算机软件带来了极大的复杂性。在物理世界里，光在它所照射的每个表面被部分吸收。其余的光在许多新的方向上被反射（或反弹），并最终接触其他表面。以这种方式，每一次反射都会降低光照的能量，直到被完全吸收。在计算机模拟中，因为计算每次反射都会显著增加运算时间，为了减少运算时间，计算机模拟常常限制了光反射的次数因而降低了计算精度。对于早期设计，3～6次的反射次数往往就足够了。

材料对于光的反射率被描述为0～1，镜面反射率接近于1，而漆黑的物体接近于0。颜色是影响光反射率的重要因素，纯白墙面的反射率约在0.75，而醒目的大红色墙面的反射率可能为0.30。油漆制造商通常会列出每种颜色的反射率。

光可以主要向一个方向反射，或者它可以均匀地散射到几乎所有的方向。反射光的聚集程度称为镜面度。镜面度是从0（完全漫反射，光在所有方向上均匀发射）到1（完全镜面反射，反射光只有一个方向）的比率。天鹅绒镜面度接近0，而镜子的镜面度接近1。

可见光透射率是光穿过物体的百分比，在第6章中已作讨论。半透明材料被分配一个额外的数字来描述直接通过玻璃而不扩散的部分。大多数半透明材料（包括磨砂玻璃和毛玻璃）只有小部分的

---

[1] 此处应为太阳辐射值。——译者注

光扩散。一些产品制造商声称其产品具有更高的扩散率，这将带来更少的眩光和更好的光分布。

下面列举一个软件复杂性的例子，EnergyPlus 软件假定半透明的产品将在所有向内的方向上完美地散射光。然而，没有半透明的玻璃制品以这种方式发挥作用，而是在光束方向上会比在其他方向上继续传播更多的光。其他软件，如 eQuest，没有半透明玻璃制品的选项。描述光从物体实际扩散的算法称为双向分布散射函数，而这个算法并没有广泛地集成到各种软件中。

反向光线追踪

大多数采光计算引擎使用反向光线追踪（Reverse Ray-tracing）方法。这种方法合乎逻辑，因为它模拟光线经由以用户为中心的多次反射和散射。然而在这种算法中，光线不是从光源发射的，而是从场景人员视点或传感器本身发射的光线并反向追踪，直到它们到达光源或达到最大反射数。除一些特定的场合外，从场景中反向追踪光线比正向追踪每个光源所需的计算时间要少得多。在反向光线追踪过程中，因为不需要计算不属于场景或传感器网格这部分的光线，所以最终大部分计算的光线是有用的，这节省了几个数量级的计算时间。

能耗模拟通常以小时步长来计算完成，但是由于地球每 4 min 旋转约 1°，因此采光和眩光模拟往往以更短的时间步长进行（低至 5 min），以确保眩光得到充分考虑。

在后面列出的补充资料中介绍了更多关于采光模拟引擎内部工作方式和参数的细节。美国劳伦斯伯克利国家实验室研发的 Optics6 软件引用了国际玻璃数据库，该数据库包含了世界上许多玻璃产品的最新信息。Optics6 软件可选择特定玻璃产品或定制产品，然后可将这些信息导入 Radiance 软件中计算使用。

当试图在采光中模拟百叶、导光管或狭缝时，需要更透彻地理解软件的抽象和变量来获得准确的结果。[1]

概念层面上的采光模拟的一般准则如下：

- 当模拟的采光模型没有设置墙壁厚度时，得到的采光照度等级应该降低 5%～10%。如果模型中不包括窗框，则需要进

[1] 这种情况属于复合采光，需要用到双向分布散射函数等高级计算功能来进行更为准确的计算。Radiance 软件和其他一些软件包含了这些功能。——译者注

一步降低 5%～10%。

- 玻璃的参数特点应该根据第 7 章中的太阳能设计策略来设定。
- 天窗玻璃通常比垂直玻璃具有更低的透射率。
- 如果在采光模型中不包括家具，得到的照度等级可能会降低 30%～50%，见案例研究 8.3。
- 办公室分隔板和隔墙高度对采光的效果有显著的影响。
- 在概念设计中，光线反弹次数应设置为 3～6，对于更详细的研究来说，光线反弹次数可能是 8 次甚至更多。
- 除非细节对设计解决方案至关重要，否则不应在采光模型中增加细节。

总　结

最好的采光解决方案需要建筑师、电气照明设计师和控制顾问之间的合作。利用工作平面照度使房间照度等级近乎一致，利用照度渲染图或采光眩光概率指标来尽量减少眩光，并考虑用户将如何使用空间，这些设计考虑对于减少照明能耗都至关重要。

下面的案例研究具体阐述了前面所讨论的大多数指标的使用和解释。这些案例展示了各种项目，这些项目设置了早期目标，并利用这些目标来指导空间设计，通过设计模拟来比较、提升和验证设计方案。

补充资料

新建筑中心，采光模式指南（New Building Institute，Daylighting Pattern Guide）。

在线的 Radiance 参考指南，包括技术文档。

克里斯托夫・雷哈特（Christoph Reinhart）所撰写的 *Tutorial on the Use of Daysim Simulations for Sustainable Design* 是一个 100 多页的优秀资源。

对于极其详细的 Radiance 采光模拟，请参考格雷格・沃德（Greg Ward）和罗伯特・莎士比亚（Rob A. Shakespeare）于 1998 年所著的 *Rendering with Radiance* 一书。

有用的网址：

http://www.ncef.org/rl/daylighting.cfm.

http://www.thedaylightsite.com/.

有关眩光指标的讨论：

http：//www.radiance-online.org/community/workshops/2009-bostonma/Presentations/wienhold_rad_ws_2009_evalglare_intro.pdf.

案例研究 8.1 采光系数 / 采光可利用率

项目类型：小学

地点：华盛顿州班布里奇岛（Bainbridge Island）

设计 / 模拟公司：马赫伦建筑师事务所（Mahlum Architects）

采光系数是一个简单的指标，适用于以阴天为主的气候。它是计算室外光线到达室内某一点的百分比。这仅是对房间中某一个点的计算，既不是年度结果也不是时间 - 点照度分析的结果。

概　述

威尔克斯小学（Wilkes Elementary）是位于华盛顿州班布里奇岛的一所新建小学，面积约 5850 m^2。客户和项目团队在设计阶段就设定了减少能源使用和运营成本的目标，来满足华盛顿州可持续学校协议（Washington Sustainable Schools Protocol，WSSP）的可持续发展目标。尽管没有设定具体的能源目标，但校务委员会批准使用三层玻璃窗户、采用 100 mm 连续外保温的超级保温、地板辐射供暖和空气系统热回收等技术来改善能源性能和舒适度。项目团队最终选择了地源热泵来满足一年中大部分的冷、热负荷，并由电热锅炉来补充额外的峰值供热需求。

采光是节能策略的重要组成部分。良好的天然光有利于学生测试成绩的提高，因此设计团队根据公司内采光专家的建议来确保正确的采光照度。在方案设计阶段，通过这些采光模拟，测试通过直觉设计的空间是否提供了充足的采光，以及将教室翻转到走廊北侧是否可以改善房间的采光。

威尔克斯小学的设计有四个教室组块，每个组块都有相同的平面图和朝向。走廊 ❶ 的一侧是用于传统教学的四间教室 ❷；另一侧是共享学习空间 ❸ 和两组小型集体教室，用于更灵活的学习活动。教室组块由学习庭院分隔，为每间教室提供视野和室外指导空间。

▶ 图 8.16

威尔克斯小学东南向渲染图。

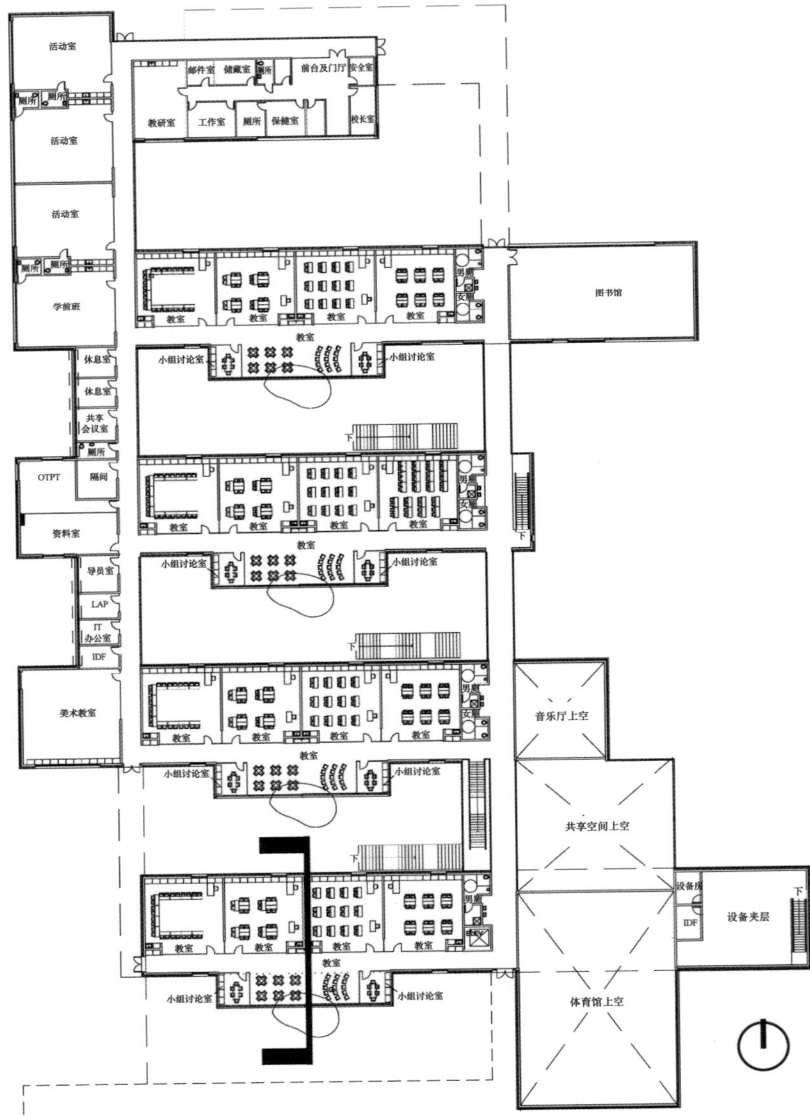

▶ 图 8.17

威尔克斯小学平面图。

◀ 图 8.18
教室和共享学习空间剖面。

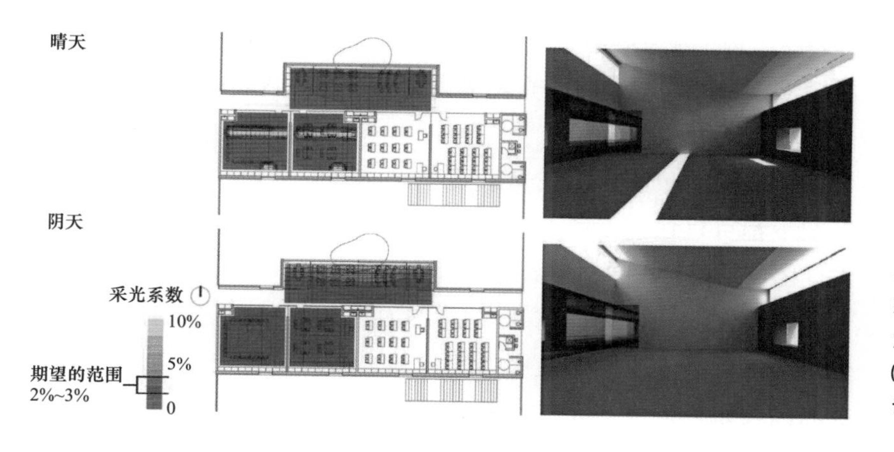

◀ 图 8.19
叠加了采光系数伪彩图的平面图和教室内亮度渲染图（设计方案 1：教室设置在南面）。

模　拟

设计团队共测试了两个方案：一个是将共享学习空间设置在北面，教室设置在南面，另一个是将共享学习空间设置在南面，教室设置在北面。

通过将简化的 SU 模型导入 Ecotect 中以 Radiance 来计算采光系数（CIE 阴天天空）和采光可利用率（CIE 晴天天空），从而分析测试设计方案。为了测量采光照度等级，传感器设于 0.75 m 高的桌面上，并通过三维视图渲染来分析采光对比度和眩光。

项目团队设定的采光系数和采光可利用率为 2%～3%，这是一个相当标准的范围，相当于在阴天室外水平照度为 10000 lx 时，室内照度为 200～300 lx。采光系数也间接地考虑了眩光，因为在采光系数计算时，所考虑的来自室外物体的反射光与室外光照强度直接相关。

室内基本材料表面反射率设定采用了可达到的较高值，如墙壁的反射率为 60%。

在不考虑模拟窗框的情况下，将透明玻璃可见光透射率（T_{vis}，透光率）设置为 50%。最终的玻璃选择使用 T_{vis} 为 61% 的三层玻璃。尽管预计天窗的透光率大约在同一水平，但采光模拟显示，通过添加半透明薄膜，可将 T_{vis} 降低到 45%，光照分布可得到改善。

说　明

模拟结果表明南向的教室不能有效阻挡直射的阳光。在亮度计算渲染图和工作平面采光可利用率分析中都很明显地显示了这一点。即使有直射的阳光，教室的采光系数也落在 2% 的阈值以下[1]。然而，在阴天天空下，教室的采光表现良好，采光系数始终保持在 2%～3% 的目标范围内。

在北面的教室里，采光系数 2%～3% 的目标在晴天天空或阴天天空下都可以达到，两个区域的光照分布相当一致，成功地实现了设计团队的目标。

该设计团队认为，在共享学习空间里，任何直接的阳光都会更受欢迎，而且学生们有更多的移动能力来避免眩光。南向共享学习空间因其毗邻阳光充足的庭院一面，情况得到改善；而北向共享学习空间则因为有遮挡形成的阴影影响而略逊一筹。

当结构和空调系统被整合到平面和剖面中时，该团队还在扩初设计阶段重新讨论了采光效果。在这一点上，由于早期的模型已经证明了这个概念，所以在采光模拟中使用了更简单的模型。

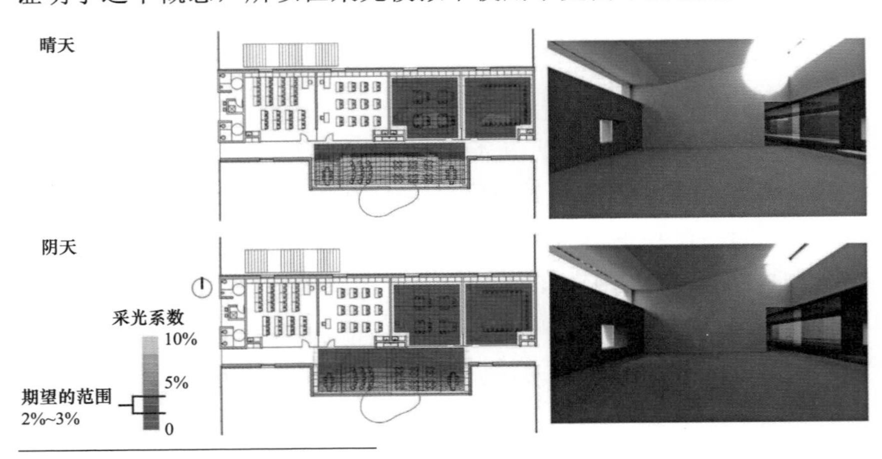

► 图 8.20
叠加了采光系数伪彩图的平面图和教室内亮度渲染图（设计方案 2：教室设置在北面）。

[1] 采光系数不适用于晴天条件下室内采光等级评价。——译者注

案例研究 8.2 自主采光阈——顶部采光

项目类型：单层图书馆

地点：加利福尼亚州伯克利市

设计 / 模拟公司：哈利·埃利斯·德弗里奥建筑师事务所

当一个空间拥有恰当的天花板高度时，其顶部照明可以提供最佳的光照分布与采光量。然而，由于阳光直射光线持续地扫过这个空间，会导致流动性的眩光问题。自主采光阈和给定照度水平的模拟有助于设计团队在采光和眩光之间找到正确的平衡。

概 述

西伯克利图书馆面积为 873 m^2。项目团队在概念设计中以净零能耗为目标。为了实现这一目标，屋顶上可能需要的光伏板和太阳能热水系统使得建筑单位面积用电量不超过 47.3 kW·h/（m^2·a)。低能耗设计使得采光策略成为必要，以减少电气照明的峰值与年能耗以及相关得热量。

屋顶通过巧妙的设计实现了最佳朝向的光伏板 ❶、采光通风的天窗 ❷ 以及一个通风引导口 ❸ 三者之间需求的平衡。该通风引导口使人们不需要打开任何朝南的通风口便能够实现通风，避免了南向嘈杂的街道 ❹ 带来的干扰。

这一采光策略的成功取决于精心设计的向底部张开的屋顶深天窗，这使得在提供室内环境充足采光的同时，阻止了大部分的太阳直射辐射进入内部空间。图书馆屋顶所采用的可再生能源系统适当地吸收大部分现场的直接辐射。在温暖的日子里，天窗的深度有助于推动烟囱效应来实现降温。

项目团队一直依靠经验和直觉设计天窗和屋顶，一直持续到设计过程的后期。之所以能够如此运作是因为该团队具有大量的采光设计和理论上的成功经验和案例，能够结合经验法则来设计室内净高和天窗间距。

尽管受过建筑能源优化培训的办公室员工能够对空间照明与采光进行人工控制，但是图书馆的公共空间仍需要自动化控制，同时为所有使用者提供舒适和良好的光照。

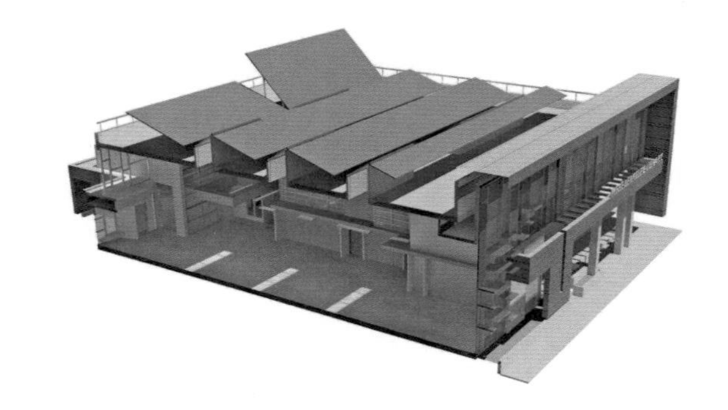

▶ 图 8.21
西南向渲染图。

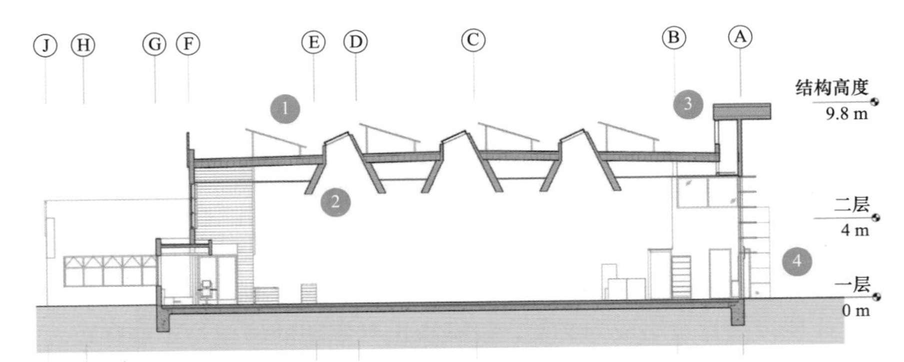

▶ 图 8.22
建筑剖面图。

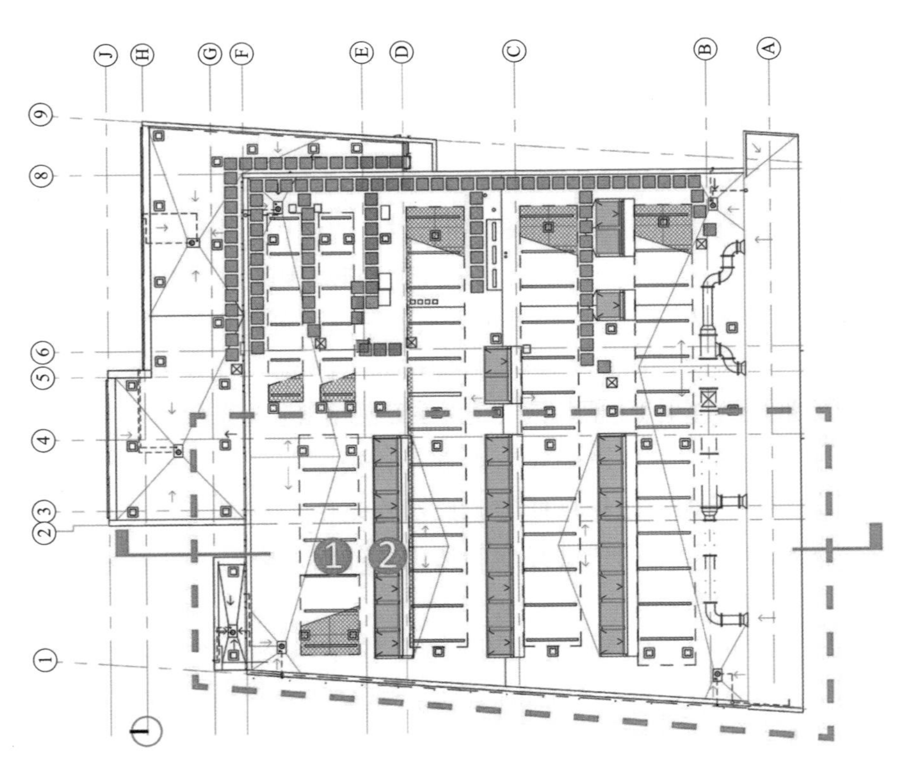

▶ 图 8.23
附有天窗与光伏板的屋顶平面图。

零能耗建筑需要在白天的大部分时间内关闭灯光以降低每年的总能耗。这在峰值供冷期间就更加重要，因为照明产生的热量也必须被带走。

模　拟

自主采光阈用于评价空间中给定点上通过采光能达到最小照明阈值的运行时间百分比。它与灯可以调暗或关闭的时间相关，除非因为眩光导致百叶或遮阳帘的使用而降低了采光光照强度。最佳的实践结果表明，300 lx 是电气照明的目标，该目标也适用于自主采光阈。

项目团队以该阈值作为最小值，并将高光照强度可能带来的眩光降到最低，整个阅览室被设计成一个达到 100% 自主采光阈的空间。阅览室的采光设计十分成功，以至于没有安装任何顶灯；主要的书架区域中唯一安装的灯具是一个由人员感应及光照感应器控制的附着于书架本身的 LED 工作照明灯。

项目团队使用 Radiance 和 Daysim 软件进行了模拟，并在 Autodesk Ecotect 中进行可视化。自主采光阈的光照传感器网格设置在距地面 0.75 m 位置上。

项目团队最初的自主采光阈研究表明，天窗之间的区域有着很低的自主采光阈。通过张开天窗下部形成“八”字形采光口这种简单的解决方式，呈现了这张伪彩色分析图，其中大部分房间的自主采光阈接近 100%，在全年仅需要非常少的照明电耗。

随着如此高的自主采光阈引起的就是过度光照和眩光的风险。项目团队采用了最大自主采光阈（DA_{max}）指标来预测过度采光，该指标反映了一年中采光光照强度因超出阈值从而可能导致眩光的百分比。DA_{max} 值通常是最小自主采光阈值的 10 倍，对这个项目来说是 3000 lx。除靠近窗口的位置外，整个阅览室每年的 DA_{max} 值仅占了不到运行时间的 10%，这也证明了这种几何设计可避免大部分可能出现的眩光。

▶ 图 8.24

附有年度自主采光阈和自主采光阈最大值的阅览室平面图。天窗的几何形状被证明可以在全年大部分时间都提供充足的采光。仅有少部分地方在10% 的使用时间内出现了强光的情况。

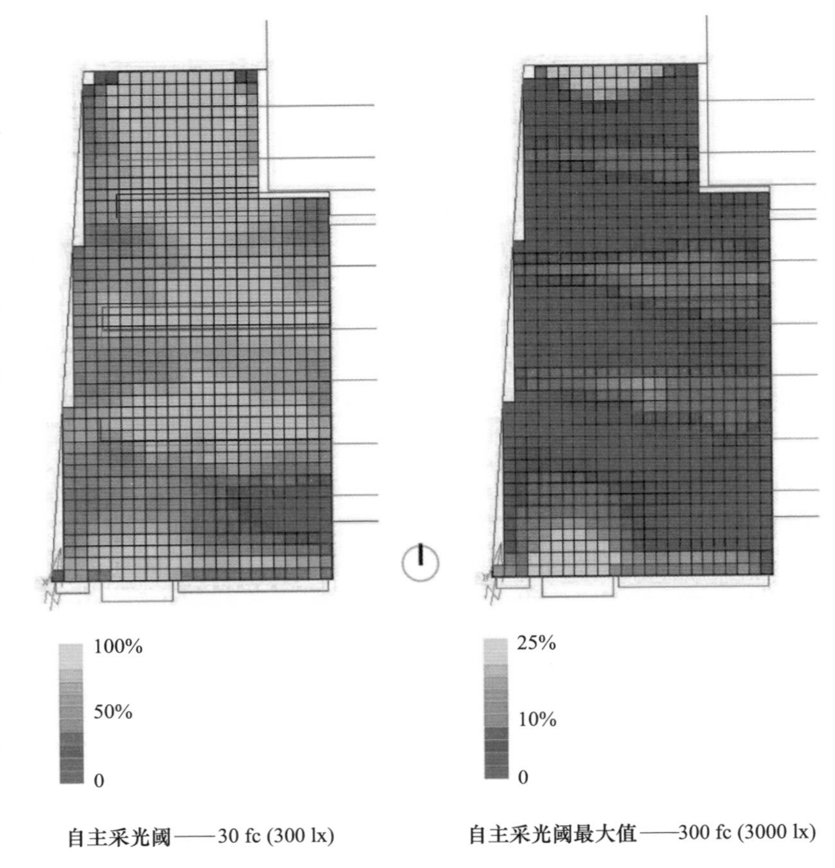

额外的研究显示，运行时间 - 点照度分析可以告知设计团队一些在全年中更为典型的采光场景。这些研究被用来识别可能出现问题的区域，并更好地理解在特定时间、空间内采光的均匀性，这些决定了人们如何从视觉体验空间。

12 月 21 日是天然光资源最差的一天，晴天 ❹ 和阴天 ❺ 天空都提供了达到目标照度值附近的照度。下午 4 时由于正好是太阳落山的时候，所以光线很少。

3 月 21 日，在晴天和阴天天空下，全天都有良好的光线分布。

6 月 21 日的太阳高度角最高，直射光进入房间 ❻，这可能会产生眩光并加热室内。在直射光存在的极少时间内，自动遮阳装置展开。在这段时间内，采光充足，透过遮阳的少部分光线仍然可满足光照阈值。

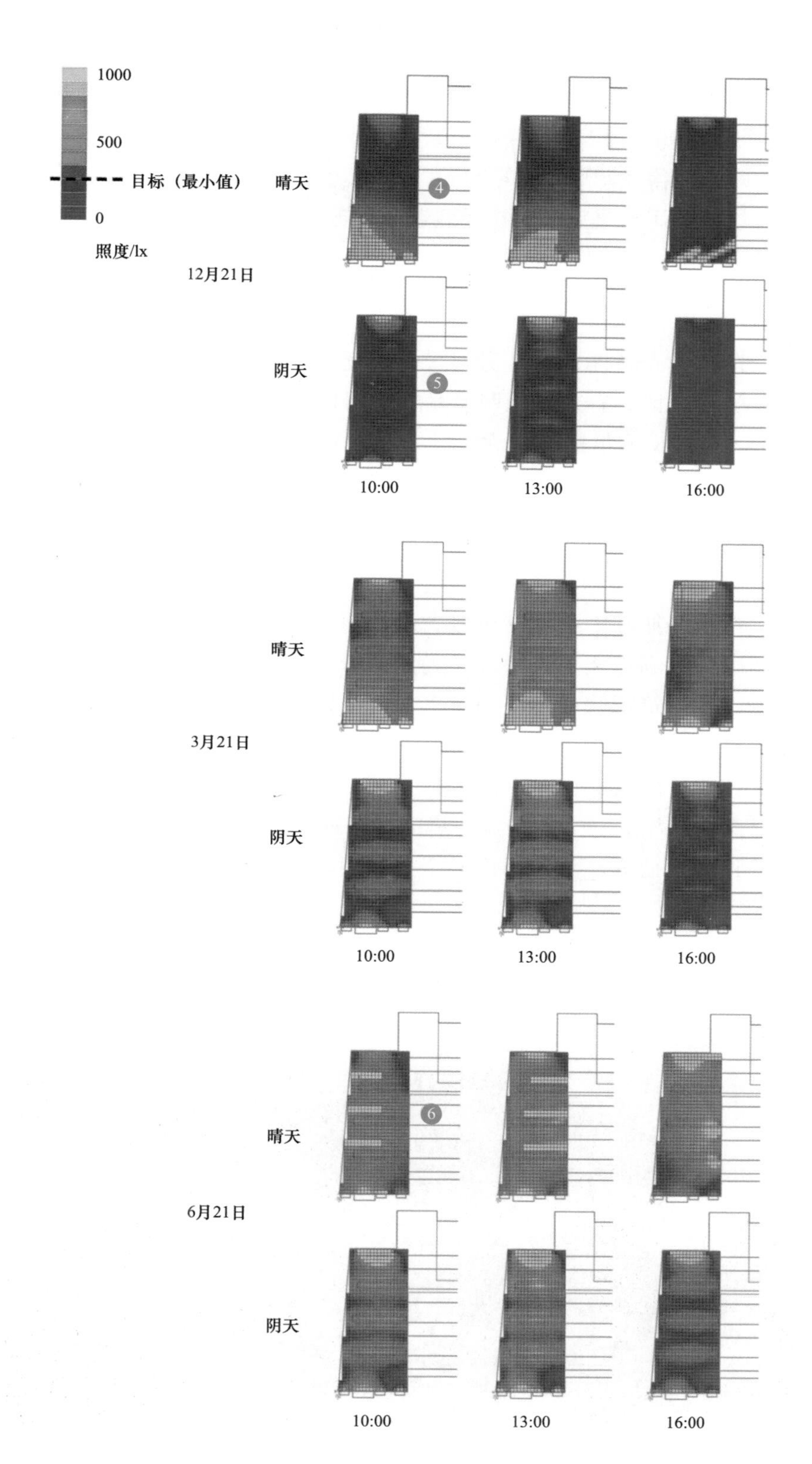

◀ 图 8.25
晴天和阴天条件下的平面照度图。

案例研究 8.3 自主采光阈——有效采光照度

项目类型：6 层图书馆

地点：得克萨斯州奥斯汀市

设计公司：雷克・弗拉托建筑师事务所 / 希普利・布尔芬建筑师事务所

模拟公司：华盛顿大学整合设计实验室

自主采光阈评价的是房间采光照度等级超过指定最小阈值的运行时间百分比。有效采光照度是评价房间在使用时间内采光照度在 100～2000 lx 阈值的时间百分比，以及低于和高于这个阈值的时间百分比。有效采光照度的阈值上限和下限的确定基于研究的情况，但可以根据每个房间的使用要求而改变。

概 述

在新奥斯汀中央图书馆概念设计启动会议期间，该项目团队与主要顾问和利益相关方举办了为期两天的可持续设计研讨会。经过讨论，在建筑形式或体块确定之前，为图书馆确定了广泛的可持续设计目标。

该项目团队的目标是在 75% 的常用空间提供采光和视野。早期的概念设计始于一个确定哪些房间最应该有采光和视野的功能规划，并通过体块研究，集中于用一个采光中庭将建筑物平面分成两个部分的方案。

本案例研究中的模拟有助于确定整个设计过程中成功采用采光策略而节省的照明能耗。

▶ 图 8.26
西南向渲染图。

模 拟

将方案图级别的 Revit 模型输出到 Ecotect，其中材料的反射率（设定为墙面 = 0.50，天花板 = 0.80，外部地面 = 0.08）。窗户的可见光透射率 $T_{vis} = 0.63$，天窗的 $T_{vis} = 0.40$。第 4 层被选来做模拟分析，因为它可以代表其他楼层并且高度适中。图书馆西侧的外部遮阳 ❶ 包含了 50% 透明度的纱窗，以减少眩光并提供有用的光线。

在模型中，照度传感器网格位于地平面以上 0.75 m 处，以评价采光照度等级。而几何模型从 Ecotect 导出到 Daysim 中进行年度采光计算。

由于模拟是在设计早期进行的，所以没有在采光模型中建立诸如桌椅之类的家具。虽然室内照明的目标设置在 300 lx，但是自主采光阈最小值设置为 500 lx，以弥补模型省略的家具所带来的影响。华盛顿大学整合设计实验室基于模拟与验证的经验建议，通过这个增加的 40% 系数（以 500 lx 代替 300 lx）可合理地预测包括家具在内的自主采光阈。

自主采光阈模拟的运行时间表假定办公室的使用时间为上午 8 时到下午 6 时，公共空间的使用时间为上午 10 时到下午 7 时。在 Daysim 程序中设定 25% 透射率的遮阳卷帘，其在太阳辐射超过 50 W/m^2 时自动展开，并在没有直射阳光时收回。Daysim 的输出结果可重新导入 Ecotect 的分析网格中进行可视化呈现。

Daysim 可进行有效采光照度的计算。在这个模拟中选择了 UDI_{max} 指标来计算在房间使用时间段照度传感器接收到照度超过 2500 lx 的时间百分比，以确定使用者更可能遇到不舒适眩光的房间。

用不同的天花板材料来处理没有达到自主采光阈最低值的内区空间，以便从视觉上将该空间与采光充足的周边区域分开。由于图书馆的一部分使用调光灯具而其他部分使用电气照明，所以照明控制对于人员舒适地从一个空间过渡到另一个空间至关重要。

说 明

西北角的开放办公区 ❷ 因为朝向、纱窗和双侧采光可实现非常好的年采光照度等级。装有玻璃墙的封闭办公室 ❸ 虽然位于内部，但它们仍然可以接收到日光；而装有不透明墙的私人办公室 ❹ 位于西南部，这里的眩光需要单独控制。

期刊书籍书架区⑤由于其紧密的间距，在多层图书馆中难以采光。虽然它们没有进行单独测试，但电梯大厅和其他垂直交通区域⑥的最小照度水平（100～200 lx）通常比阅读区的要求低。

阅览室⑦的自主采光阈近乎达到100%。有效采光照度的分析结果表明，东北窗⑧附近因为照度水平超过2500 lx可能存在眩光问题。由于人们可以在房间中自由地移动并能够避开各种眩光，各种变化的光照强度实际上也可以是宜人的。此外，由于这个房间面向东方，图书馆预计在上午10时开放，除开放后最初的一两个小时，某些部分不会出现阳光直射眩光。

户外有屋顶的阅读长廊⑨显示该区域的照度往往超过了2500 lx，但这个空间比上面提到的室内阅读室更灵活。

南向的藏书区域用自主采光阈指标测试了有⑩或没有⑪自动遮阳的情况。当日光在没有自动遮阳的情况下进入到房间内部时，大部分的光是直射光，这可能导致房间里产生眩光和室内过热。项目团队虽然也考虑了手动遮阳的选项，但这可能会导致在早晨百叶仍然被放下，因而在一整天都会遮挡光线并需要更多的照明用电。

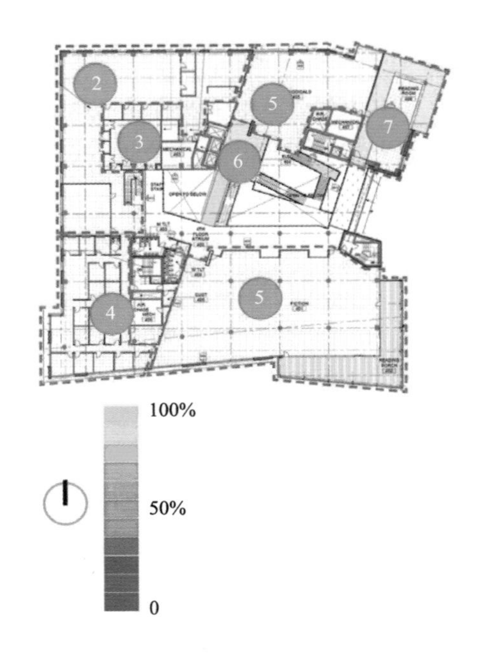

► 图 8.27

4 层平面图。

安装在中庭内的灯可维持夜间的最低照度水平。白天，这些区域都可采光，所以安装光照传感器可以连续调光，当达到目标采光照度水平时，就可以完全关闭灯光。

办公区域的灯也可以调光，每个办公桌都配备了工作台灯，即使照度低于 300 lx，办公室的灯也可以变暗或熄灭。

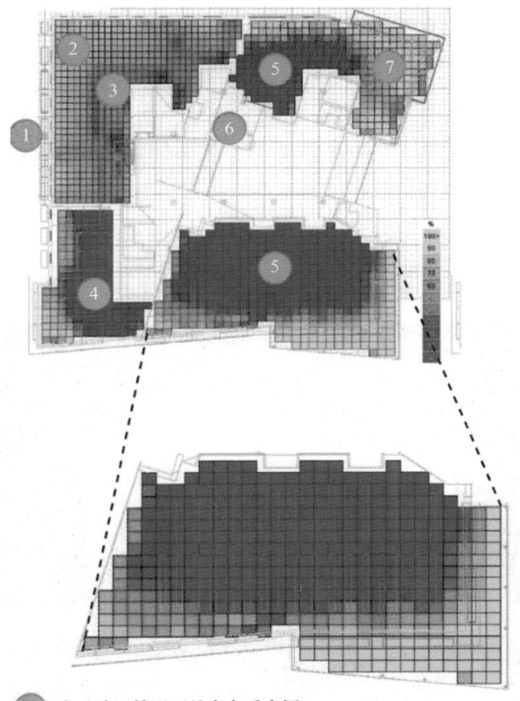

10 自动遮阳情况下的自主采光阈

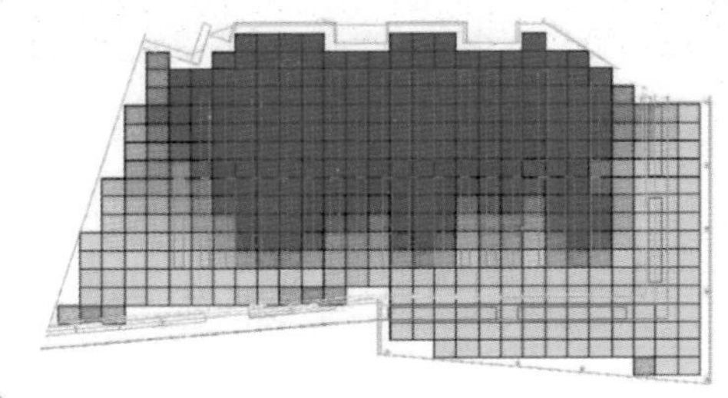

11 无遮阳情况下的自主采光阈

▲ 图 8.28

4 层平面的自主采光阈指标研究结果，放大区域显示遮阳控制研究部分。

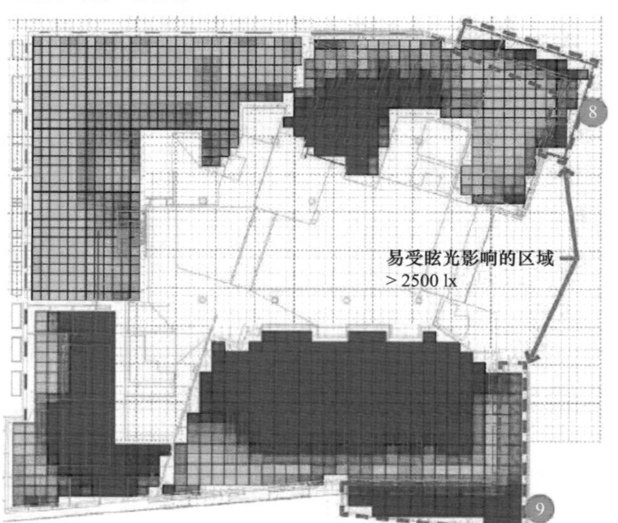

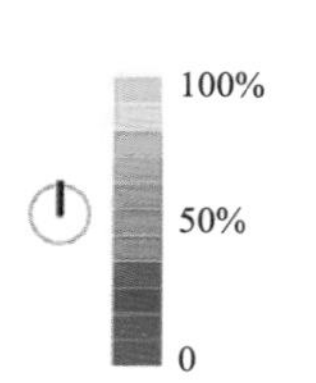

► 图 8.29
有效采光照度研究结果。

► 图 8.30
利用 Ecotect 建模，用 Radiance 渲染的建筑剖面采光照度图。

进一步的研究

每个房间类型都被分别模拟测试附加遮阳、遮蔽网和自动百叶的有效性。

案例研究 8.4 进行了中庭空间的物理模型模拟分析。

案例研究 8.4 物理采光——亮度

项目类型：6 层图书馆

地点：得克萨斯州奥斯汀市

设计公司：雷克·弗拉托建筑师事务所 / 希普利·布尔芬建筑师事务所

模拟公司：华盛顿大学整合设计实验室

物理采光模型能够被实际探索，房间的定性体验也更容易被感知。与数字仿真技术不同，由于眼睛或摄像机可以轻松地在整个空间中移动，所以物理模型可提供实时反馈。高动态范围图像可以获得亮度数据供后期分析，其结果与数字模拟技术的结果类似。物理采光模型结果更为准确，因为采光效果是完全可缩放的（与模型比例无关），而采光计算软件通过抽象简化模型用速度换取精度。

概 述

在设定了成为美国采光最好的图书馆的目标之后，奥斯汀中央图书馆的项目团队在整个设计过程中通过计算机和物理模型分析来模拟采光。早期的设计是在项目的中心挖出一个中庭。中庭上方的天窗设计旨在使所有位置都有太阳光照射下来，实现采光的平衡。在方案设计阶段，为了将光线引入中庭内部，实验了各种不同的屋顶采光装置方案。

在方案深入的扩初设计阶段，建筑师、室内设计师、采光顾问和照明顾问对中庭的设计召开了为期两天的专题研讨会。在室外建立了大型的中庭物理模型并进行了测试，同时在计算机中对其进行了建模分析，并对不同屋顶形式和玻璃材料进行了迭代分析测试。最终的设计结果是一个布满光线的中庭，该中庭屋顶使用了锯齿形的具有视野功能的透明玻璃天窗，而中央半透明的天窗将光散射到整个中庭。

尽管实现工作面采光指标对于减少能耗至关重要，但实现高质量的采光平衡也同样重要。在早期设计阶段，设计团队与华盛顿大学整合设计实验室合作，交换了高质量采光的图书馆的照片、

SketchUp 概念模型。这些模型使得华盛顿大学整合设计实验室可以提供有关净层高、平面进深以及各种设计方案影响的分析反馈意见。

▲ 图 8.31

东南视角的渲染模型。

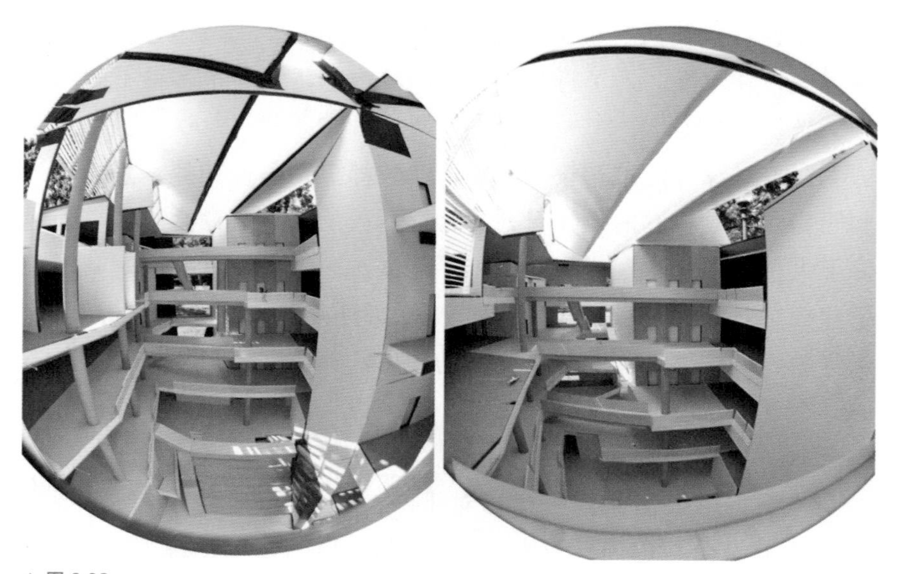

▲ 图 8.32

第一天的设计模型（左边），第二天的设计模型（右边）减少了南部高窗。

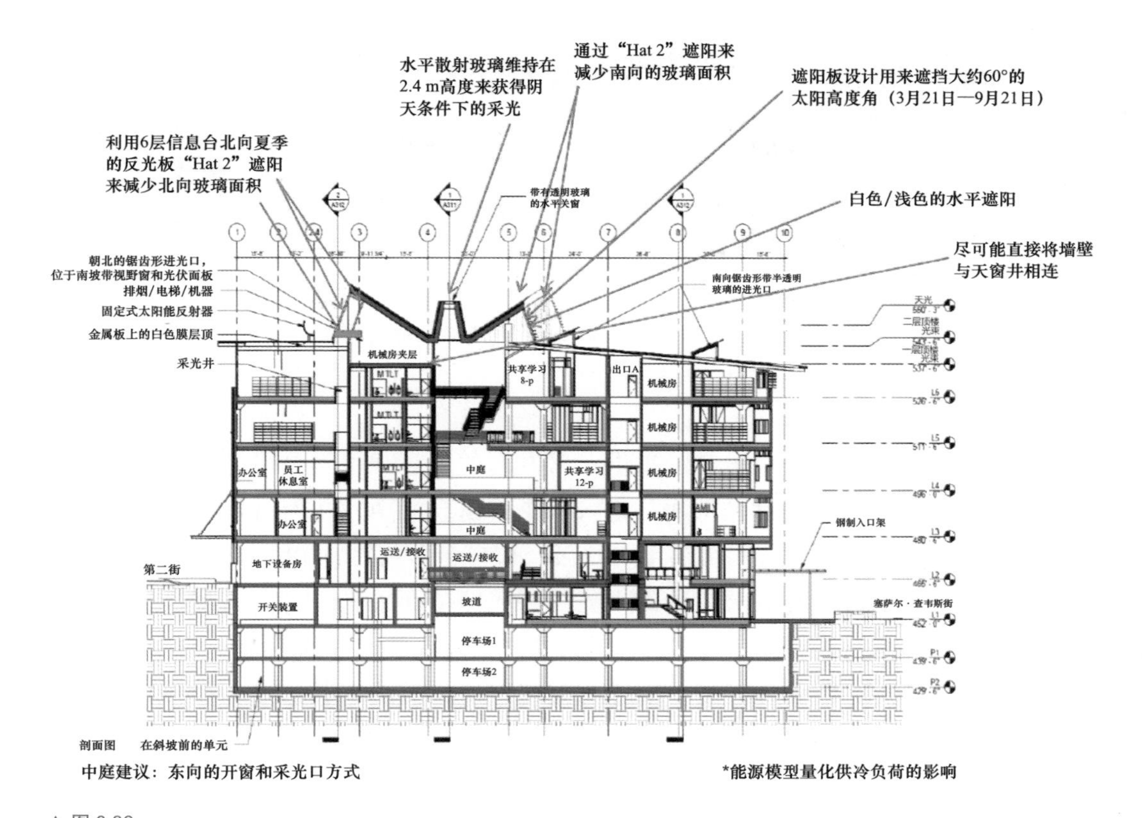

▲ 图 8.33

两天的采光专题研讨会后，华盛顿大学整合设计实验室给出的后续设计建议。

模　拟

在扩初设计阶段，雷克·弗拉托建筑师事务所搭建了一个6～300 mm的中庭物理模型来测试采光和空间质量。该模型内层由泡沫芯构成，并按照需求用纸、毛毡和木头包裹来表示饰面层材料的颜色和亮度。即使是一件可以吸收光线的艺术品，也可以用绿色纸来制作。

2012年3月，雷克·弗拉托建筑师事务所、希普利·布尔芬建筑师事务所、克兰顿及合伙人照明事务所（电气照明设计）和华盛顿大学整合设计实验室的工作人员聚集在圣安东尼奥的特拉维斯公园，在晴天环境下测试物理模型。

该物理模型使得团队可收集、检查并即时比较模型上的各种设计方案。

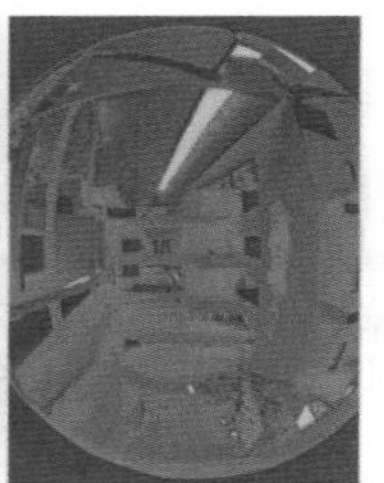

▲ 图 8.34

基于物理模型的 HDR 图像产生的伪彩色亮度图。

从左至右：仅侧面采光，仅南向高窗，仅半透明天窗，仅北向天窗，所有开口均未被遮挡。

说　明

有一项研究能提供非常有用的信息：用黑布覆盖整个模型，让阳光和散射光每次只进入单个天窗孔洞中，从而可以观察每个孔洞的作用。鱼眼镜头用来拍摄一系列伪彩色的 HDR 图像，这些图像显示每个孔洞的单独的采光效果，即侧面采光、南向高窗、水平的半透明天窗、北向高窗以及所有开口均未被遮挡的图像。

因为观察到“半透明天窗”生成的图像看起来与所有开口均未被遮挡的天窗图像相似，所以团队人员意识到半透明天窗就可以为中庭提供大部分光照。

合成图像也显示出房间内的光照非常平衡。中庭内的大多数垂直面（包括半透明的条形窗）显示的是红色，这意味着它们在可感知的明亮度（亮度）上非常相似。深绿色区域与红色区域的亮度对比小于 10 倍，因此产生眩光的可能性很小。由于该设计是在要求最高的条件下（晴朗的天空）进行的测试，所以这种光线的平衡更加值得称赞。

在晴朗的天空下（最易于产生眩光的条件下）实现这种质量和均匀采光需要多次的设计迭代与经验。

因为电气照明设计师参加了采光专题研讨会，所以项目团队的工作人员就可以对昼间和夜间场景的电气照明交换意见。虽然中庭光线充足，但该模型显示了一些区域仍然需要使用电气照明来维持照度的平衡。

在测试的第二天，项目团队根据前一日的经验检验了设计方案。其中包括调整南部的高窗，使其进一步凹进，减少玻璃的面积并提供更多的遮阳，从而减少了得热。结果表明，这样做不会明显降低光照强度或对房间的光照平衡产生不利的影响。

这些研究使得设计方案不断发展、优化，设计师在实时采光模拟方面的经验影响指导了未来的设计变化，也许这是最有价值的经验。雷克·弗拉托建筑师事务所的乔纳森·史密斯评论采光专题研讨会的意义："从空间和光照的角度来看是非常有帮助的，因为我们能够检验大量关于建筑的假设"。

补充研究

华盛顿大学整合设计实验室的工作人员利用一系列图表为设计团队准备了一些后续的建议。例如，南向高窗的改进措施是减少玻璃面积，并减少共享学习空间中的直射阳光。

其他建议包括创建稍暗的"过渡空间"，这样游客通过这个过渡空间进入中庭时会增加对中庭透明度和亮度的感知。

进一步的建议包括消除在流通空间和信息服务台的直射阳光，这是图书馆中最常见的视觉不舒适的来源之一。因为员工在固定的柜台前不能移动或者会选择朝另一个方向看，所以任何眩光都会产生不适。

解决该问题的一项建议是减少朝北的窗户，并在6楼的服务台加入有针对性的内部遮阳控制措施，以防止高太阳高度角的阳光直射。

案例研究 8.5 三维照度分析

项目类型：三层封闭式商场

地点：中国江苏省无锡市

设计 / 模拟公司：卡利森公司

采光照度渲染图像可显示照在每个表面上的光线。使用Radiance模拟分析允许用户单击渲染图像中的任何一点来查看特定点的照度值。照度值以定性的方式显示，用户可以读取空间亮度过高区域和潜在眩光区域，还可针对特定的日期、时间和天空条件来进行分析。

概 述

因为是为了增强零售商的室内空间而不是与之竞争，所以零售空间需要非常严格控制的采光环境。在早期的概念设计中，该项目团队着眼于设计一个有一系列天窗、采光充足并可控的中庭。为了确定天窗的理想几何形状，项目团队研究了几种设计方案，并首先测试了五种天窗设计的方案。

在 Radiance 中分三个阶段进行了 100 多次模拟。本案例中展示了第一个阶段的设计方案 1 和设计方案 5。设计目标是允许有一些天空视野，但要控制日光以增加除零售商店正面以外的垂直表面的照度。模拟小组重点关注下面描述的四个不同区域中的光线分布。

这些模拟扩展了对天窗设计的讨论，涵盖了基于几何形态和开窗位置的模拟性能特征。用户能够验证每个设计是否能提供充足的采光，并且比较了早期五种不同设计方案的性能。在后期设计过程中，相同类型的模拟使得室内设计师可以更明智地配合采光策略的实施。

▲ 图 8.35

模型渲染图。

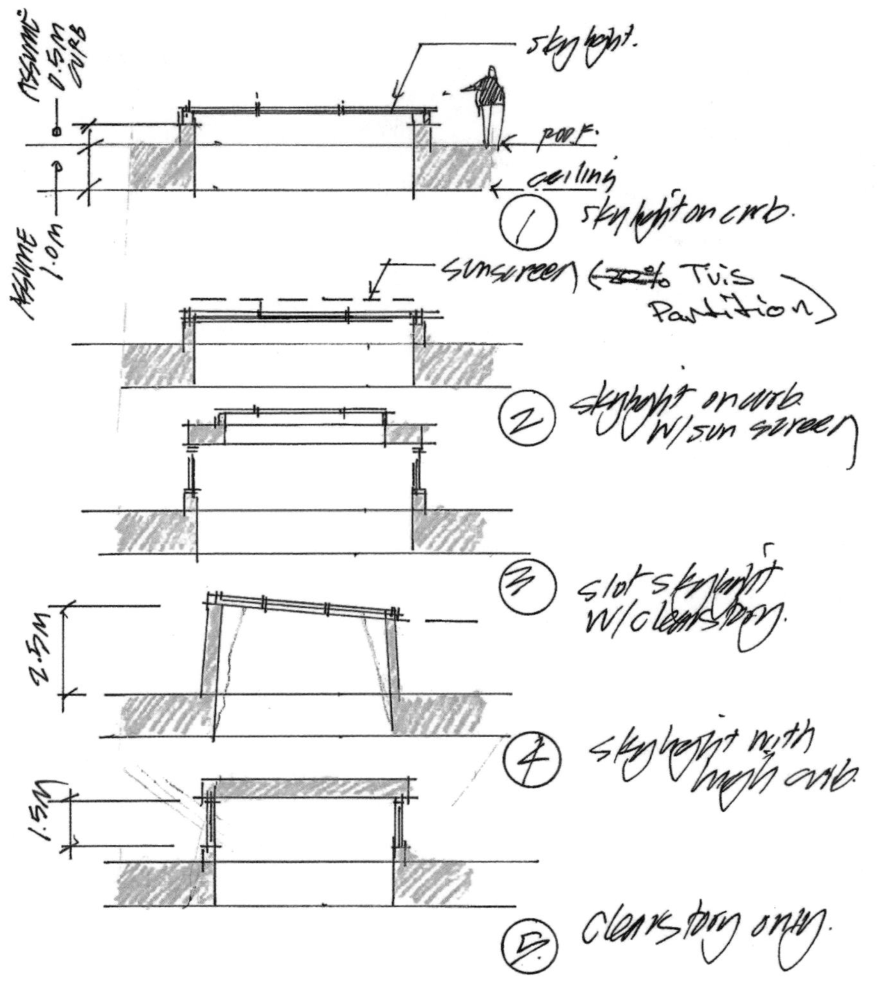

◀ 图 8.36

五种天窗方案的草图。

图①为设平天窗，图②为设平天窗加遮阳，图③为设平天窗与侧高天窗，图④为设深井斜天窗，图⑤为仅设高侧天窗。

▼ 图 8.37（左图）

天窗方案 1（冬季，中间天空）。

▼ 图 8.38（右图）

天窗方案 5（冬季，中间天空）。

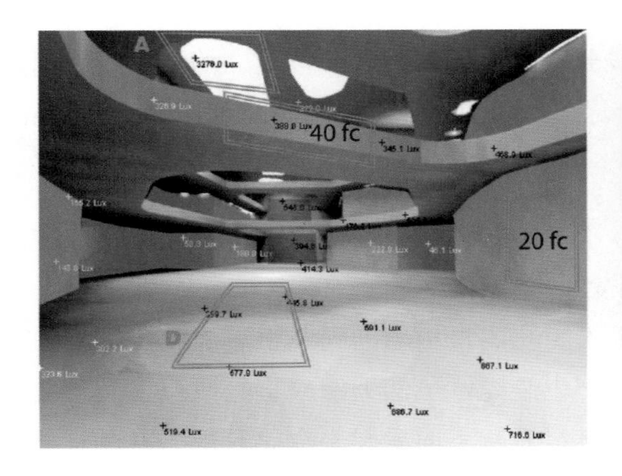

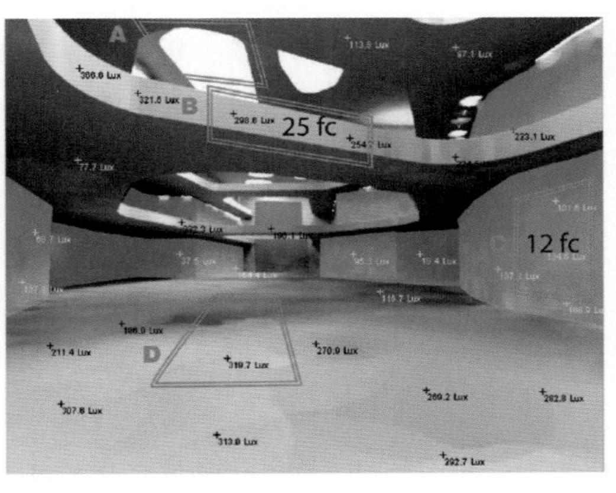

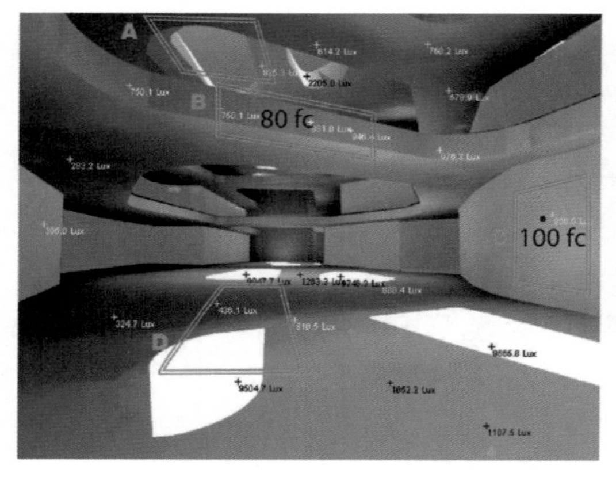

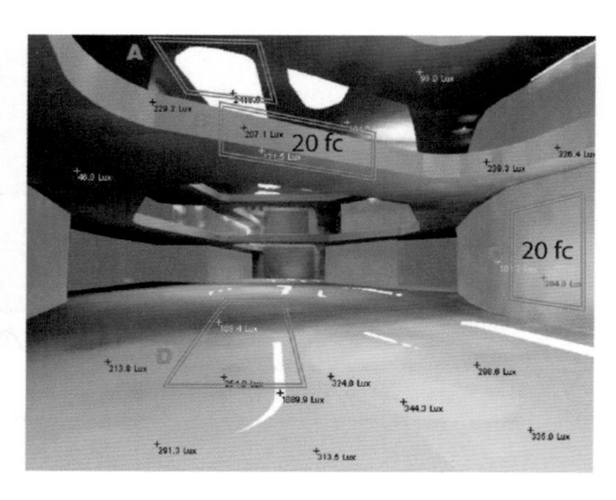

▲ 图 8.39（左图）
天窗方案 1（夏季，晴天天空）。
▲图 8.40（右图）
天窗方案 5（夏季，晴天天空）。

模 拟

在 SketchUp 中构建几何模型，然后导入 Ecotect 中，将不透明表面的反射率设置为 56%，所有玻璃的透射率设置为 50%。为了更好地向客户展示，使用 Radiance 软件生成这些经过修改的图像，其中包括在店面位置添加黄色的高光区域。以 12 月 3 日中午的中间天空作为冬天的模拟情况，以 7 月 3 日中午的晴天天空作为夏天的模拟情况。为了达到适合概念设计的精度，周围环境光线反射的次数被设置为 4 次。只要渲染文件名是唯一的，Ecotect 结合 Radiance 导出功能就能允许多个模拟同时运行。虽然每个场景的渲染图可能需要运行 5 min，但是在一台性能好的计算机上，在 30 min 的运行时间内可以完成 20 个场景渲染图。

在模型中设置四台相机，每个场景都经过了涵盖不同时间和日期的数十次渲染模拟，以确定总体设计效果。

为了分析总体的光线分布，在概念设计阶段建立的模型不包括详细的材料选择或家具，这在后面的模拟阶段中会涵盖。

说 明

尽管进行了将近 100 次的模拟，但以下四次分析被用来阐释使用照度图像来比较设计方案。

（1）天窗孔洞：如果天窗孔洞与相邻的天花板表面相比显得太亮，那么天窗本身也可能产生眩光。虽然天窗应将光线反射到下面的空间，但从天窗进来的直射光从下面看起来会比较烦人。所有早期的研究表明，天窗和相邻的天花板之间有过于强烈的亮度对比，后续的设计需将空间中的天窗和天花板之间的过渡变得柔和，减少眩光产生的可能性。

（2）垂直表面：使用者通常根据垂直表面来判断房间的亮度。全年中垂直表面照亮的合适的范围是200～1000 lx。这项研究测试了照度，所以过道的材料特性将会改变表面的亮度。零售的购物广场通常使用米白色以最大限度地提高垂直表面的亮度。

（3）零售店面：尽管这些也是垂直表面，但通常被零售店用于标识或者展示。零售商喜欢控制展示面上光的数量和质量，如果天然光过多，那展示面本身的光就会被冲淡。该区域适中的光照强度有助于后面的商店光吸引顾客的注意力使他们进入商店。持续高于300 lx的照度水平将会促使零售商提高店内的照明水平。在夏季，方案5优于方案1。在中间天空的情况下，两者的表现都合理。

（4）地面：零售店门廊的地面可以使用一些直射光加强，但是大片的光会产生眩光和不适感。处于直射光下的购物者和店面售货员都会感觉到眩光，并且无论周围的空气温度高低，他们都可能会感到太热。方案1（夏季）是一个大面积的、连续的直接光照区域，这在大多数气候条件下都不是理想的方案。方案5（夏季）的直射光面积较小且不连续，可为地板区域提供理想的闪光或高光。在方案1上添加高密度熔块玻璃材料可在某种程度上减轻地面上的得热和眩光问题。

补充研究

模拟的第二阶段根据客户的要求，将方案3和方案4的设计融合在一起，其目的与本研究相似。第三阶段使用特定的结构和室内设计理念以及伪彩色场景渲染图，分析了商场和主中庭中采光的具体数量和质量。

为了比较潜在的得热可能性，还对每个天窗结构的玻璃部分进行了太阳辐照度研究。

案例研究8.6 高动态范围图像的天空条件

项目类型：历史与工业博物馆

地点：华盛顿州西雅图市

设计 / 模拟公司：LMN建筑师事务所

高动态范围（HDR）图像是亮度数量的精确映射。HDR 图像可以用来创建具有情景光照的特定场地的天空，而不是使用普通的天空进行采光分析。即使使用了遮阳或百叶，它们也可以用来准确模拟空间中基于亮度的场景图像。❶

概　述

历史与工业博物馆（The Museum of History and Industry，MOHAI）于 2012 年迁至西雅图联合湖的南端，这是一座历史悠久的军械库建筑。现存建筑的外部有间隔规则的窗户，中央有一个大型的采光充足的大厅。各个朝向都有很好的视野，但随之而来的是对视觉舒适度以及对博物馆展品过多地暴露在紫外线下的担忧。一种新的模拟这些条件的方法是使用 HDR 图像。

LMN 建筑师事务所使用了一系列从军械库大楼屋顶拍摄的 HDR 图像来记录周边的环境。HDR 图像被从平面重新映射到球体然后将建筑物的数字模型放置在该 HDR 穹顶内。建筑内部的一系列采光渲染图是使用 Radiance 绘制的。

▶ 图 8.41
从西面看的建筑照片。
资料来源：LMN 建筑师事务所。

❶ 当采光模型中包括了遮阳措施或者百叶时，场景的亮度图像常规模拟可能存在一定的误差，因此需要采光双向散射分布函数等复合采光系统模拟方法或者利用拍摄的高动态范围图像来较为准确地模拟场景亮度图像，包括眩光分析。——译者注

单张照片并不能代表我们的眼睛能够看到同一范围的光线，但是如果将不同曝光度的多张图像合并在一起，相机的性能将会改善。其中一些图片捕捉到了场景暗端的细节，而另一些则记录了最亮的部分的细节。这些图像可以通过数字化合成新的 HDR 图像，并可在照片拍摄时借助亮度计读数进行校准。在梅利卡·伊纳尼奇（Mehlika Inanici）与吉姆·高尔文（Jim Galvin）所写的《高动态范围图像技术作为亮度映射技术的评估》（*"Evaluation of High Dynamic Range Photography as a Luminance Mapping Technique"*）一文中，描述了用 HDR 摄影来映射场景亮度分布的通用过程和方法。

利用 Radiance 软件进行的采光研究通常使用基于国际照明委员会的标准天空模型或 Perez 天空模型。Perez 天空模型是一种描述各种天空条件光线分布的数学模型，例如晴天、多云、阴天等。这些天空模型对于模拟是一个很好的起点，但它们不包含任何周围地形、建筑物和其他会产生反射、影响建筑物采光或日照的障碍物，这意味着需要通过对这些物体进行数字建模来理解它们产生的影响。

HDR 照片图像简化了捕捉周围环境的过程，可以被用来替代通用天空模型。由于每组 HDR 照片只代表一天或某个时间点，因此应用这种方法在各种光照条件下进行模拟的有效性是受到限制的。对于本项目来说，将周围的环境作为模拟的一部分非常重要，从而能够可视化画廊内的景观效果。

模　拟

制作 HDR 天空图像，可将一台佳能 EOS 5D 相机架在三脚架上，从各个方向拍摄一系列图像。每个系列都包括了 12 种快门速度：1/2 s、1/8 s、1/15 s、1/30 s、1/60 s、1/125 s、1/250 s、1/500 s、1/1000 s、1/2000 s、1/4000 s 和 1/8000 s，光圈保持在 5.6。图 8.42 中的照片是在 3 月的一个阳光明媚的中午拍摄的，然后使用 Photosphere 软件来制作合成 HDR 图像。可将它保存为天空状态图像，以用于 Radiance 模拟。

朝向西北的三维空间的亮度模拟可以利用 HDR 天空图像（也可

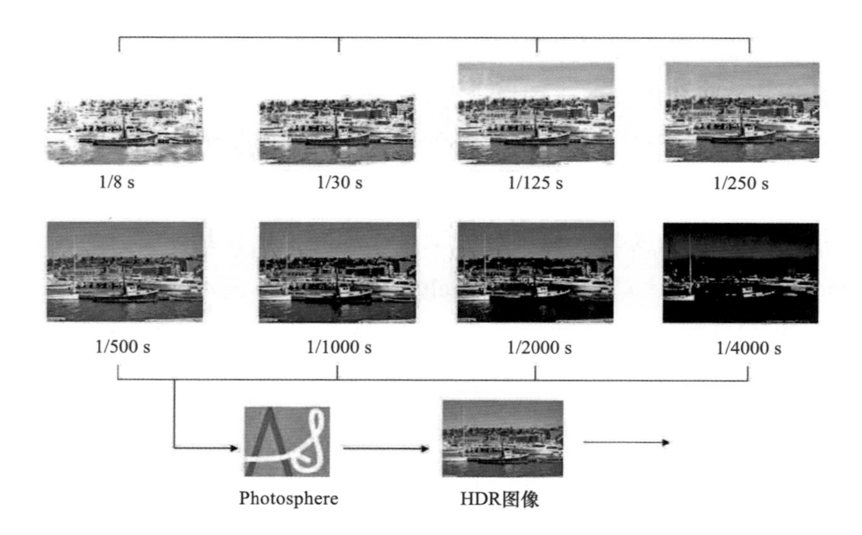

► 图 8.42
HDR 不同曝光度图像的整合。
资料来源：LMN 建筑师事务所。

称为光探测器）来实现。该方法不仅能获取外部空间视野，而且还可以用于晴天天然采光质量的模拟。

使用 HDR 天空图像的风险在于它的阴影不像使用 CIE 标准天空模拟的那样清晰。这是由于无遮挡的太阳发出极亮的光线，当天空的其他部分用 HDR 图像技术对亮度充分映射时，太阳由于太亮以至于不能被捕捉到。这意味着要需要采取额外的措施，通过 Radiance 模型中太阳的位置来定位点光源的方法进行调整。

使用沿西立面的伪彩色亮度图这个方法来确定该房间的亮度水平。除直射光外，该房间提供了一个非常均匀的光照强度，亮度通常为 350～750 cd/m^2，处于 1∶2 的范围内。

由于落在博物馆展品和文物上的最大照度水平有所限制，因此室内的遮阳系统是必要的。当阳光直射在每个立面上时，遮阳系统会自动地展开。

在理想状态下，遮阳系统将拦住不必要的光线以保持在博物馆的光照限制范围内，但也要有一定的开放性来保证看向联合湖和西雅图市中心的视野。亮度渲染图比较了深色和白色的遮阳帘，以测试室内的视野和光照强度。

系列研究分析了不同的织物遮阳对整体光照分布的影响，并结合可视化研究展示织物的颜色和透明度是如何影响用户对于历史建筑窗户视觉感受的。经过分析，最终选择了深色的遮阳帘，它可以在阻挡直射阳光的同时提供良好的视野。

◀ 图 8.43
看向西北的亮度渲染图。
资料来源：LMN 建筑师事务所。

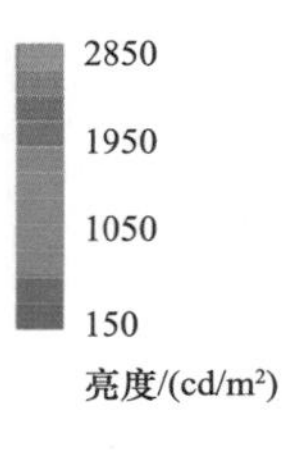

◀ 图 8.44
沿西立面亮度渲染的伪彩色图。
资料来源：LMN 建筑师事务所。

◀ 图 8.45
看向东北的亮度渲染图。
资料来源：LMN 建筑师事务所。

► 图 8.46
看向南向的亮度渲染图，测试两种遮阳方案。
资料来源：LMN 建筑师事务所。

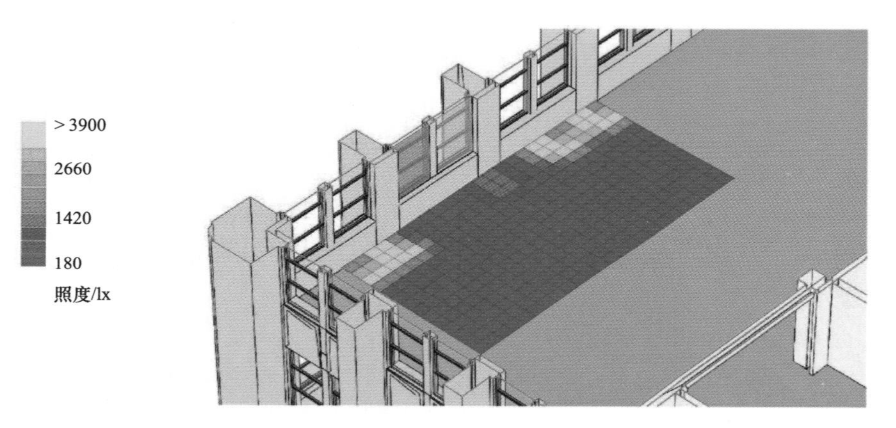

► 图 8.47
Autodesk Ecotect 伪彩色照度图，表现两种遮阳方案。
资料来源：LMN 建筑师事务所。

HDR 天空图像包含了周围建筑物的实际亮度数据，因此使用 Radiance 渲染图来预测经过遮阳的视野相比其他方法（例如，仅依靠遮阳的不透明度的计算方法）更为精准。此外，Radiance 渲染图显示与实际建筑内现场实测和经验测试结果一致。这使得设计团队在设计过程中校准并证实了他们的结果，增加了设计团队对模拟结果的信心。

工作平面照度分析在使用织物遮阳的情况下可输出定量的照度值，博物馆的展厅设计师可以在此基础上做出抉择。照度测试最能够用来帮助分析哪里可以或者哪里不可以放置对光敏感的展品。

在历史与工业博物馆进行的其他研究包括 LEED 绿色建筑评价体系采光分析，通过采光和视野得分帮助项目获得 LEED 铂金级认证。

案例研究 8.7 天然采光眩光概率

项目类型：两层实验大楼，约 8000 m^2

地点：美国大湖区

设计 / 模拟公司：芝加哥 SOM 建筑师事务所

天然采光眩光概率表达了在某一天的特定时间从特定视角观察到眩光的可能性。Evalglare 软件可输出一个数值来描述场景中存在的潜在眩光，当比较不同采光场景来确定最不可能引起眼睛不适的场景时，它非常有效。Evalglare 还可以将颜色映射到视图上来显示出潜在眩光源的位置。

概 述

罗氏制药公司要求其新建的两层实验大楼里的关键项目区域要有足够的采光以满足美观、性能和健康的要求。设计团队在概念设计阶段提出了一个天窗采光的中庭，使整个建筑的剖面具有良好的视野和采光。该设计提出多种屋顶开口方案，通过对时间 - 点照度和视觉舒适度的评估分析来不断改进设计方案。

模 拟

在方案设计阶段，在 Ecotect 中导入一个基于 Revit 的设计模型并重建，得到多个不同天窗的设计方案。为了找到最少眩光和最佳采光的平衡，还模拟了许多其他方案。

这些研究使用了 Optics 6 软件中创建的一些定制材料，例如布料和半透明的天窗。这些材料特性可被插入 Ecotect 的高级导出功能中，然后导出到 Radiance 软件中进行计算。

反射率分别设置为：天花板 80%，墙面 50%，地板 20%，照度传感器放置在地板上方 0.75 m 处。

每个图像获得的照度数据被导入 Excel 中并绘制成图表，以显示建筑中典型剖面在阴天 ❶ 和晴天 ❷ 情况下的各种设计方案的照度等级，用虚线来表示 300 lx 的基准线。

► 图 8.48

二层南向渲染图。

资料来源：芝加哥SOM建筑师事务所。

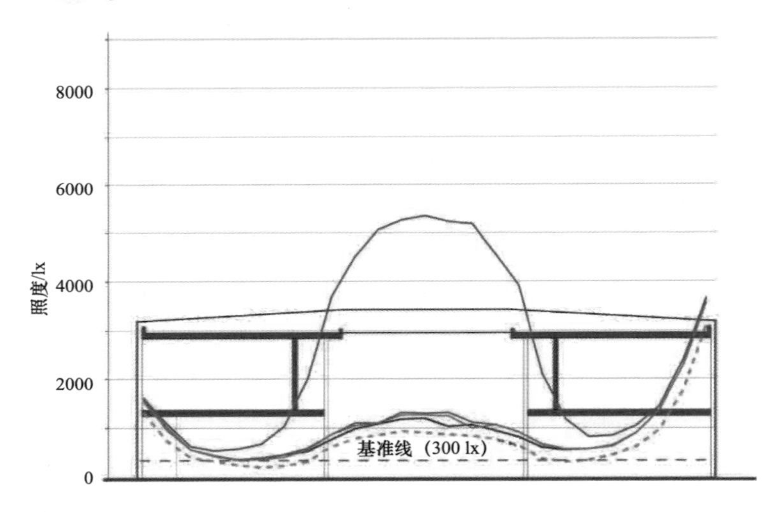

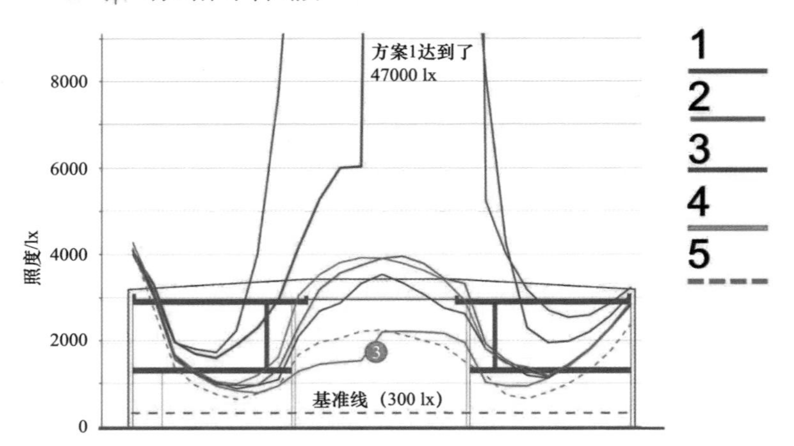

► 图 8.49 和图 8.50

中庭剖面显示了阴天和晴天条件下的照度等级。

资料来源：芝加哥SOM建筑师事务所。

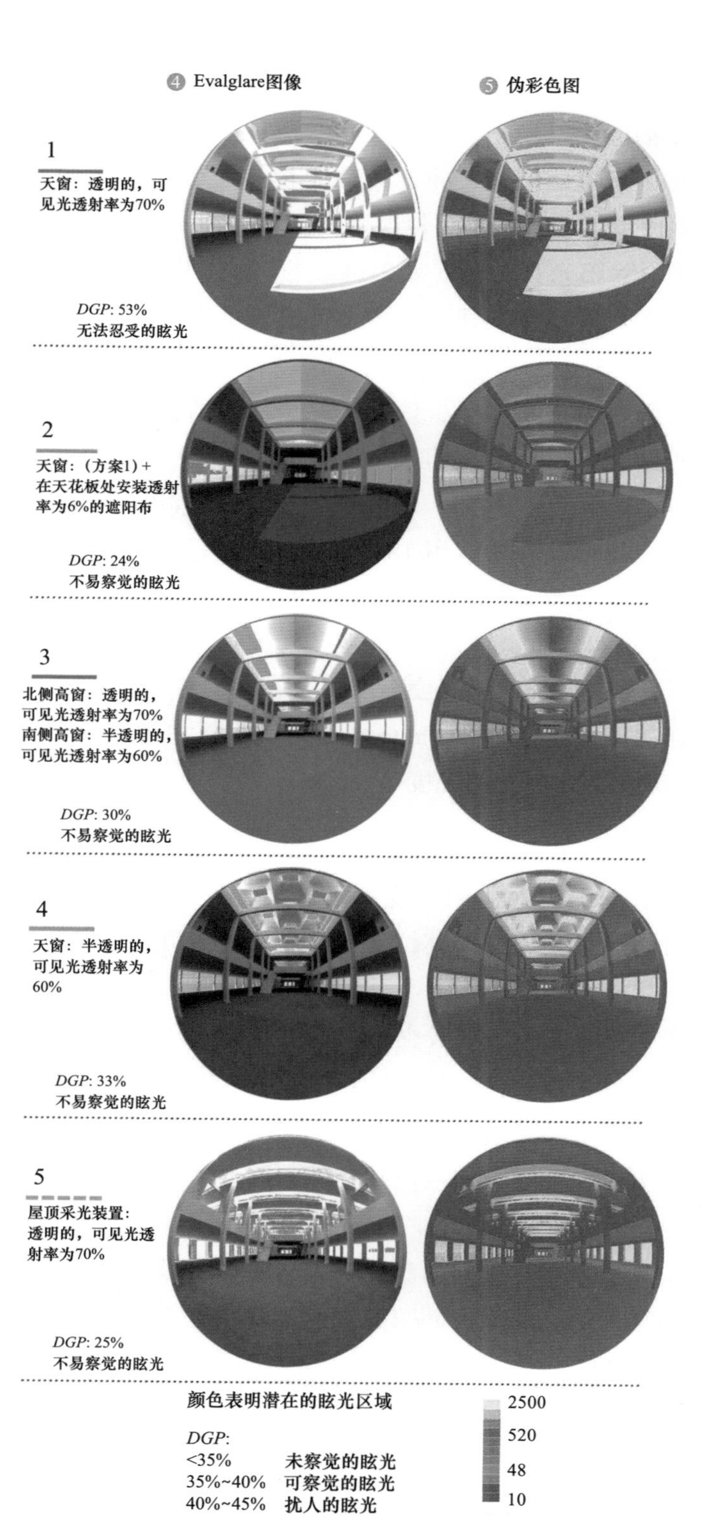

◀ 图 8.51
色调映射的 Evalglare 图像和伪彩色图。

资料来源：芝加哥SOM建筑师事务所。

除了方案 1，阴天条件下所有的设计方案中剖面有着非常相似的光照轮廓线。

然而，在晴朗的天空下，方案 1 使得整个房间光照过度。方案 2 虽然使用了与方案 1 类似的几何形态，但是通过天窗下方的混合织物来消除阳光直射。方案 2 和方案 5 在工作平面上提供了最一致的照度 ❸。其他方案都可在高天花板的正下方提供约 3500 lx 的照度。

由于所有的方案都至少提供了整个剖面所需的最低照度水平，因此减少眩光并在整个房间提供更一致的照度等级的方案将成为首选。

在 Radiance 软件中，用 180° 的鱼眼镜头视图创建西南朝向的亮度渲染图来计算 *DGP* 数据，并在 Evalglare 软件中检查结果 ❹。使用 Evalglare 软件为潜在的眩光源分配颜色以便识别眩光源；在这种情况下，默认在比平均亮度至少亮 5 倍的区域上着色。

同样的基础图像也在 Photosphere 软件 ❺ 中进行色调映射和伪彩色图标尺来显示特定的亮度等级。

说　明

在建筑剖面进深达到照度等级与视觉舒适度之间的平衡对顶部采光策略选择来说很关键。美观和太阳得热负荷也是关键的驱动因素。

方案 1 在晴朗的天气天空下，直射光导致房间采光过度，*DGP* 值为 53%，被认为可能产生令人无法忍受的眩光。

方案 2 提出了一种可展开的遮阳布以缓和方案 1 中的直射光。虽然这一策略在采光方面很成功，但它因为使用了许多不必要的玻璃导致能源浪费而被排除了。

方案 3 和方案 4 在许多工作时间段提供了更多不必要的光照，并需要半透明的玻璃来控制阳光直射，导致更高的太阳得热负荷和更高的眩光概率。

方案 5 提出了屋顶西北朝向的采光窗来阻挡大多数工作时间内的直射阳光。在一年的大部分时间里，采光照度等级达到了目标值，眩光不明显并且高效地利用了玻璃。

在扩初设计阶段，方案 5 被选中。更深入的采光模拟用来研究精巧的天窗几何形状和更详尽的玻璃选择所带来的各种影响。更新后的模拟结果表明，当可见光透射率被降低到 60% 时，仍能够维持较高的总体采光性能。

案例研究 8.8 全年采光眩光概率

项目类型：两层实验楼

地点：美国大湖区

设计 / 模拟公司：芝加哥 SOM 建筑师事务所

全年采光眩光概率（annual Daylight Glare Probability，aDGP）模拟了在一个房间中特定视角下一年中每个小时（或其他时间步长）的眩光。它可以用来预测何时需要手动关闭窗户百叶，或何时需要展开自动遮阳。它也可以用作整体建筑或体块能耗模型照明开启或百叶使用时间表的基础。

概 述

罗氏制药公司要求他们新建的两层实验大楼里的关键项目区域要有足够的采光以满足美观、性能和健康的要求。设计团队在概念阶段提出了一个顶部采光的中庭，使整个建筑的剖面有良好的视野和采光。

对于侧面采光区域，使用 aDGP 分析来估计在满足照度目标的同时用一排树木以减少眩光的作用。这项研究并非寻求绝对准确性，而是比较不同位置的树木产生的遮挡眩光的效果。

采光的目标是提供高质量无眩光的采光，特别是减少照明能耗和相关的供冷负荷。当工作空间出现眩光时，这种采光就是失败的——要么使用者放下百叶打开灯，要么打开自动遮阳系统。这项研究着眼于探究高质量并且充足的采光，同时可用树木遮挡眩光来减少能耗的潜力。

► 图 8.52
入口渲染图。
资料来源：芝加哥SOM建筑师事务所。

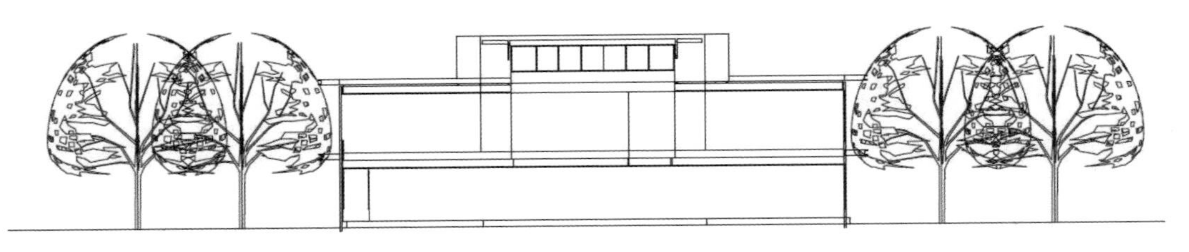

▲ 图 8.53
南向剖面图，表示树木与两边立面之间的潜在距离。
资料来源：芝加哥SOM建筑师事务所。

模 拟

这个模拟是由 SOM 建筑师事务所专门从事早期设计模拟的设计性能小组执行的。在扩初设计阶段，把基于 Revit 的模型导入 Rhino 并重新建模，用于树冠的研究。

利用建模进行研究并且定义无刺皂荚树的光学特性和季节性特点，用以创建模拟的树木。该树种的矢量轮廓 ❶ 被投射到三维形体的两侧。在 Rhino 模型中 ❷ 估算出了树冠的开放度（密集度），以允许来自各个方向直射的、斑驳的光线穿过和从叶片反射。该方法减少了网格化的曲面和模拟时间。

通过华盛顿大学整合设计实验室克里斯托弗·米克（Christopher Meek）对叶片光学特性 ❸ 的研究和指导，用 Optics 6 软件为叶片创建了一种基于 Radiance 的材料 ❹。这些树叶计划放在 5 月 15 日至 10 月 15 日的模型中用于模拟落叶植物。

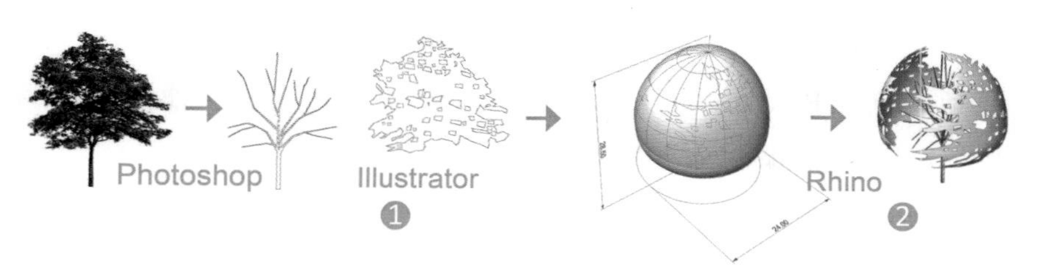

◀ 图 8.54

创建的数字化树木的几何形状。

资料来源：芝加哥 SOM 建筑师事务所。

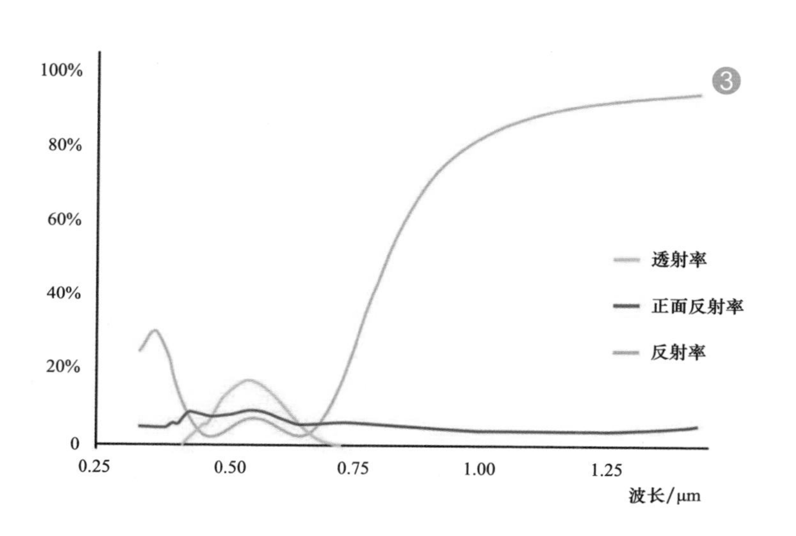

◀ 图 8.55

树叶片对不同波长的光学特性。

资料来源：芝加哥 SOM 建筑师事务所。

4

```
# Tree leaf material_Transmittance= 0.134

void glass leaf_description
0
0
3   0.068   0.183   0.086
```

◀ 图 8.56

模型中树叶材料的信息。

资料来源：芝加哥 SOM 建筑师事务所。

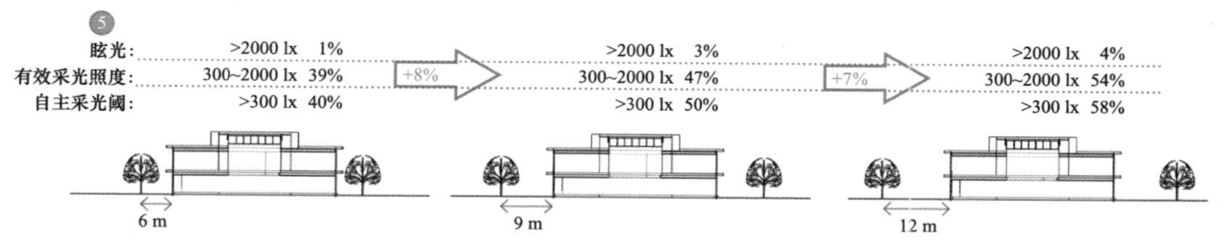

▲ 图 8.57

建筑到树木不同距离条件下的采光与眩光。

资料来源：芝加哥 SOM 建筑师事务所。

全年采光眩光概率模拟是使用Rhino中的DIVA插件执行的，包括一整套Radiance、Daysim和Evalglare程序。每运行一次全年模拟需要1～2 d的运行时间[1]。

Daysim模拟的全年照度水平分为几个指标⑤来评估潜在的眩光：眩光大于2000 lx、有效采光照度300～2000 lx、自主采光阈大于300 lx。这些阈值是在Mardaljevic和Nabil（2005）以及Reinhart和Walkenhorst（2001）的研究基础上选择的。由于在几何形态模型中不包括窗框，因此在采光模拟中使用了10%的折减系数。

材料反射率分别设置如下：天花板，80%；墙面，50%；地板，20%；地面，15%。

说　明

在DIVA软件中模拟了全年采光眩光概率来说明在建筑周边区域朝向室外30°的视角⑥每小时眩光的特性。这项研究显示了树木作为高性能的、季节性眩光控制的价值。虽然西南立面几乎全年的下午都存在难以忍受的眩光导致百叶需要展开，但树木能显著地减少全年中所有类型的眩光。

分析表明，随着树木远离建筑，光照强度和潜在眩光都会增加。当树木到建筑的间距是9 m时，可满足采光的目标要求，有47%的工作时间照度达到300～2000 lx。根据这项研究结果和场地的限制，该方案被选作景观设计策略。

作为对比方案的基础方案⑦是在没有树木的情况下运行。在视野中由于太阳直射和强烈的对比度，基础方案在全年的下午⑧都暴露在无法忍受的眩光下。运用树木遮挡的方案成功地控制了日落之前的眩光，减少了太阳直射并且降低了视野中的对比度⑨。该方案可以输入百叶窗使用时间表来进行年照明能耗评估。

---

[1] 采用更强的计算机或采用显卡计算方法可将运行时间大幅缩短。——译者注

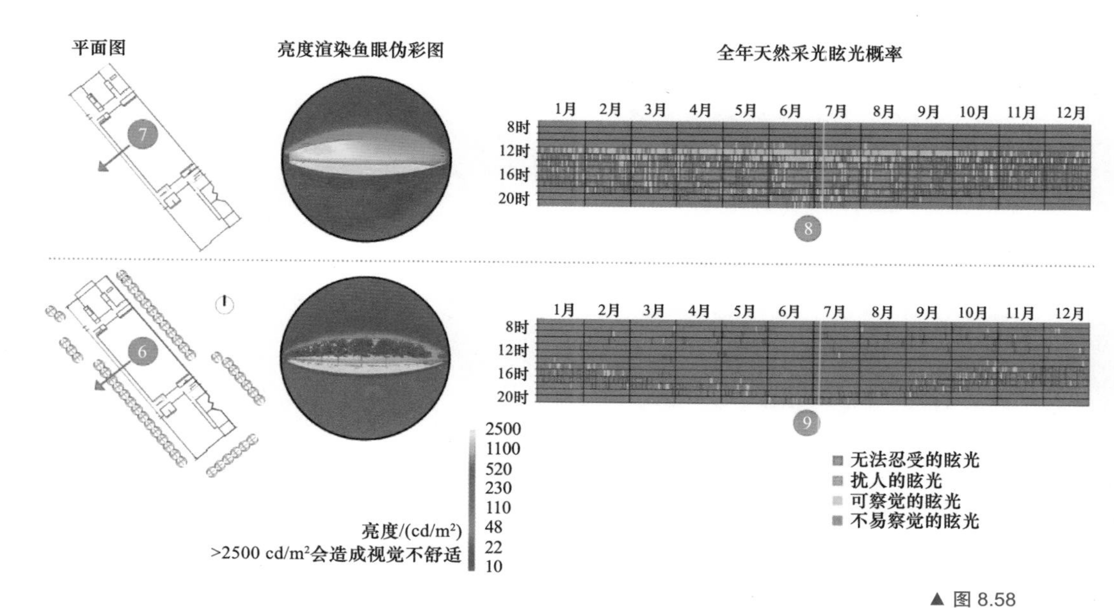

▲ 图 8.58

全年天然采光眩光概率分析结果。

资料来源：芝加哥SOM建筑师事务所。

9
气流分析

悲观主义者抱怨有风，乐观主义者期待风向改变，现实主义者调整风帆。

——威廉·亚瑟·沃德

在一个原本宜人的冬日，寒冷的微风吹过；或者在一个炎热的夏日，头顶上缓慢转动的吊扇带来清新的空气，都传达了空气流动对舒适性的一些影响。除了温暖或凉爽，空气还携带着湿度、气味、污染物和声音。

建筑中可用气流分析来确定以下内容：

- 自然通风气流输送新鲜空气。
- 基于烟囱效应或贯流通风（穿堂风）原理的自然通风的冷却效果，影响热舒适。
- 详细的对流传热分析，包括置换通风、地板送风和双层幕墙的有效性。
- 空气的垂直分层。
- 室内和室外的排烟和污染控制。
- 根据室外广场和街道风速大小预测不适感，并避免涡流和峡谷风效应。

本章及其相关案例研究的重点是自然通风，因为它是低耗能建筑在温和季节的主要策略。当气流被正确地引导通过建筑时，自然通风就产生了；它可以降低空间温度、提供空气流动来提高热舒适，并提供新鲜空气。

随着发展中国家以迅猛的速度进行建设，一些国家正在放弃自然通风的建筑，而发达国家正在重新发现它们的益处。空调系统使用的电力来自燃煤（为主的）发电厂，这导致了全球变暖，而冷却系统需要的制冷剂在泄露时会对全球变暖效应产生额外的影响。

气流分析是当前能源模拟研究工作中所缺少的重要的部分之一。虽然与暖通空调系统一样，气流分析和自然通风都是基于坚实的科学原理，但它们背后的科学知识却没有得到广泛的理解和传授。

软件公司把建筑物外部的气流分析纳入建筑师力所能及的范围内。然而，建筑师并没有接受过建立或解释气流模型的训练，而这些模拟工作仍只属于专家的领域。本章旨在介绍气流分析的术语并阐明其分析过程，以便建筑师能够更充分地参与到他们的建筑设计中。

大多数能源分析师使用的软件充其量只是对气流的初步考虑。在过去，项目团队使用风洞或计算流体动力学软件研究气流，这需要高深的专业知识，并且只能模拟单一时间点的条件。现代软件结合不断提高的计算机速度，可以对气流进行更广泛的研究，而这是设计和验证依赖于气流的设计策略所必需的。

图 9.1 显示了 DPR 建筑公司对圣地亚哥净零能耗办公楼进行的 CFD 气流分析，显示了开放式办公室和会议室空间平面和剖面的风速。CFD 计算结果被用来验证自然通风的潜力，即使在室外风速较低时自然通风也可提供足够的冷却效果。

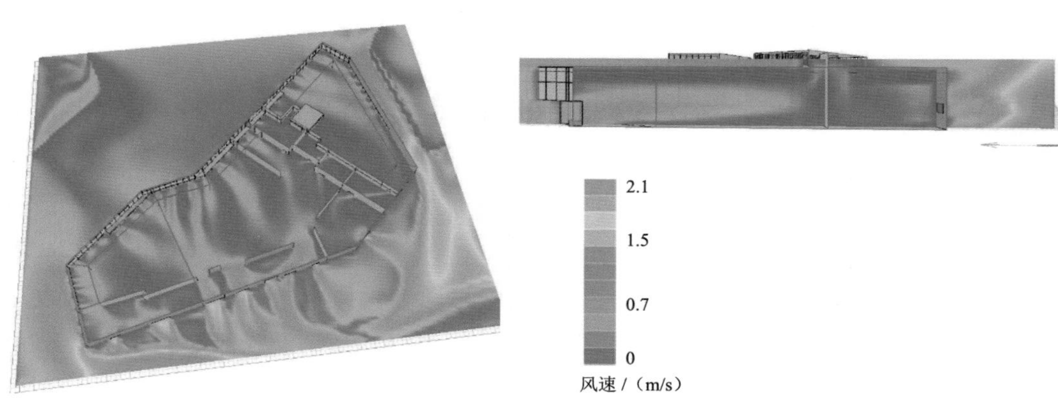

▲ 图 9.1

圣地亚哥净零能耗开放式办公室和会议室空间平面和剖面的风速伪彩色图。

资料来源：KEMA 能源分析公司。

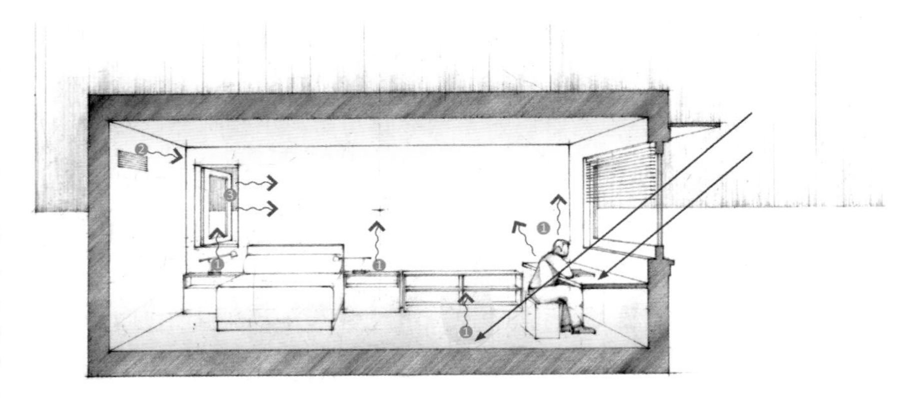

▶ 图 9.2

房间中的气流是空气被多种热源（如灯、人员或被太阳辐射加热的地板）加热而上升产生的，即❶由于浮力而产生空气热分层（红色和蓝色色调）；❷风扇或机械通风系统的相互作用产生的强制空气对流；❸通过建筑物的几何外形引导室外空气以一定的速度和方向流入和流出房间。

自然通风和混合模式运行

自然通风引导室外空气完成以下一项或多项工作：提供新鲜空气、降低室温或提供气流以提高人员舒适度。利用自然通风的能力取决于与气候选择相关的室内最高温度以及与室外温度相关的湿度、太阳辐射和风向。

在设计过程的早期就需要确定允许自然通风的几何外形，以利于而不是阻碍气流进入、通过和离开建筑。在许多情况下，为建筑确定合适的迎风面或烟囱尺寸，结合可开启的窗户或通风口，使用较小的建筑平面进深，并控制峰值负荷，就足以进行概念设计工作了。后期设计过程的研究可以改善设计要素并确定舒适程度。

如案例研究 9.2 所述，华盛顿大学分子工程与科学研究所的办公室最初被设计成无空调系统，直到方案扩初设计阶段才使用气流模拟。城市建筑、高层建筑和复杂形体的建筑应在早期设计过程就进行气流分析，以确保自然通风的实现。当设计进展到考虑如何利用自然通风减少甚至取消暖通空调设备和管道系统时，气流分析变得至关重要。

采用混合通风模式的建筑在部分时间使用自然通风来降温，而更多的时间是获得新鲜空气；而在室外环境不太理想的时间段使用机械供热和供冷。本书中讨论的所有四栋净零能耗建筑都是海洋性气候下的混合通风模式建筑，夏季温和的微风通常可以抵消室内得热负荷。事实上，自然通风几乎在所有气候温和的季节都有效。案例研究 9.1 展示了建筑在不同室外条件下使用的五种运行模式。

当室外污染物或噪声水平高以及处于高温、高湿环境时，自然通风很难进行。由于没有管道系统，自然通风的房间进行空气过滤是困难的。案例研究 9.1 和案例研究 9.2 的项目团队特意确定了建筑物的朝向，使其能够利用自然通风并最大限度地减少噪声和污染。

术语和概念

下面介绍了利用风压或烟囱效应为自然通风提供动力的两种方法，以及与气流模拟相关的一些基础术语和概念。

贯流通风（穿堂风）主要是在平面上实现的，空间相对两侧的窗户可用来控制和引导主导风向通过房间。建筑几何形体在不同的侧面会产生压差，将空气吸入并穿过建筑物。

烟囱通风是在剖面中实现的——它依赖于上升的热空气，即浮力。尽管在设计过程中很少模拟这种浮力，但浮力和强制对流空调系统一样是科学和可预测的。由于人员、灯光和设备发出热量，空气在房间中被加热。

在使用强制对流空调系统的空间中，送风和室内空气的混合是必要的，因此需要持续的风机耗能。使用低风速系统[1]、辐射系统和自然通风的空间通常允许空气垂直分层，从而可减少风机的能耗。

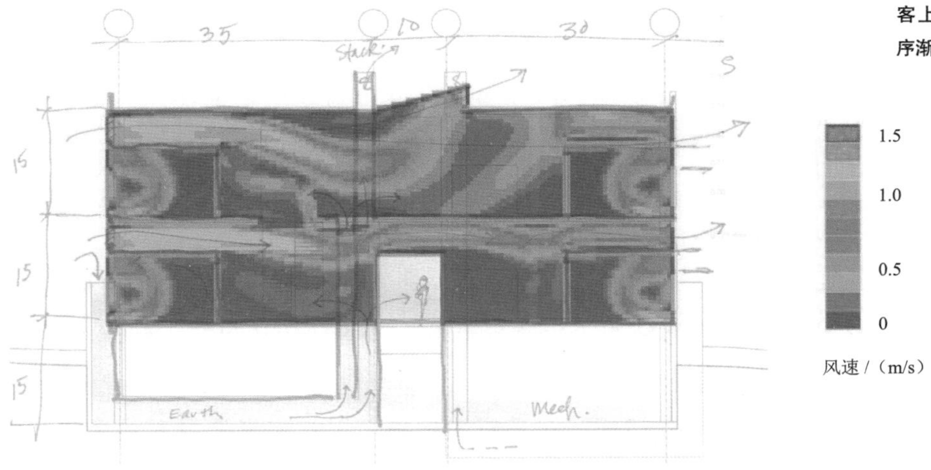

▼图 9.3

通过建筑物剖面的气流模拟，显示了简单几何形体房间的入口、出口和它们之间的气流。LMN 建筑师事务所使用 IDSL 的 2D Tas Ambiens 软件制作了这个二维的气流模拟，并在他们的博客上提供了一个循序渐进的使用指南。

---

❶ 低风速系统通常指置换通风系统或者地板送风系统，相对于普通的顶部送风系统而言，其送风温度较高而送风风速较低。——译者注

在烟囱通风中，空气可以分层，暖空气通过垂直的“烟囱”或中庭向上引导。当较热的空气上升并通过“烟囱”顶部排出时，较冷的空气会从较低的位置吸入。当室外条件不能自然驱动烟囱通风时，可以通过顶部的太阳能烟囱或风机来辅助烟囱通风。

空气分层在炎热气候条件下的高大空间（如西班牙的大教堂）中可以起到积极的作用——最暖的空气自然上升，而室内人员附近的空气则要凉爽得多。置换通风系统，包括地板送风系统，依靠空气分层来减少为房间提供送风和空气混合的风机能耗。在寒冷时段，空气分层则对高大空间有负面影响。由于最暖的空气上升，除非风机持续运行以防止空气分层，否则需要更多的热量来保持底部空间人员的舒适度。莱斯·弗格斯·米勒建筑师事务所办公楼使用一个大型的防止空气分层的风扇（见图 1.1）来确保三层高的房间内空气的充分混合，从而减少了冬季底部空间的供暖能耗需求。

不靠近物体的气流往往是平滑的、有方向性的，称为层流。当层流遇到物体或达到较高速度而中断时，就成为湍流。在没有 CFD 软件或风洞测试的情况下，湍流的方向和速度是很难预测的。城市区域的气流因受到来自相邻建筑组合的影响而更容易形成湍流，因此需要通过模拟来确定这些影响，参见案例研究 9.4。物体与湍流外边缘之间的空气层（此处降为层流）被称为边界层。

所有的气流模拟都需要一个几何边界，在这个边界之外不需要计算。更大的边界也许能提高精度，但会增加运算时间。对于外部 CFD 模拟，边界通常是一个盒子，其中包括坚实的地面和“空气”墙面和顶面，这些墙面和顶面向各个方向延伸，远远超出建筑自身的几何尺寸，通常为被研究区域中最大尺寸的 3 倍。而室内模拟使用一个或多个内部空间的实体边界。

为了进行模拟，用户通过设置引导模拟空气在不同位置流入和流出。在大多数情况下，空气会从上面描述的边界流入和流出模拟的空间。对于室外模拟，选择一个单一的速度和方向，空气流入或流出所有的边界墙面。对于室内模拟，用户定义边界入口和出口。每个入口和出口可以具有唯一的风速和风量，但是模拟流入的总风量必须等于流出的总风量。

气流分析方法

基于计算机的气流设计分析可分为两类，即计算流体动力学（CFD）和分区空气流动模型。CFD 的结果是时间－点分析，需要非常复杂的迭代计算才能得到一个结果。分区空气流动模型是一些能耗模拟软件的一部分，通常计算每个小时内的平均气流和温度。与时间－点采光模拟类似，CFD 可以提供较高的准确性，但时间范围有限；而分区空气流动模型可用于每日或年度分析，但涉及的细节比 CFD 少。

DPR 建筑公司的新港滩市办公室包括一个既有建筑的少量室外工作区域，KEMA 能源分析公司的建筑性能分析师使用 CFD 模拟来确定相邻建筑的气流影响。然后利用 CFD 模拟的结果建立了一个热工模型，使用分区空气流动分析来预测自然通风提供的冷却效果，并确定保证舒适性所需要的可开启窗户的数量。参见案例研究 9.4 和案例研究 10.6。

CFD 可以模拟气体或液体如何通过或围绕物体流动。它包含了大量复杂的研究和算法，可以帮助设计航天器和人造心脏，还可以预测建筑物周围和内部的气流。建筑 CFD 主要涉及空气动力学，即空气运动的研究。本章对 CFD 的介绍将围绕着空气这个“流体”。

简单的 CFD 分析只计算二维的风速和方向。将预测的风速与舒适度图表进行比较，以确定是否需要采取设计策略来减轻风带来的不舒适影响。需要测试最频繁的风向和风速，以确保可靠的设计。风力数据输入可以由用户选择，也可以从气象文件、当地气象站数据或基于风力表的风速来分析在预期或关键条件下的建筑性能。

更复杂的分析考虑了三维的空气流速和流向。最复杂的模型包含了房间内的所有发热元素，如灯光、人员、设备、表面和太阳辐射。由于对流作用，每个热源都会在其周围产生气流。气流相互作用，在它们接触的每一个表面上消除或沉积热量。计算中考虑了传质、相变、通过管道和风机的机械空气运动及其他变量，因此使得计算非常复杂。

对于所有的 CFD 模拟，必须同时求解整个空间中数百或数千个二维或三维网格点的方程。这需要多次迭代才能获得单个的时间－点上的解决方案。由于计算运行时间的问题，一次只能模拟单个区域或有限的区域。由于建模设置和运行时间较长，通过模拟回答的问题需要比本书中讨论的其他模拟类型更严格地定义。

这些方程足够复杂，以至于在某些情况下，物理模拟的效果最佳。物理模拟使用彩色空气、照片或视频来说明固体物体周围的气流和涡流，这需要使用专用设备。

分区空气流动模型是一个计算量较小的方法，它允许分析每天或每年的气流对传热和舒适度的影响，包括每小时对机械通风气流、自然通风、热负荷、浮力和空气分层分析。分区空气流动模型需要将空间划分为温度相对均匀的区域，这将在第 10 章中介绍。

分区空气流动模型在考虑内部障碍物和热源时达不到 CFD 允许的精度，但对于大多数自然通风模拟是完全足够的。由于大部分分区气流分析可以集成到能耗模拟软件中，因此除了热源的空间分布需要分析外，输入的内容可与第 10 章能耗模拟中的输入内容相同。

总　结

虽然气流分析不是当今大多数建筑性能模拟的一部分，但它几乎是所有低能耗建筑分析的一部分。自然通风在许多气候条件下都能提供新鲜空气和冷却功能而无能量消耗。它通常被用作混合模式设计的一部分，在室外相对温和的条件下使用。

本章的案例研究体现了建筑师和工程师的共同努力。其中包括两栋零能耗建筑；一栋建筑没有机械制冷；还有一栋重新利用现有建筑和暖通空调系统，通过结合自然通风，将暖通空调系统的使用率降低了 65%。

▼ 图 9.4
使用交互式 CFD 对建筑群周围和通过建筑群的气流进行二维气流分析。用户可通过风玫瑰图得知风来自哪里和典型的风速。在这种情况下，输入风速为 10.7 m/s。虽然计算机上的结果看起来像动画，但软件需要迭代 50 次甚至更多次，才能确定来自特定方向风速的正确结果。动画最终会达到一个稳定的状态，这就是用户输入数据的解决方案。

资料来源：阿斯托里诺（Astorino）建筑师事务所。

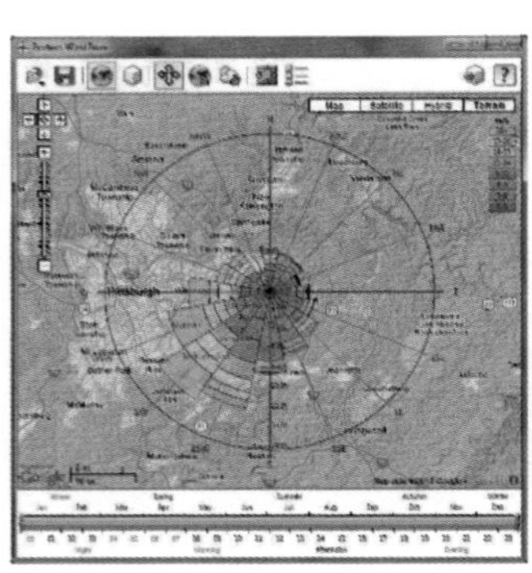

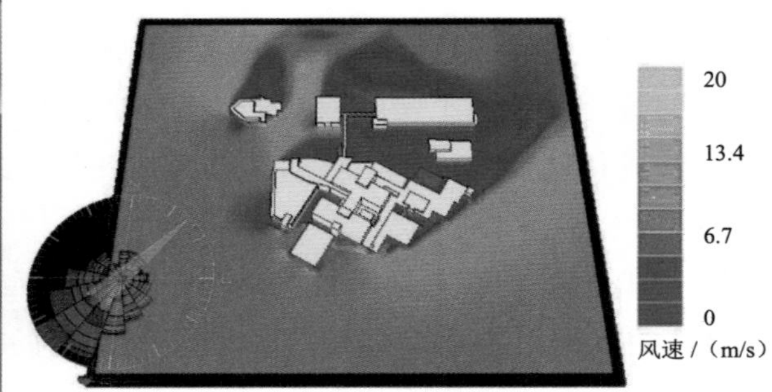

案例研究 9.1 自然通风 CFD 分析

项目类型：单层图书馆

位置：加利福尼亚州伯克利市

设计 / 模拟公司：哈利·埃利斯·德弗里奥建筑师事务所

当自然通风被用作冷却策略时，需要用物理模型或 CFD 研究来证明其提供的舒适性。虽然 CFD 研究已经超出了大多数建筑设计公司的能力，但软件正变得更容易使用和自动化。

概　述

近 900 m^2 的伯克利市图书馆的概念设计目标是净零能耗。屋顶上可利用的太阳能光伏和光热的产能要求项目团队将 EUI 目标设定为约 47.3 kW·h/（m^2·a）。

低能耗的设计需要良好的采光、减少插座设备负荷和提高暖通空调系统效率。混合模式的策略可使暖通空调系统在一年中大部分时间都处于关闭状态，同时满足图书馆新鲜空气和大部分降温需求。

在净零能耗建筑中，屋顶部分往往成为项目最集中的设计挑战：采光、能源产生和设备对空间的竞争。伯克利市图书馆的屋顶设计巧妙地平衡了朝向最佳的光伏板、采光和通风的天窗，以及一个允许通风但没有任何通风口、朝南且面向喧闹街道的通风烟囱。

根据当地的设计经验，设计团队知道自然通风可以提供大部分的空间降温。然而，为了确保全年的舒适性，需要提供五种运行模式。虽然根据室外温度和风速，建筑可能会在同一天内使用多种运行模式，但主要的运行模式被用于年能耗预测。

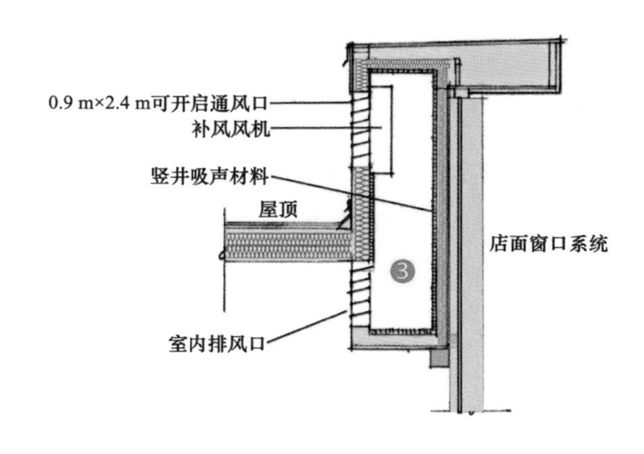

◀ 图 9.5
自然通风排气孔。

▶ 图 9.6

五种运行模式。

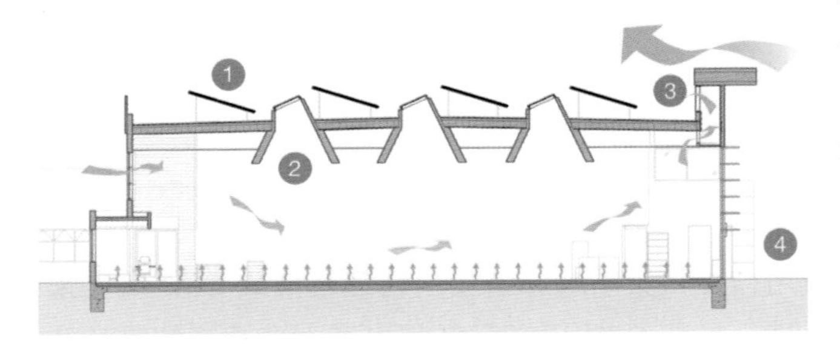

模式 1

供暖季节

允许少量室外空气进入建筑。

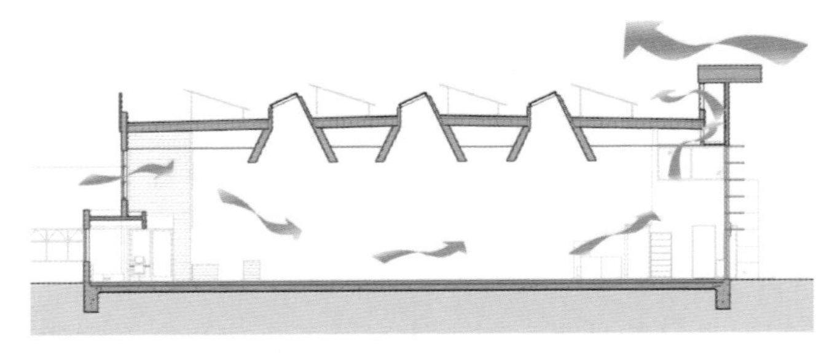

模式 2 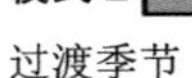

过渡季节

引入不同量的室外空气，以降低室温并提供新鲜空气，此时仅风烟囱工作。

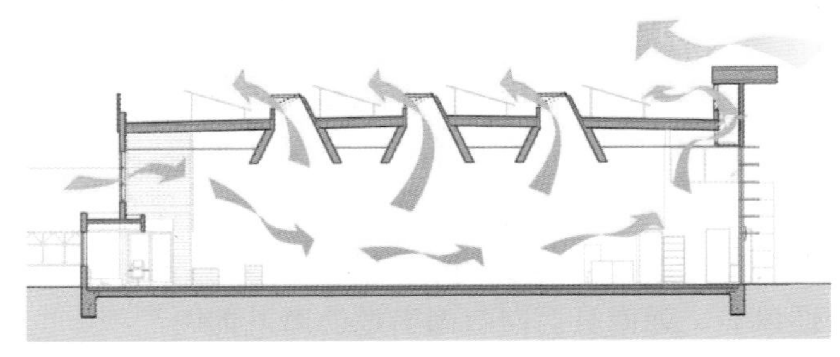

模式 3 

初夏季节

通过风烟囱和通风天窗降温。

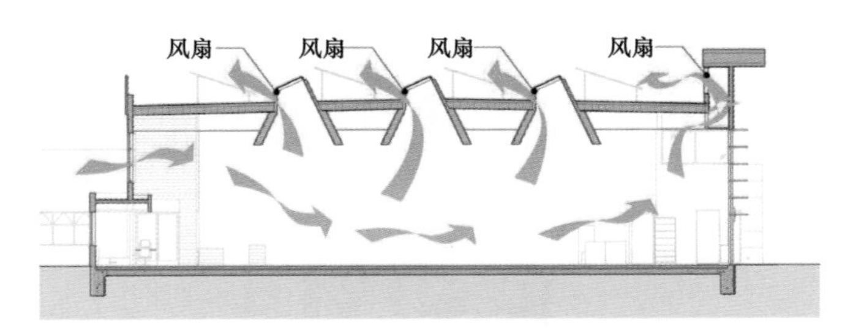

模式 4 

供冷季节

最大限度利用天窗屋顶风扇为室内降温，必要时采用夜间通风。

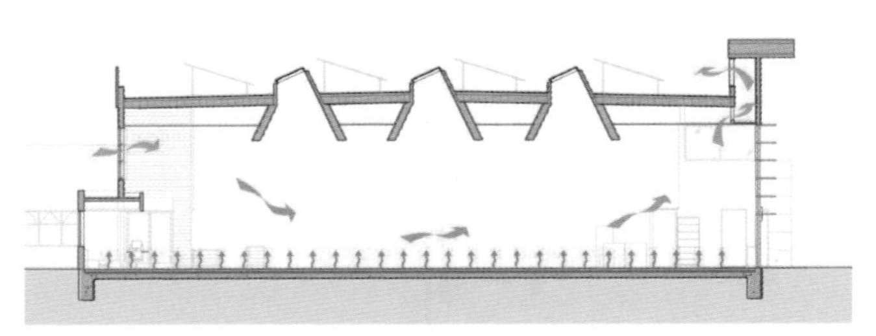

模式 5

供冷峰值

新鲜空气最少，由辐射地板供冷。

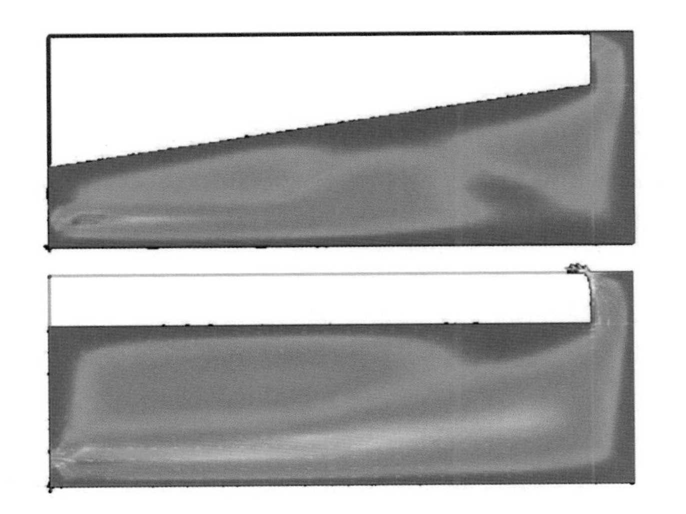

◀ 图 9.7
通过 CFD 模拟研究天花板处于倾斜或者水平状态下是否影响地板附近的冷却气流。

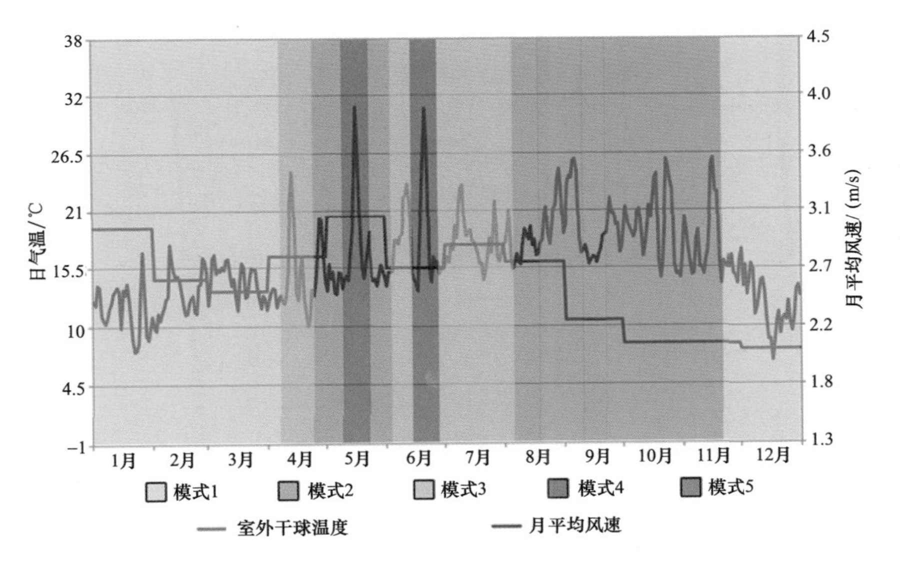

◀ 图 9.8
主要的运行模式基于室外温度、风速和风向。虽然建筑物通常每天会使用一种以上的模式，但此处显示了每天运行的主要模式，这是基于能耗模拟所使用的 TMY 气象数据文件。

南立面朝向繁忙的街道意味着这个方向的进气口会吸收噪声和污染。因此，项目团队将面向街道的立面在垂直方向上延伸，设置一个被动的排气装置，形成烟囱效应。由于主导的微风是从南方吹来的，因此风烟囱的垂直特性在其后方产生了负压，从而不断地将空气从烟囱中抽出。

模式 1：在供暖季节，允许少量的新鲜空气进入建筑。使用进风口附近的辐射板加热空气。

模式 2：在过渡季节，使用风烟囱允许引入不同量的空气，以保持空气的新鲜和舒适的温度。

模式 3：在供冷季节的部分时间里，空气也可从屋顶的采光井排出，比模式 2 提供更多的降温效果。

模式 4：当之前的方法不能有效降温时，或者当微风在风烟囱背风面无法提供足够的负压时，则关闭天窗通风口，并利用风扇来最大限度地增加图书馆空间的气流和保持最佳的冷却效果。

模式 5：在供冷峰值负荷时段，热泵反向运行来提供制冷，同时使用风烟囱使最少的新鲜空气在空间中循环。

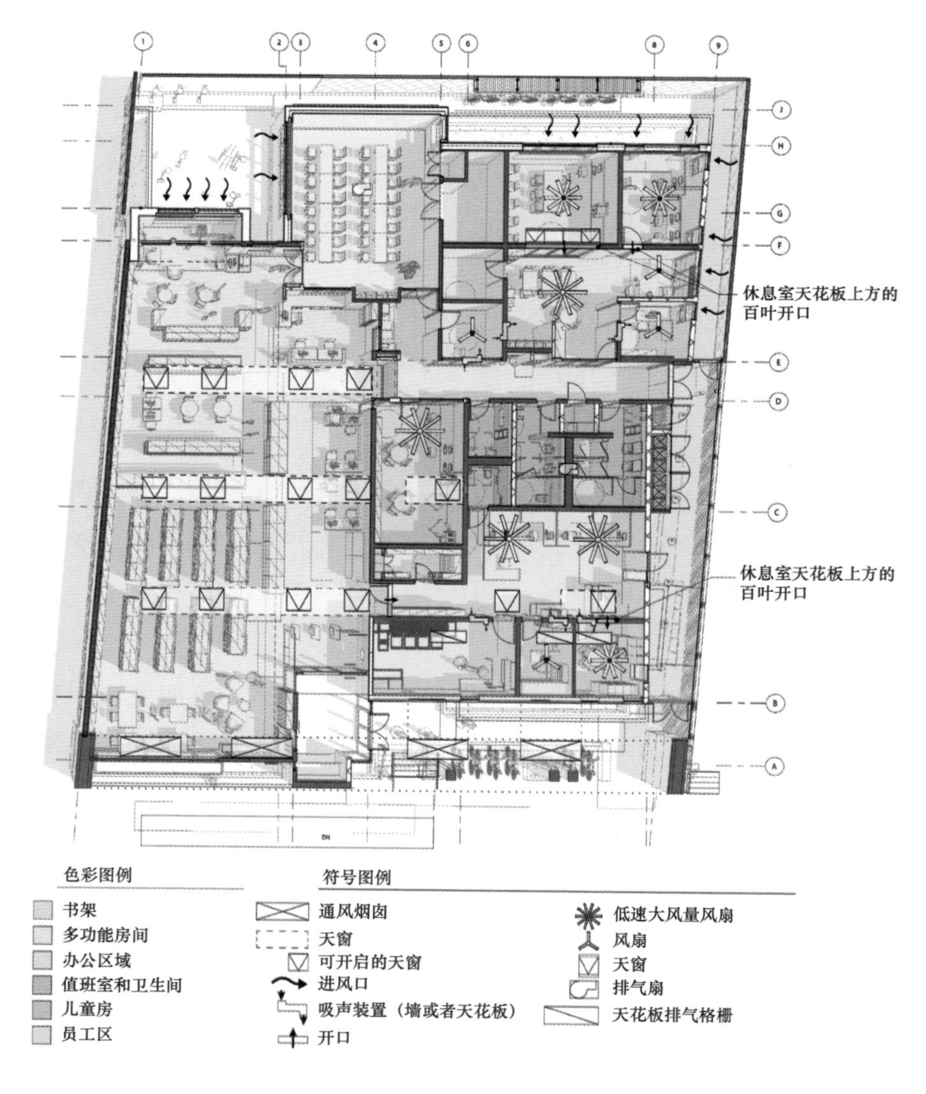

▶ 图 9.9

气流系统布局的平面图。

模 拟

屋顶的设计特征包括太阳能光伏、太阳能光热、采光井、自然通风排气和一个风斗，主要是利用过去的设计和模拟经验完成的，这些特征已经在方案设计中得到了验证。

主要的公共阅览室和书库都位于一个高天花板的空间内，以利于自然光分布。然而，设计团队不能确定，在为近地面的人员提供降温之前，高处的通风开口能否将冷空气抽上来并排出。团队开展了第二次气流研究来确定天花板形状是否对气流和供冷产生重大影响。

二维 CFD 仿真模拟采用 Airpack 软件 v2.1.12. 版本来完成，使用了房间剖面的几何形状以及风烟囱的几何形状。结果表明，天花板的形状对气流的影响不明显，并且冷却的微风在通过风烟囱或天窗将其抽出之前，会沉降在地板附近。

补充研究

项目团队使用 DesignBuilder 软件进行了分区气流分析，以确定通风烟囱的大小。虽然风烟囱的样式在南立面是连续的，但实际上只需要其长度的 20% 来提供足够的气流和吸力。

案例研究 9.2 利用烟囱效应进行自然通风

项目类型：研究实验室与办公建筑

位置：华盛顿州西雅图市

设计 / 模拟公司：ZGF 建筑师事务所 / 联合工程师公司 /SOLARC 工程、能源与建筑咨询公司

实现穿堂风形式的自然通风，通常需要采用单侧房间设计；若利用尺寸适当的烟囱，双侧房间的设计也可以实现有效的自然通风。[1]

---

[1] 单侧房间设计是指过道的一边有房间而另外一边没有房间，因此可以利用穿堂风。双侧房间设计是过道的两边均有房间，因此较难利用穿堂风。——译者注

概 述

华盛顿大学旨在将一座前沿的跨学科的纳米技术研究实验室和相关的教职员工办公室安置在一座有望获得 LEED 金级认证的新的分子工程与科学研究所办公楼中。在设计初期，该大学表示有兴趣在教职员工办公室使用自然通风。最近在校园办公室消除空调供冷的尝试尚未最终实现。大学和设计团队都认为自然通风不仅适合该项目和其所在的气候，而且如果成功的话，也将成为未来项目的探索和先例。

西雅图的海洋性气候适合自然通风策略。研究团队通过收集附近的波音机场和西雅图 - 塔科马国际机场（Sea-Tac airports）30 年的 TMY 数据，并与邻近的华盛顿大学大气科学系（Department of Atmospheric Sciences）收集的 8 年天气数据相关联，确认了相关的气象参数。

这三组数据都表明西雅图的温度很少超过 26.7 ℃。TMY 数据显示每年约有 100 小时超过此阈值，而华盛顿大学大气科学系的数据显示，每年有 25～225 小时超过该阈值。此外，逐时分析显示，尽管在夏季后期的傍晚高温超过 26.7 ℃，但前一天晚上的温度通常下降到 15.6 ℃或更低。即使在最热的天气，上午晚些时候的温度仍然经常低于 23.8 ℃。

► 图 9.10

东立面照片。

资料来源：Photo©Benjamin Benschneider.

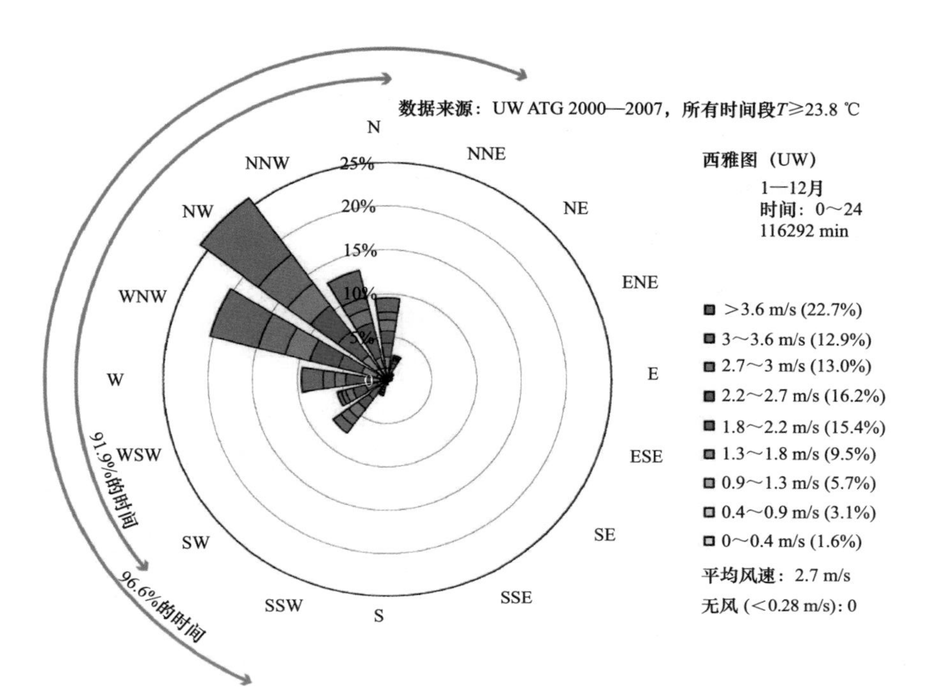

◀ 图 9.11

室外温度高于23.8 ℃的风玫瑰图。

尽管夏季风主要来自北部或南部，但华盛顿大学大气科学系的数据显示，当温度超过 23.8 ℃时，大多是西北风。

按照方案设计的要求，教职员工办公室和实验室工作间必须间隔一个大厅。由于该实验室工作间需要采用机械通风来控制烟雾，这样的建筑方案导致穿堂风不可能实现。

该项目团队采用了烟囱通风的策略，利用温度较高的排风的浮力通过建筑中间的竖井驱动通风。总体规划要求将该建筑布置在科学院中庭的西南侧，这意味着建筑的主要朝向是东北和西南。实验室原本打算建于更安静的中庭东北侧。但是，有几个因素导致该团队将办公室安置到东北侧：西北方向主导风向将有助于驱动办公室的自然通风，西南侧频繁的公交汽车噪声和尾气将降低该立面上可开启窗户的可行性，并且东北朝向能够减少太阳辐射得热以符合自然通风要求。

模　拟

ZGF 建筑师事务所和联合工程师公司（该项目的暖通空调工程设计公司），联合迈克·哈顿（Mike Hatten）和 SOLARC 工程、能源与建筑咨询公司作为其能源分析师，共同优化了通风设计。早期的设计通过改变烟囱的朝向和位置为自然通风创造了可能性。

► 图 9.12
烟囱效应图显示了自然通风模型重要的输入参数。

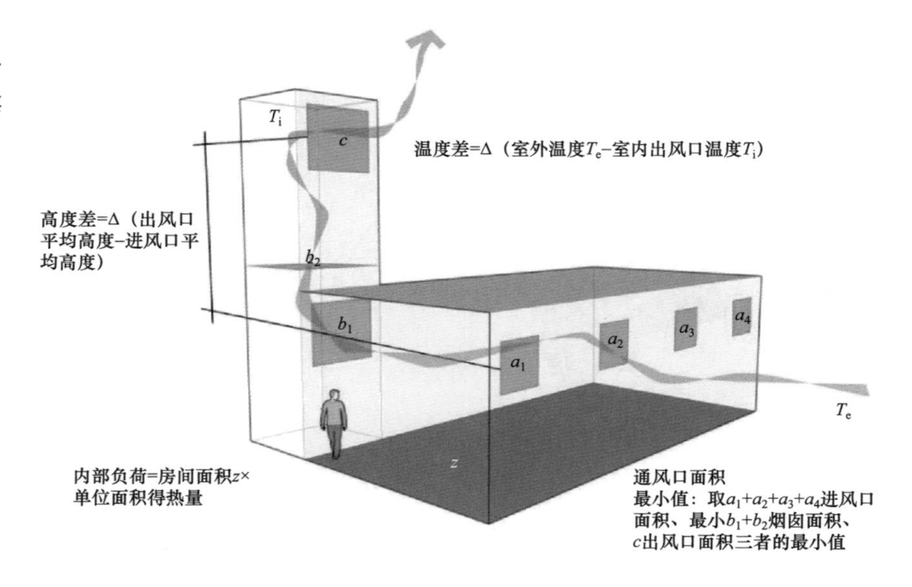

扩初设计一旦开始，为了更好地了解如何满足峰值冷负荷的要求，团队便开始进行气流分析建模。这项能耗模拟工作首先确定了办公室的峰值冷负荷发生在 7 月下旬的早晨，这是由早晨天气温暖、白天时间较长以及从东北侧升起的太阳综合作用所导致的。在这些日子里，能耗模型确定了维持热舒适所需的最高供冷量大约为自然通风能达到的冷却量的 2 倍。

该团队使用迭代模拟来确定如何更好地利用立面设计将峰值冷负荷降低 50%。通过几轮能耗模拟、遮阳和采光研究，得出了最佳策略。

项目团队采取的策略是所形成的立面通过减少开窗面积来降低峰值太阳得热负荷，使用性能更好的有着更好遮阳系数的 Solarban 70XL 玻璃，以及固定的水平遮阳。Radiance 采光模型证实了在开窗面积减小的工作区域，采光仍然充足，这意味着通过调光镇流器可以减少或消除人工照明在峰值冷负荷期间产生的热量。

每层楼都在办公室和实验室区域之间的南北两端设置了两个独立的烟囱。每层的烟囱都是与其他楼层分开的，这样每个烟囱都可以独立运行，并且不会产生层与层间气流交换的短路效果。顶部采光窗由机械调节控制，根据通风的要求来确定其尺寸以提供必要气流进行通风。底部视野区中的窗户可手动开启，允许建筑使用者根据自己的喜好调节局部气流和通风冷却。

建筑管理系统根据室内和室外的环境来调节通过窗户和排气烟囱的气流，气流会随着办公室内热量的积累而增加，以保持舒适的环境。晚上，建筑管理系统允许气流通过建筑物来冷却建筑蓄热材料和为相变材料降温。

驱动烟囱通风的浮力效应与控制气流的烟囱最小横截面积及烟囱有效高度成正比。分区空气流动模型可以帮助确定烟囱的横截面尺寸和高度。根据峰值得热量和室内温度不得高于室外温度 1.7 ℃的要求，模拟还分析了烟囱对舒适性的影响。

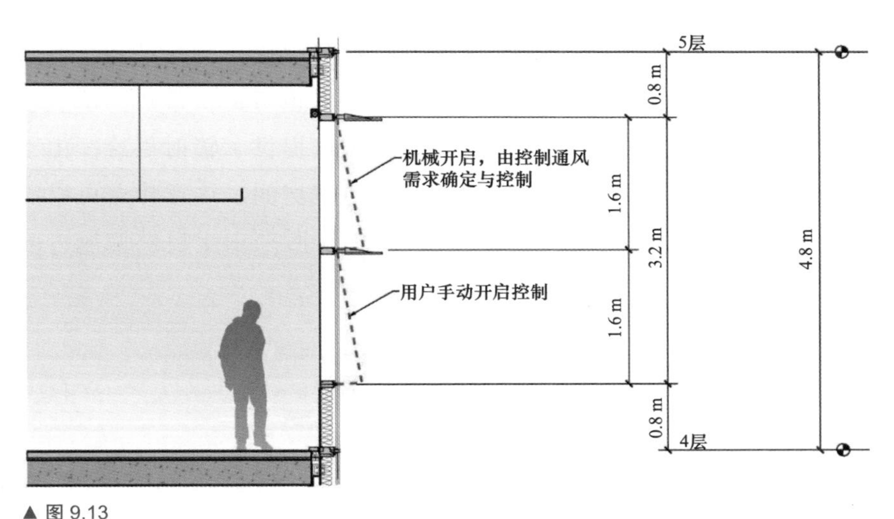

▲ 图 9.13

窗户的使用方法和尺寸。

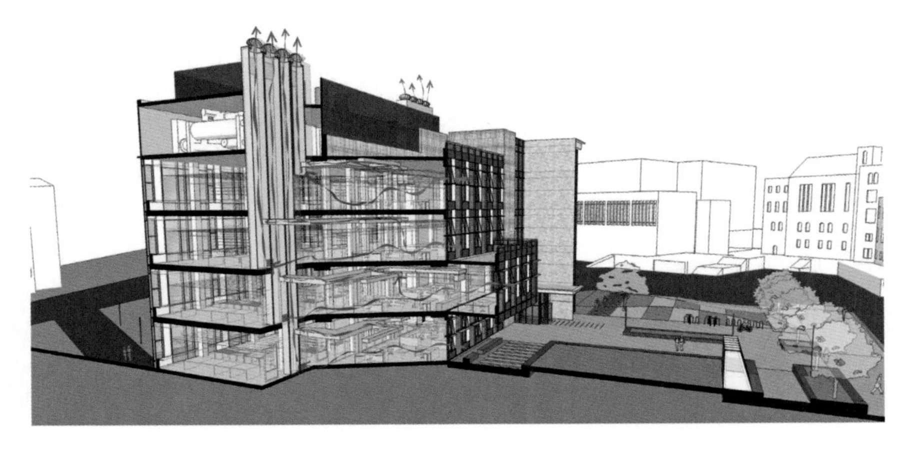

◀ 图 9.14

自然通风图显示了进入办公室和通过每层楼烟囱上升的气流。

因为烟囱排气装置具备多个增强气流的功能，所以不需要进行更详细的模拟：烟囱顶部的“太阳能烟囱”窗户将空气加热，从而增加了气流；由风驱动涡轮通风机；在气流不足的情况下，由备用电机驱动涡轮通风机。

CFD 分析保证了自然通风对实验排气的最坏影响不会危及实验室通风柜排气的安全性。在这项研究中，实验室的门对办公室是敞开的，模型中在实验室的外围护结构上建了一个高 25 mm 的缺口，用来模拟不受控制的通风。

尽管没有专门供冷系统的办公室设计存在一定的风险，但设计中一些其他的措施提高了系统的可靠性并可提高使用人员的舒适度。人员通道区域和吊顶上面裸露的混凝土结构提供了蓄热功能。位于天花板吊顶及私人办公室墙壁中的相变材料也可提供蓄热。单层玻璃隔断将实验室与办公室分隔开，通过玻璃提供了辐射供冷；由于实验室的负压，补充的空气可流经非实验室房间，这意味着可以满足一些新鲜空气的需求，并减少在峰值供冷时期由于自然通风可能出现的热舒适问题。

案例研究 9.3　分区空气流动分析

项目类型：6 层办公大楼

位置：华盛顿州西雅图市

设计 / 模拟公司：米勒•赫尔建筑师事务所 / 太平洋建筑工程师事务所（PAE Engineering）

分区空气流动分析可用于预测自然通风对室内温度和舒适度的影响。分区空气流动分析与时间 - 点计算流体力学分析不同，它通过计算一年中每个小时区域内或区域间气流的方法来确定自然通风的影响。

概　述

布利特中心是一个实验性的办公大楼，将容纳布利特基金会（深绿色研究和项目资金提供者）和其他租户。它旨在获得“生态建筑挑战”的认证，包括净零能耗、净零水耗、零废弃物及其他目标。

布利特基金会在分享设计和建造一个生态建筑所需的详细研究和分析方面非常透明。

太平洋西北部的气候是自然通风的最佳条件之一，那里的气流可以满足设计精良的办公大楼大部分的降温需求。一旦峰值负荷降低到自然通风可以发挥作用的程度，就需要研究建筑物内的舒适性和空气的流通。

布利特中心的窗户装有电动控制的窗户调节器，由建筑管理系统控制，在白天和夜晚的适当时间开启通风。除非室外温度超过室内房间温度，否则当房间温度超过 21 ℃时，所有侧面的窗户会通过程序控制打开约 10 cm。

◀ 图 9.15

布利特中心西北方向立面。

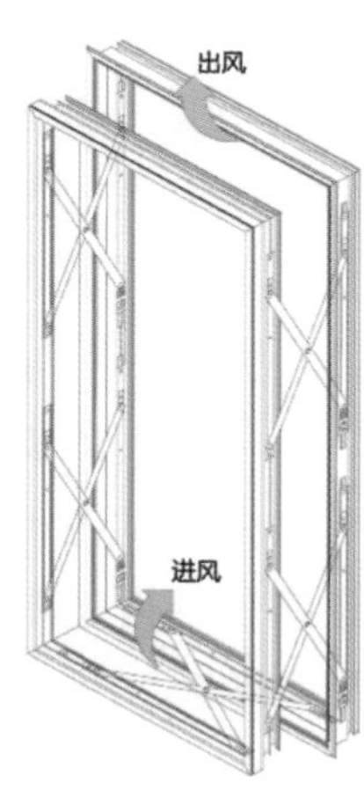

◀ 图 9.16

布利特中心使用可开启的窗户类型。窗户图解显示了窗户周边相同的开口尺寸，以减少磨损并提供均匀的、可控的气流。

资料来源：Schuco（旭格）公司提供照片与图。

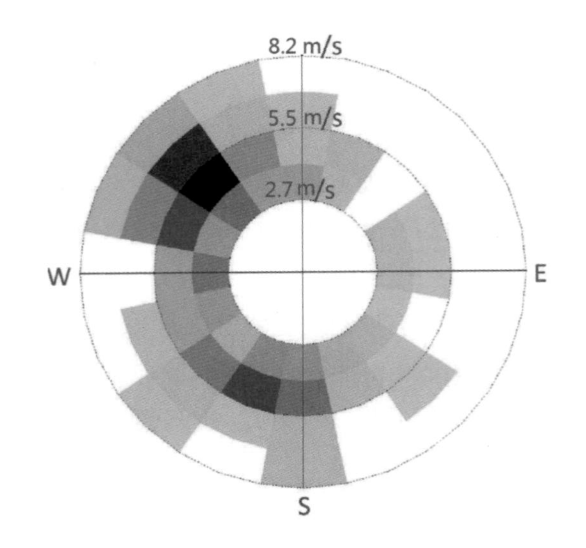

▶ 图 9.17
西雅图波音机场的风玫瑰图，显示夏季午后的风向和风速的频率（较暗的颜色）。

布利特中心下方的地源交换环路系统主要进行供热，但也可以用于供冷。供冷设备的大小不是根据设定温度点来进行设计的，而是用于改善一年中最热的环境。

模　拟

使用分区空气流动分析对建筑物每小时的负荷进行分析，以预测室内温度，并考虑当地天气、建筑物的几何外形和构造、通过可开启窗户进出建筑物的气流、建筑物室内房间之间的气流以及居住者对设施的预期使用情况。太平洋建筑工程师事务所使用热工和气流分析软件 Bentley Tas v 9.1.4 对整个建筑进行建模，并选择了四个典型区域进行详细分析，以减少呈现给设计团队的数据量。

用于气流分析和能耗分析的模型是由建筑 Revit 模型生成的，并使用相同的热工分区布局。这种方法允许将气流数据整合到能耗模型中，用来考虑自然通风的气流。气流模型本可以使用比能耗模型更简单的分区布局来减少设置时间，并且也能获得相似的结果。但是，大家认为与能耗模型的互通性对于该项目更有意义。

一旦气流模型和能耗模型设定后，设计团队便可以使用这两个模型来测试各种立面设计对舒适度和整体能耗的影响。测试的设计策略包括内遮阳与外遮阳、窗户隔热、可见光透射率及墙体构造类型和隔热。该分析在扩初设计和施工图设计的整个阶段进行，尽管有文档记录，但是仍然采用建筑设计和工程设计团队之间相对非正式的协作形式。在建筑团队设计建筑的外立面时，这种协作可以加快项目周转和制定决策的时间。

最终的立面设计包括窗墙比为 40% 的窗户，其中约一半的窗户区域是可开启的。 在办公楼层，可开启窗户面积与地板面积的比例约为 2%。

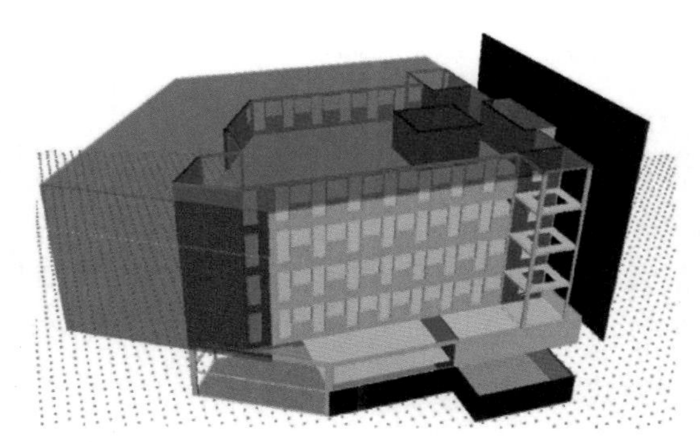

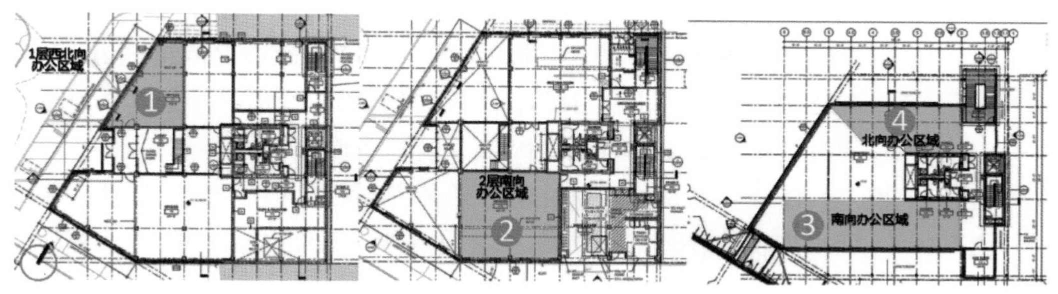

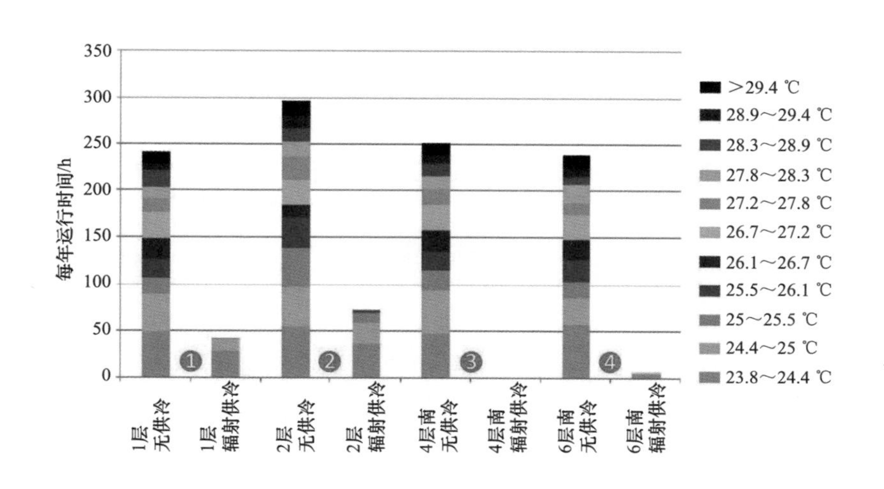

◀ 图 9.18
三维 Tas 模型和选定的标志区域平面图。在对所有区域进行测试的同时，该团队更专注于四个标志区域（红色）的操作温度。图表上显示了有无辐射供冷的室内温度。

说 明

热舒适很难量化，并且已经有许多不同的评价指标来分析气温、湿度、气流、辐射温度和衣着水平的影响。热工模拟软件考虑了这些因素，再加上辐射表面温度和局部气流速度，所有这些因素有助于提高居住者的舒适度，并确定 PMV 的得分。

美国供暖、制冷与空调工程师协会采用的 PMV 是包括这些变量的一个常用评价指标，但对于非专业人士来说，它理解起来并不容易。设计团队为了呈现他们的数据，决定将舒适度简化为干球温度，因为这是一个所有建筑居住者都熟悉的量化指标。空气流动被认为是温度作用的结果，而由于太平洋西北部夏季气候干燥，湿度被认为是一个不重要的因素。

舒适性分析的结果表明，高性能的围护结构、辐射楼板和通风冷却能将研究区域房间温度保持在 26.7 ℃以下。柱形图可以用来以图形的方式表示在有无辐射供冷条件下，全年每个区域温度预期不超过 0.6 ℃范围内（即低于 27.3 ℃）的小时数。在没有辐射供冷的情况下，每年每个区域有将近 100 个工作小时的温度超过 26.7 ℃。在这项研究中，由辐射供冷所提供的相对较少的供冷量几乎消除了所有温度在 26.7 ℃以上的情况。

DOE-2 软件能耗研究的结果表明，采用通风和辐射板供冷将房间温度保持在或低于 26.7 ℃，仅需要约 5000 kW • h/a 的电力，仅约占建筑能耗的 2%。

补充研究

气流研究几乎与设计各个方面的研究结合在一起，因为如果没有模拟分析就不可能实现项目的目标。案例研究 7.5 和案例研究 10.7 中介绍了布利特中心项目其他方面模拟的示例。

案例研究 9.4　室外 CFD 分析

项目类型：既有办公建筑

位置：加利福尼亚州新港滩市

设计 / 模拟公司：卡利森公司 /KEMA 能源分析公司

邻近的建筑物会阻碍或减少建筑物内自然通风的可能。使用CFD模拟测试室外的风速和风向，可以为分区空气流动分析提供信息，用来估算自然通风提供冷却的能力。

概　述

新港滩市DPR建筑公司办公楼的设计旨在大幅减少能源消耗，使其建造的建筑比加利福尼亚州严格的“基准24”能耗标准要低59%。自然通风创造了重要的节能机会，所以对其进行了室外风环境的研究，以探究穿堂风的可能性。此处介绍的CFD研究是为了测试北侧和东侧的相邻建筑物对自然通风潜力的影响。

项目团队分析了5～8月的风环境，在图9.19只展示了5月和7月两个月的风环境分析图。尽管在全年中主导风向主要来自西北方向，但在峰值供冷期间，风通常是来自西南方向。这些信息叠加在建筑上的风玫瑰图进行显示，时间限制在早上7时至下午6时。

模　拟

为了开展CFD研究，设计团队创建了现有建筑物的几何模型。在5～8月的供冷期间，测试的风速为0.9～1.3 m/s。之所以选择该风速作为最不利的气流条件，是因为更高的风速会提高穿堂风的可能性。该研究从8个不同方位对最可能的风环境状况进行了多次迭代计算分析。

考虑到相邻建筑物的位置，项目团队猜测在场地其他建筑之间的庭院中会形成风影区（或负压区）。这个低压区将有助于气流从南侧和西侧通过建筑后进入庭院。

尽管这种情况有时确实会发生，但分析显示相邻建筑物的主要影响几乎在各个方向上都会形成湍流和强风。现场验证也进一步证实，在设计的峰值月份，室内的确能接受到来自四面八方的气流。这一结论告诉项目团队所有外立面上要被改造的可开启窗户的数量可大大减少。

随着自然通风的潜力在现场得到证实，案例研究10.6展示了如何利用室内自然通风和其他减少能耗负荷的策略来完成低能耗建筑设计。

▶ 图 9.19

尽管使用CFD研究了4个月的风环境，此处仅显示5月和7月的研究结果，覆盖在场地上（用褪色的颜色标出）的风玫瑰图、CFD等值压力线图和在距地面1.2 m处的三维计算流体力学速度矢量图（3D CFD）。基于主导风研究的每个月的风向用浅灰色表示，而风速则选择该时间段内平均风速的低值。

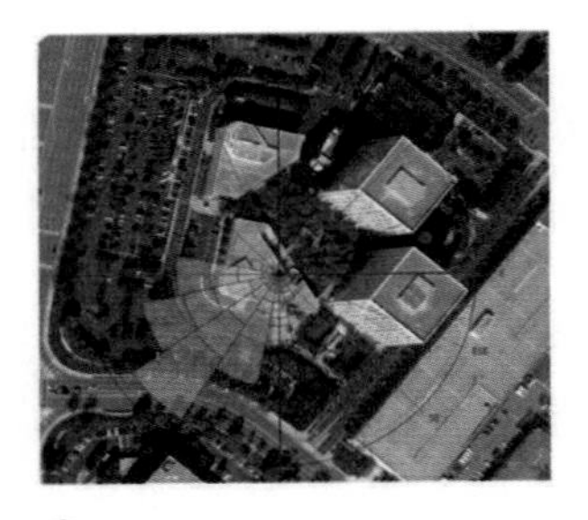

5月风玫瑰图与CFD分析

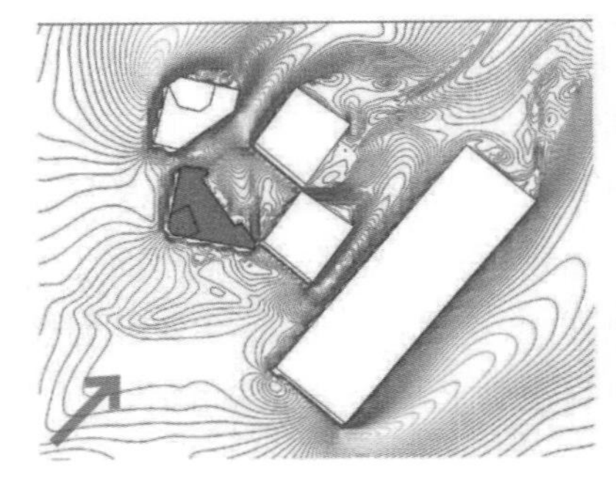

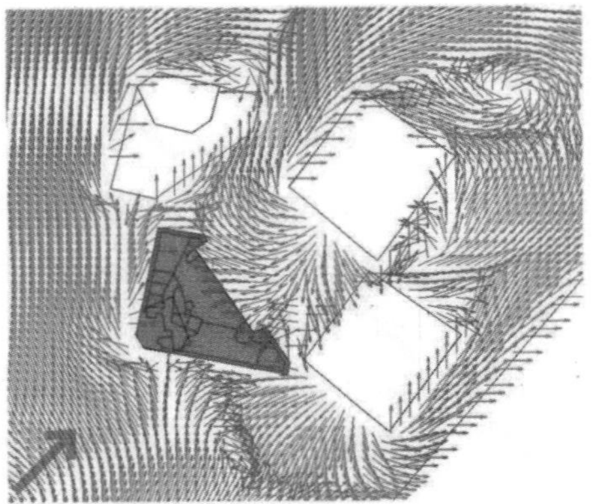

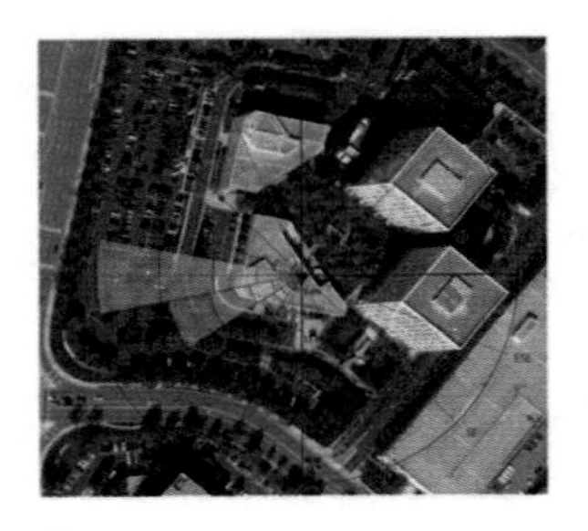

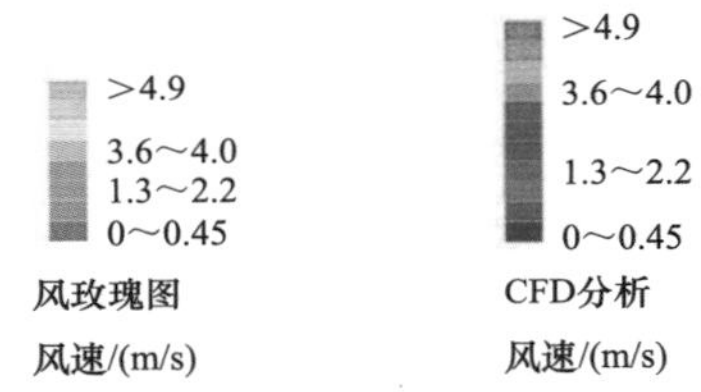

7月风玫瑰图与CFD分析

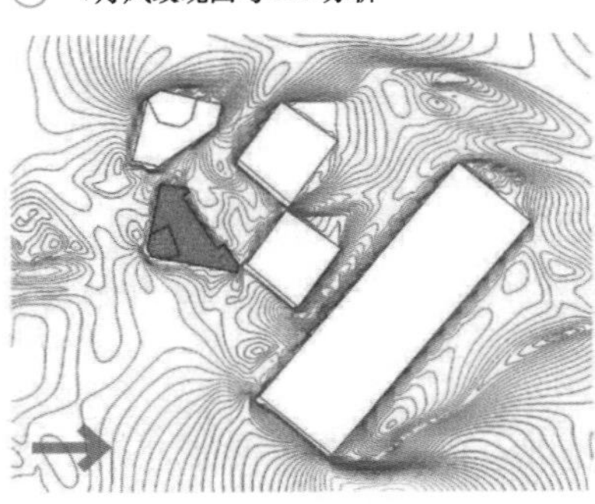

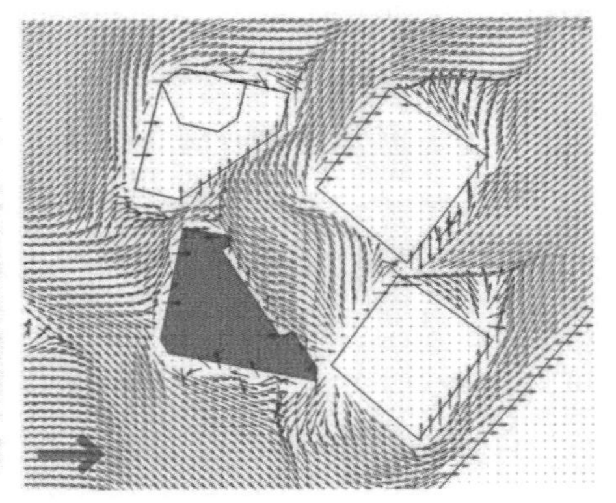

10
能耗模拟

本质上讲，所有的模型都是错的，但有些模型是有用的。

——乔治·鲍克斯

为了实现低能耗设计，所有有助于提高建筑能源性能的要素都需要协调工作。建筑用能模型验证气候、几何形态、材料特性、预期的建筑使用者行为和照明等要素之间的交互作用是否协同工作，以创造舒适环境并实现项目团队的能源目标。因为建筑师领导设计过程，所以他们需要更好地了解能源模拟的基本原则。

如果使用整合式的团队设计方法，在早期阶段通过更少的能源模拟就可以实现低能耗设计，工程师和其他专家可以基于他们的经验提供指导，从而带领团队沿着正确的道路前进。遗憾的是，整合式的团队设计方法并不常见，在确定建筑几何形体之前，建筑师需要自己探索和验证所选择的可持续策略的有效性。

因为本章总结并关联了至今所有已经完成的分析，所以特地将其放置在本书的结尾部分。之前所涉及的气候、太阳得热、采光、气流和其他方面的要素在一天的每时每刻都会相互作用。在能耗模型中，要将这些要素中的得热和散热求和以预测室内温度，然后通过空调系统或自然通风系统设计来增加或减少室内的热量以实现热舒适。

本章第一部分介绍能耗模拟的基础，第二部分介绍热工计算的相关负荷，最后一部分介绍能耗模拟的团队合作。案例研究展示了建筑师可以做什么，并且指出了暖通空调设计和能耗模型中所包含细节的深度。

本章使用了“鞋盒状”简单体块模型来说明一些概念，这些概念在案例研究中介绍过，并且在每个关于能耗模拟输入要素的章节之后进行了解释。模型使用了美国劳伦斯伯克利国家实验室免费的COMFEN软件，该软件非常直观，可供建筑师使用，并且足够严谨，可以提供有意义的信息反馈。在伊利诺伊州芝加哥市的气候条件下，测试了一块西南向的独立办公楼立面区域。

能耗模拟基础

能耗模拟目标

能耗模拟的现状是有许多工具可用，但是没有一个工具能进行所有必需的模拟。因为建筑能耗模型有太多细节以至于无法同时模拟所有要素之间的交互作用。相反，有经验的分析师会选择提出合适的问题，并且建立一个具有适当细节程度的能耗模型去回答这些问题。

因此，没有诸如“标准”能耗模型之类的工具——每个模型都是为了回答不同的问题或者探究不同的研究方向而建立的。问题的提出是有框架的，以便在平衡项目时间、模拟精度、检验多个方案的自由度的情况下做出回答。能耗模型的建立要通过限制模型规模、复杂程度及设定必要的时间来有效回答这些问题。一些建模意图的示例如下：

- 确定峰值冷热负荷，这可能会决定自然通风系统和一些空调系统的使用潜力。
- 比较建筑的几何形态、开窗大小以及开窗的位置对能耗的影响。
- 估算预期的建筑单位面积能耗强度。
- 确定暖通空调系统设备容量大小。
- 比较不同的暖通空调系统。
- 通过测试节能措施来确定每项措施节省的能耗或比较全生命周期成本。
- 验证设计的能效性能以符合能源法规要求或获取LEED评分。
- 将实际能效性能与预期性能进行比较以判断运行中出现的能耗问题。

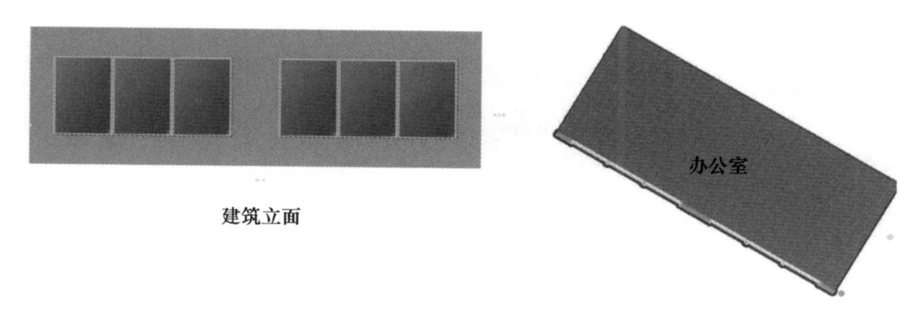

◀ 图 10.1
伊利诺伊州芝加哥市一幢办公楼的COMFEN体块模型。

图 10.1 使用 COMFEN 体块模型来展示说明本章所涉及的某些概念对能耗可能产生的影响。该模型是伊利诺伊州芝加哥市的一幢办公楼中一个进深 4.6 m、宽 11.6 m 的体块，其窗墙比为 58%。除外立面外，墙体、天花板和地板都是绝热的，这意味着没有热量可以通过它们进行传递，因此可以在体块模型中验证适用于整个建筑的不同方案。下面列举的每个输入参数都提供了一个示例，通过对输入参数进行验证来确定其对能耗的相对影响。

热工计算

基于热平衡法的各种演化方法在能耗模拟中被广泛使用。该方法在既定的时间内，将空间内的得热和失热求和，得到的室内空气温度假定与第 9 章中讨论的操作温度相似。如果空气温度过高，那么确保房间热舒适所需的能量被称为冷负荷。如果温度过低，升温所需的能量被称为热负荷。每个增加或减少热量的非机械元素也被称为负荷。

热平衡法的简易版本可以用电子表格来计算，以一年中的每小时为时间单位，曾被用来为西雅图的伯奇学校（Bertschi School）净零能耗建筑（“生态建筑挑战”认证）和其他的小型项目建模。

进一步说，热平衡法可用于计算每个表面（或一个面上的多个点）的温度，然后对每个表面的得热求和并减去各个表面由于对流传递而产生的失热，得出一个基于所有表面计算的室内空气温度。该方法非常适用于模拟通过控制空气温度来提供加热或冷却的强制对流空气系统。针对辐射供热和供冷系统则需要对该方法进行调整，因为它们不需要通过即时调节空气温度就可以影响舒适度。

如图 10.2 所示，能耗模型中的常见输入指标包括基于气候的室外负荷（❶～❹）与室内负荷（❺～❾）：

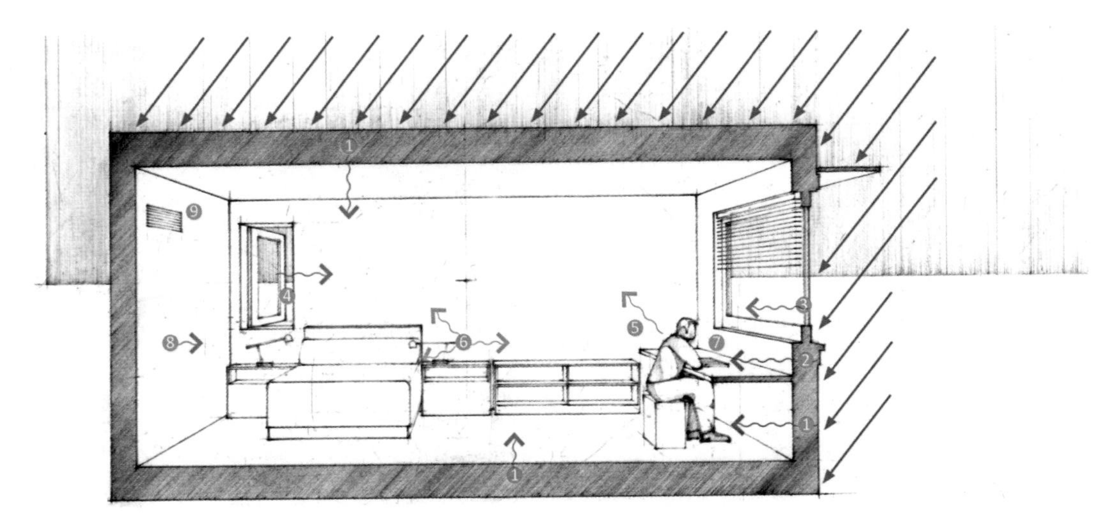

▲ 图 10.2

一个单独的房间，显示了能耗模拟软件的部分输入指标，以确定能耗和舒适度（❶～❾）。

❶ 围护结构的热传导。

❷ 渗入风和渗出风：通过建筑围护结构的漏风。

❸ 通过玻璃和不透明围护结构传递的太阳能。

❹ 通过暖通空调或自然通风输送的室外新鲜空气。

❺ 人员所散发的热量，包括他们的活动状态。

❻ 电气照明能耗。

❼ 设备和插座负荷，例如电脑、手机充电器、房间加热器、冰箱、电梯、数据服务器等。

❽ 过程负荷：建筑运转所必需的负荷，但不能直接归于其他类别的负荷。

❾ 通过空气或者隔断从相邻的室内空间传输来的热量。

一旦计算出每小时（或者其他时间步长）的负荷，就可以设计出一个通过增加或减少热量来维持舒适的系统。该系统包括供热、供冷以及任何用于辅助热量在建筑中传输的风机或者水泵（采暖通风空调系统），它通常也包括新鲜空气的输送。

上述所有的负荷都需要为一年之中的每小时（或其他时间步长）制定一个与其对应的时间表。时间表通常是为人员、设备、照明、百叶等准备的。

可以添加更多输入指标以得到更详尽的信息。能耗模型及其最详尽的细节应该包括物理世界的方方面面及其之间的相互作用，如气候、几何形体、材料特性、照明设计、暖通空调、电气和管道系统、热流、人员舒适度、人类行为及其他等。还没有一个能源分析师或一款能源分析软件可以在典型的设计过程和费用范围内，实现这种理想的细节程度。相反，建立模型是为了解决特定的问题。

由于能耗模拟的领域与内容如此广泛，因此需要的资源数量是惊人的：在合适的时间内建立一个细节程度适合并且可支持建筑设计过程的能耗模型是非常困难的。最好的结果是基于使用者的经验，在可用的资源中寻找合适的典型负荷计算表❶，使用验证过的熟悉软件，并且根据使用者的预期结果持续评估计算结果，以确保对模型有完整的理解。

由于能耗模拟是一项如此复杂的工程，因此在早期设计阶段，能耗模型的几何形态和输入参数的详细程度取决于经验，除非有更好的信息可用，通常主要使用初始默认值。

当客户、建筑类型和其他项目参数提供了关于建筑如何运行的详细信息时，可以将这些信息输入模型中以增加准确性。对于了解照明要求、运行时长和其他标准程序的老用户，现有建筑设施数据或者建筑使用后分析数据是有用的。然而在大多数情况下，设计团队在最早期阶段根本没有能耗模型的输入数据。专业的能耗分析师和公司会经常收集有用的输入数据和建筑使用后分析数据的数据库来提高能耗模拟的准确性。

几何形体与热工分区

与南向、东向或者建筑内区相比，办公建筑的西向部分在一天不同的时间段内太阳得热负荷会不一样。为此，需要将建筑的几何形体划分成多个热工分区。在图 10.3 中，每个热工分区内（❶～❾）的热平衡计算是分别进行的。

热工分区是建筑内假想的物理分区。每个热工分区包含空气温度、人员使用特点和内部负荷相对统一的区域，通常反映为相同暖通空调分区或者受同一温控器控制而被组合到一起的房间。朝向相同但是使用功能不同的空间，如卫生间和（或者）电梯，可以划分为不同的区域，但在设计的早期阶段这不是必要的。

---

❶ 此处是指依据建筑当地的气候特征及建筑类型，参考典型的建筑冷热负荷，对模拟计算结果进行评估。——译者注

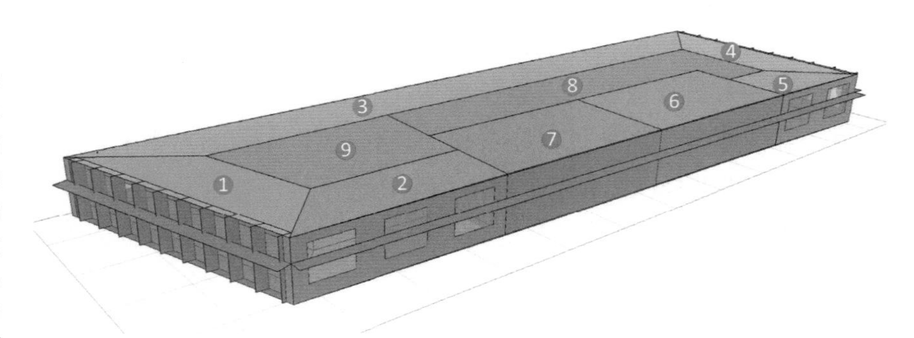

▶ 图 10.3
在距立面外墙 4.6 m 以内的开放办公区域内分别设置了西向、西南向、北向、东向和东南向多个热工分区（❶～❺）。其他热工分区区域划分为电梯❻和卫生间/服务区❼，以及不靠近外墙的开放办公区（❽和❾）。因为这是多层建筑中的一层，所以可以看作简单的体块模型。

资料来源：来自Autodesk Ecotect 修改输出。

项目团队需要理解每个热工分区的各个属性并达成共识。例如，基于每班 20 个学生的负荷所建的学校模型与基于每班 40 个学生的负荷所建的学校模型相比，表现会有所不同；或者以室内有 20 台功率 300 W 的电脑建立的模型与无电脑的模型相比会反映出不同的结果。由于实际数字是未知的，因此通常在早期能源模型中常使用平均值。

热工分区不一定按单独的房间划分，而经常按朝向、与外立面的距离（外区或者内区）及房间类型进行分区。因为更多的热工分区会增加模拟运行时间，所以在确定如何将建筑空间划分为不同的热工分区时，能源模拟分析师需要做出实践判断。

根据 ASHRAE 90.1 标准，距离每个建筑立面 4.6 m[1] 内的区域都被划分成一个热工分区（外区），而将距建筑立面较远的内部空间划分为单独的热工分区（内区）。这使软件能单独计算建筑分区的外区与气候如何相互作用，例如通过太阳辐射加热或通过建筑外立面向室外热传导。

在准备一个几何模型用于能源模拟时，每个热工分区需要一个连续的气密性的围护结构，以便软件正常运行。相邻分区间可以设置由“空”或假想的“空气墙”材料形成的与两个分区接触的墙体，以便在不违反气密性规则的情况下不同分区之间自由地进行空气交换。在以设计为导向的三维建模项目中，建立符合气密性规则的热工分区是一个挑战，所以自动化软件可以协助检测热工分区合适的位置并且填充所有间隙以保障热工分区的气密性。

---

❶ 在进行内外分区时，一般是以距离建筑立面 5 m 内为外区；也可以根据实际情况进行区分，如将外侧独立办公室作为外区。——译者注

“鞋盒状”体块模型

单一热工分区模型或者仅有少量分区的模型，通常被称为“鞋盒状”体块模型（简称体块模型）。建筑师和许多专业能源分析师使用体块模型，因为大部分整体建筑能耗模拟需要暖通空调系统设计。建筑师通常会使用体块模型的自动化版本，该版本软件可使用合理的默认输入值。

为了研究建筑中的一部分，需要从能源模型中排除建筑的其他部分。这是通过在体块模型与其相接触的其他空调房间之间设置绝热墙（具有假想的不传热特性）来实现的，这就将传热限定在了与室外环境相互作用的立面上。

体块模型允许研究重复性元素的影响，例如具有相同朝向的酒店房间，或者如上述案例所示的高层建筑的典型楼层。体块模型还允许项目团队分析建筑中的特殊部分以改善局部的舒适度或者能耗性能。

▼图 10.4
爆炸模型图显示出一块单独的热工分区（红色部分），该分区作为体块模型进行分析，将绝热墙放置于与其接触的其他内部分区之间以防止热量流失。在这种情况下，将绝热墙设置于该分区的顶部、底部和左侧。

资料来源：安德鲁·马什。

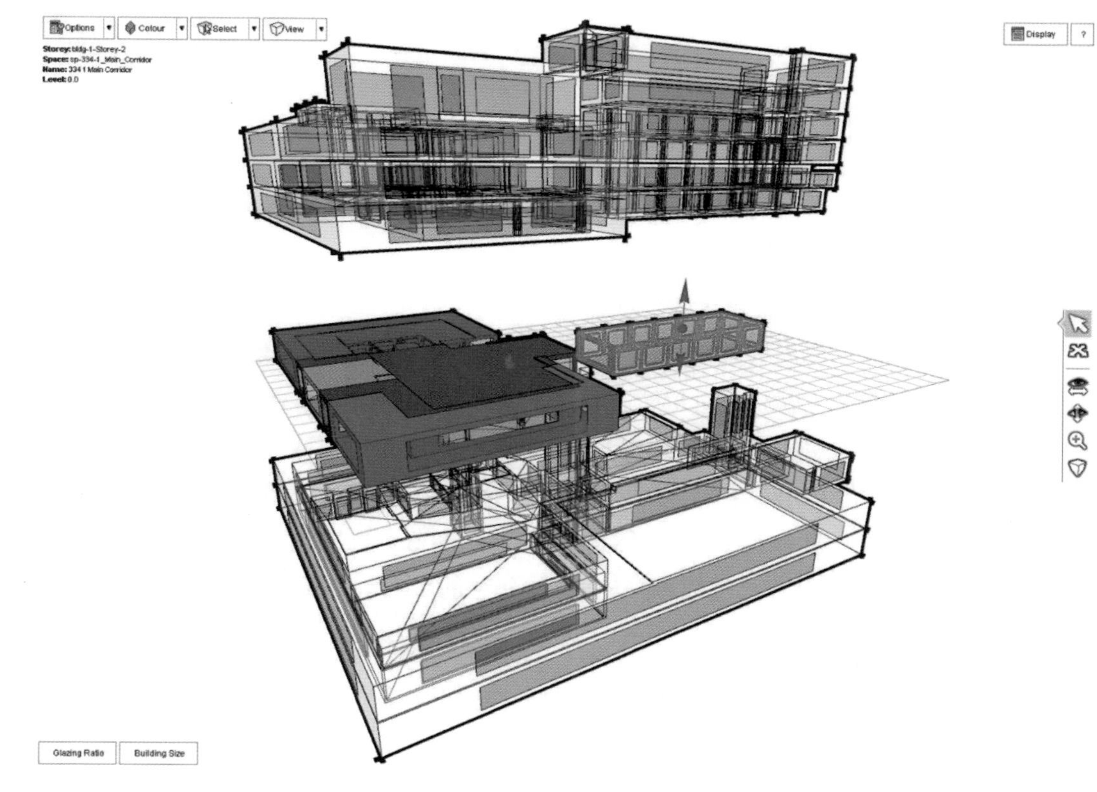

能源模拟中的负荷

几何形体

在设计低能耗建筑时，建筑师控制着被动式设计中一些最重要的方面，如建筑几何体量和项目的几何表现、开窗大小和开窗位置。这些因素几乎影响所有的负荷。在过去，大部分能源模型被用于测试暖通空调系统和非几何形体相关的输入参数，因为这些模型是在设计的最后阶段完成的，通常是在暖通空调工程公司内部完成；然而，如果建筑师在早期设计中就采用能源模拟，那么就可以合理地测试建筑几何形体以确定针对建筑用能的最优设计。

与气候相关的负荷

太阳能负荷

在第 6 章中详细地讨论了通过窗户透射的太阳得热。在许多气候条件中，太阳得热负荷是峰值冷负荷的主要来源，所以在低能耗设计中通过改变开窗朝向、窗户尺寸和遮阳来控制太阳得热是至关重要的。

传导负荷

墙壁或窗户的传热系数，称为 *U* 值[1]，其决定了热量在室内和室外之间传导的速度。传热系数在不同的材料和构造上的赋值基于实验室测试。虽然特别称之为热传导系数（传热系数），但测试包括所有形式的热传递，即传导、对流和辐射。传热系数的倒数 *R* 值是指热阻值。

使用各层建筑材料的热阻值（*R* 值）以形成墙体或者窗户等构造。可以通过对每个材料层的热阻值求和来计算构造的热阻值，或者可以使用诸如 THERM 之类的软件来进行更精确的计算。*R* 值可以指建筑构造或者材料的总热阻值，也可以指单位厚度材料的热阻特性。

墙体构造的计算方法如下：38 mm 的连续硬质保温材料（R-1.32[2]）会比带棉絮（R-3.3）保温的金属立筋提供更高的热阻值。金

---

[1] 在中国，传热系数称为 *K* 值，与美国的 *U* 值有一定差异。——译者注

[2] R-1.32 是简化表示方法，表示 R=1.32 K • m^2/W。本书中遵照行业习惯，采用此简化表示方法。——译者注

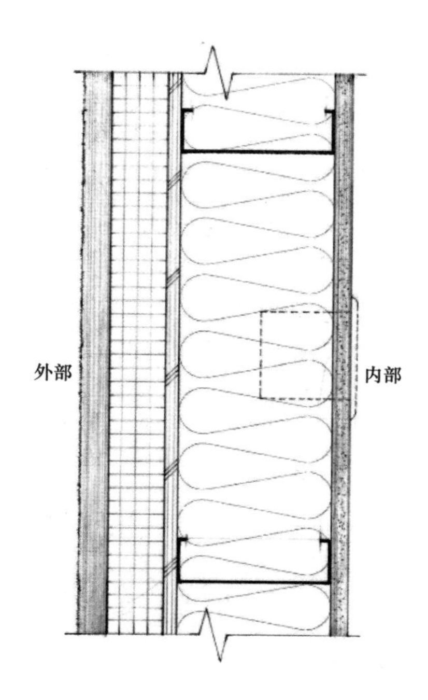

◀图 10.5
对各层的热阻值求和得出构造热阻值。

0.11：内部空气层

0.08：室内墙板

1.25：400 mm 间距的金属立筋之间填充的棉絮（R-3.3）保温

0.11：12.5 mm 厚外部保护层

1.32：38 mm 厚挤聚苯乙烯硬质保温材料

0.14：室外搭接的雪松面板

0.04：室外空气层

总热阻值 R = 3.05 K・m²/W

［总传热系数 U=0.32 W/（m²・K）］

属立筋具有很高的传热系数，它们会为热量传递提供一个热桥以绕过热阻层，从而将立筋和保温层的总有效热阻降低到 1.25 K・m²/W。

尽管热辐射阻挡层（如锡箔纸等）本身的热阻值可以忽略不计，但它可减少辐射传热，最小相当于通过 3 mm 空气层所减少的传热量，从而增加构造的热阻值。它对热阻值的影响很难计算，因此经常要测试整个构造以确定增加的热阻值。

通过将室内外之间的温度差乘传热系数和构件的面积，可以计算出通过不透明墙体产生的得热或散热量。使用 UA 法（将 U 值乘面积）可以得到一个在能源法规中用于热阻权衡计算的数值。例如，可以通过更好的玻璃或不透明墙体的 U 值来平衡较高的玻璃面积。计算每个建筑构件的 UA 值，然后将所有 UA 值求和以得出整个建筑物的 UA 值。该方法没有考虑太阳辐射、材料热惰性或朝向，但是在简便性和准确性之间取得了适当的平衡，适合广泛使用。

如图 10.6 所示，项目早期阶段中简单的权衡计算可以使用 UA 法比较通过所有立面的热流值。将带有封闭中庭的 U 形设计❶与具有类似平面宽度和建筑大小的长条形建筑❷进行比较。中庭竖向开窗的增加而增加的热损失❸远远抵消了因外部玻璃面积减小而减少的热损失❹。U 值假设包括了每种墙壁和玻璃类型。

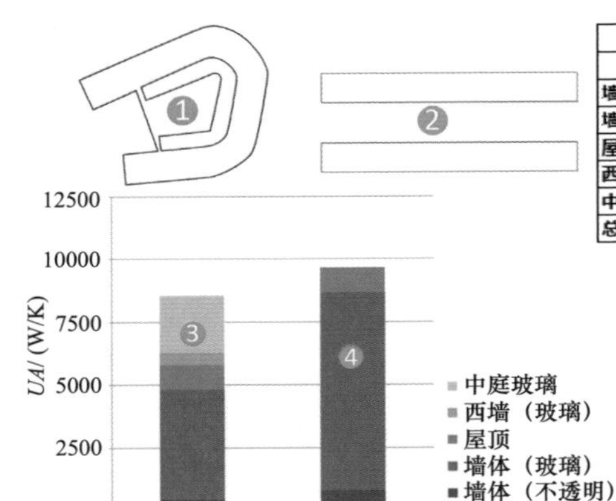

	联邦中心南楼 1			基准建筑 2	
	U/[W/(m²·K)]	面积/m²	UA/(W/K)	面积/m²	UA/(W/K)
墙体（不透明）	0.28	1615	452	2903	813
墙体（玻璃）	1.87	2423	4531	4355	8144
屋顶	0.17	5331	906	5416	921
西墙（玻璃）	1.87	276	516	—	—
中庭玻璃	2.16	1092	2359	—	—
总计			8764		9878

▲ 图 10.6

项目早期阶段使用UA法比较所有立面的热流值。

资料来源：ZGF建筑师事务所。

Ecotope公司的工程师发现，如果建议中型建筑项目采用0.57 W/（m²·K）的预算，会为设计团队提供一个灵活的目标，将有助于在西雅图的气候条件下建造低能耗建筑。为此，要对所有围护结构构造的 *UA* 值求和然后除以占地面积。

外墙构造的蓄热性能除提供热惰性来调节室内温度波动的幅度外，还可延迟通过建筑表皮的传热负荷。可使用《ASHRAE 基本原理手册》中的“辐射时间序列法”快速估算外墙材料构造热惰性的影响，该方法根据“传导时间因子”估算不同构造中的时间延迟。例如，带有隔热层的300 mm混凝土外墙在接下来的24 h周期内近乎均匀地扩散每日的得热和散热。相比之下，带保温的幕墙窗间墙在3 h内就可以将96%的得热传递到室内。

尽管有例外，但使用更多的保温隔热材料往往是降低能耗最具成本效益且技术含量最低的设计措施之一。提高保温隔热水平往往会减小空调设备和管道尺寸，降低供热和供冷负荷，并通常会提高舒适度。在高窗墙比的建筑中，实现高热阻值需要三层玻璃或四层玻璃，而这往往是昂贵的。

在此体块模型案例中，对于不透明的墙壁，COMFEN默认间距为400 mm，尺寸为50 mm×100 mm的木立筋构造及R-2.3的填充保温层和保护层外R-0.67的连续保温层，总热阻值为3.2 K·m²/W。更换为150 mm的金属立筋墙，R-3.3的填充保温及保护层外190 mm的聚苯乙烯保温层，构造总热阻值为3.05 K·m²/W。由于较高窗墙百分比（58%）和中等的玻璃热阻值，因此将外围护结构热阻值提高到 R=5.1 K•m²/W 仅能节能 0.5%。

使用的基准玻璃类型具有较低的太阳得热系数［可见光透射率 T_{vis} = 0.37，太阳得热系数 $SHGC$ = 0.24，传热系数 U= 1.4 W/（m^2•K）］。对具有较高太阳得热系数的玻璃类型［可见光透射率 T_{vis} = 0.70，太阳得热系数 $SHGC$ = 0.47，传热系数 U = 1.4 W/（m^2•K）］进行测试，测试得出这会导致年能耗增加 20%。将窗墙比从 58% 降低到 47% 每年可节能 6%，这可能会对建筑能源性能产生其他影响，需要通过完整的能耗模拟来确定。

热桥 / 冷桥

当保温材料被易导热材料尤其是金属穿透时，构造的有效热阻会降低。低能耗建筑设计通过减少热桥来减少传热，但大多数能源模型都不会模拟到这一效应。而会在能源模型中使用一个仔细研究过的考虑热桥效应的近似 U 值。

可以使用 THERM 或其他软件来完成热桥计算，如案例研究 10.5 所述。例如，考虑将计算所得的传热系数值结合进被动房计算软件中。

图 10.7 所示的红外热像仪图像显示了内表面的相对温度。这种类型的图像可用于定位空气渗透处和热桥位置。墙壁和地板之间的

◀ 图 10.7
红外热像仪图像显示内表面的相对温度。

资料来源：诺伊多费尔工程师事务所。

连接处 ① 包括热桥或来自外部的渗透风。墙面的电气箱 ② 经常会产生渗透风。窗户底部显示出的蓝色区域是由于窗户的热传导而导致的冷空气循环，这是一种典型的状况。

图 10.8 通过一组典型的墙体构造 ③ 显示了通过立筋的热桥。通道更矮的屋顶 ④ 上的热传递显示出了一系列悬臂结构热桥通道的效果，这些悬臂结构穿过墙体以支撑外部悬挑。在建筑物处于轻微正压的情况下，温暖的空气流经悬臂结构的中心之后通过金属壁板和底部材料流出。

在许多情况下，热桥现象是钢结构或混凝土结构从空调区域跨越到无空调区域空间而导致的，例如大多数建筑的悬挑阳台、屋檐、雨篷等情况。金属框架上的水平立筋也会导致热桥，可使得墙体保温构造的热阻降低近一半。

科罗拉多州维尔市卡利森公司[1]的一个项目承包商透露了他们在悬臂混凝土板上遇到的困境。寒冷时节，阳台的悬挑混凝土板内外存在热桥，会使邻近室外的室内地板出现冷凝现象。为了解决这个问题，施工团队为阳台加设了隔热断桥构造。

▶ 图 10.8
墙组件和屋顶的能量流失显示。
资料来源：诺伊多费尔工程师事务所。

[1] Callison RTKL 是一家全球性建筑、规划和设计咨询公司，拥有近 2000 名设计师，成功为开发商、零售商、投资商、大型企业以及公共部门打造众多享誉全球的经典项目，成为全球零售设计排名第一、综合设计排名第五的公司。——译者注

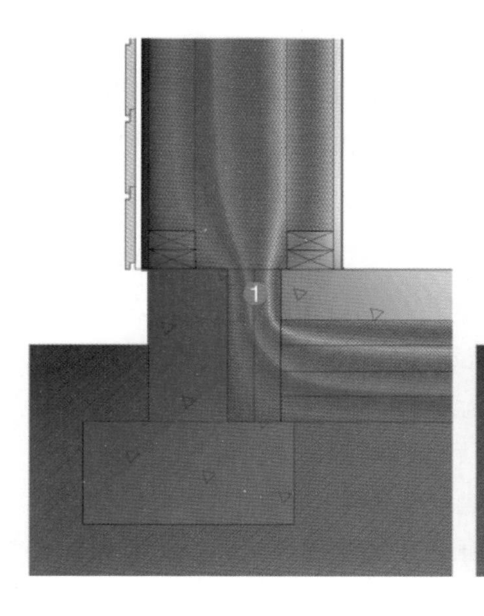

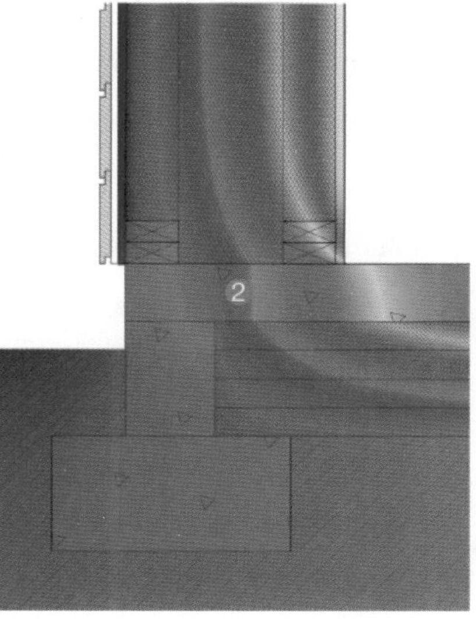

◀ 图 10.9

被动房培训包括使用 THERM 软件了解建筑构造的热桥。本图展示了墙壁和地板交叉节点处的高保温材料，可避免在使用连续楼板构造时通常出现的热传导损失。根据被动房标准设计，左图所示构造热负荷将降低 16%。图示的伪彩色图显示出构造节点内部的等温线。

资料来源：Brute Force Collaborative。

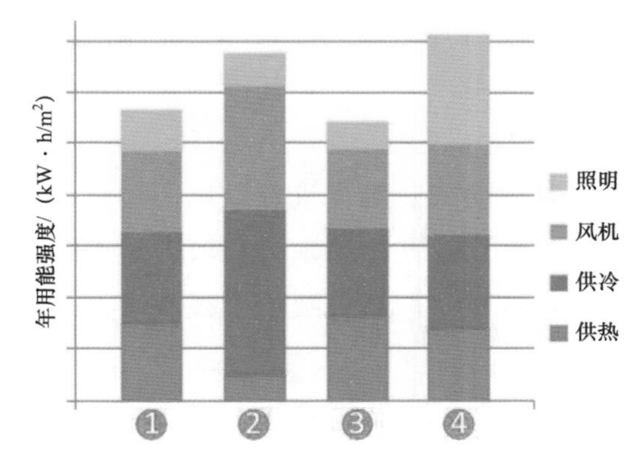

◀ 图 10.10

芝加哥案例体块模型的 COMFEN 软件模拟分析结果。基准模型 ① 与具有相同传热系数但更高的可见光透射率和太阳得热系数的透明玻璃模型 ② 相比，后者能耗增加 20%。如果模型 ③ 的百叶窗根据阳光强烈的情况主动调节，且建筑周边区域房间的照明功率密度降低，建筑能耗相比基准模型将降低 5%。但如果百叶窗始终拉下遮挡眩光 ④，建筑能耗相比基准模型将增加 26%。

太阳辐射叠加负荷（太阳 – 空气负荷）

太阳辐射叠加负荷是由太阳辐射照射在建筑外部围护结构而加热并改变其传热量而形成的。在寒冷季节，它会降低建筑外部围护结构的传热损失；在炎热季节，它会增加建筑围护结构得热。能源分析软件提出了综合太阳 – 空气温度概念来模拟这种效应，而不是使用实际的室外温度来计算逐时的得热负荷。对轻质建筑而言，透过不透明围护结构的太阳辐射叠加负荷会显著影响峰值负荷和室内舒适度。

体现太阳 – 空气温度重要性的一个例子是绿色建筑行动将重点放在使用低吸收率（高反射率）的屋顶材料来减少在多数气候条件

下夏季的太阳－空气温度。黑色常用于平屋顶，其吸收的太阳辐射是反射式白色屋顶的 3～5 倍，会向建筑内部传递大量热量。白色屋顶吸收的太阳辐射得热较少，能够减少室内的峰值冷负荷和年供冷负荷。

渗入风 / 渗出风负荷

建筑物或多或少都渗风。“渗风”一词特指空气渗入建筑，同时也是一个通用术语，也可指空气从建筑中渗出。基于室外温度和渗风量，渗风会带来额外的供热或供冷负荷。未被察觉的渗风会在墙体构造内积累湿气，进而导致墙体发霉和墙体构造（如保温等）失效。

受建筑物内外大气压差以及建筑材料间的渗透率或间隙的影响，所有建筑物都会出现渗风现象。压差可能来源于风、机械系统保持微正压或负压以及烟囱效应。烟囱效应是指当高层建筑物顶部附近有较大的正压将空气排出时，建筑物底部会相应产生负压将空气吸入。在大多数建筑模拟中，渗风量是基于预期的设计细节和施工质量粗略估计。

许多独栋住宅和被动式建筑已进行鼓风门测试以量化和确定空气渗透情况。建筑法规已经开始要求一些较大型的建筑物必须通过类似的测试。当进行测试时，相关数据会被收集，为下一代能源模拟提供数据支持。

鼓风门测试通常将建筑加压或减压至 50 Pa 或 75 Pa，然后测量维持建筑内压力所需额外的空气量。在如此高的压力水平下，根据目前的法规要求，整个建筑测试的最大允许渗风量为立面上 1.2～1.9 L/（s • m^2）。在正常压力和适度风速下，外墙的渗风量应为立面上 0.47～2.8 L/（s • m^2），或每小时进行 1～3 次完全换气，具体取决于建筑细部构造和施工的质量以及暖通空调系统产生的预期加压。

在体块模型示例中，COMFEN 模型默认使用典型办公室模式的渗风量和时间表，在房间无人使用时间段其渗风量较高[1]，这一点没有变化。

---

[1] 主要因为空调系统一般会设计成在运行时保持房间微正压，房间无人使用时间段内空调系统关闭，因此渗风量会增大。——译者注

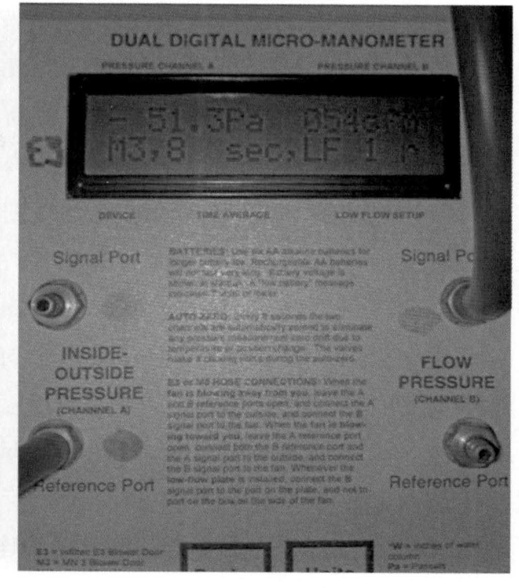

◀ 图 10.11 和图 10.12 测试渗风量需要对建筑物加压或减压。对于诸如被动房等住宅项目，可以通过用大风机替换门、用气密条将开口密封、用仪器测量漏气量的方式进行鼓风门测试。在寒冷或炎热的气候下可以使用示踪气体或红外热像仪发现气密性不良的区域。

资料来源：Eco-Cor。

新风能耗（通风设备能耗）

人类的舒适和健康依赖于源源不断的新风以使室内氧气水平与室外相近。100 年前，人们获取新风完全依靠渗透风和可开启的窗户。21 世纪，更严格的施工实践减少了渗透风，使得新风的输送变得更为重要。

各个标准对单位体积室内新风量有最低指标要求，新风量应足够去除污染物，如致癌物和灰尘等，并基于人员数量或者二氧化碳浓度水平来提供额外的新鲜空气。在办公室中，每人每小时需要的新风量为 8.5～34 m^3。ASHRAE 62.1 标准包含各种房间类型和送风情况下要求的标准新风量。这些指标与房间使用时间表结合在一起可以确定能源模型中每小时所需的新风供应量。

新风是在室外温度下被吸入的，因而需要能量维持风机持续运转，也要加热或冷却新风。现代建筑中的新风供应主要有两种途径，即依托风机运行的管道系统和自然通风。自然通风的建筑使用未经过滤的室外空气流动来维持健康的含氧量水平，也常使用自然风为室内降温。自然通风的具体内容见本书第 9 章。

大多数使用强制通风暖通空调系统的建筑在供暖或供冷的同时

会提供新风。由于经常需要对新风加热或冷却，因此使用最少量的新风与室内再循环空气混合可减少能耗，这需要在空气质量与能源效率间达到平衡。低能耗建筑通常将新风输送系统与供热和供冷系统分开。当室外环境在一定温度范围内时，使用窗式通风孔或可开启的窗户供应新风，在更极端的天气则使用备用设备来提供最低要求的通风。

热回收通风机（Heat Recovery Ventilators，HRV）和能量回收通风机（Energy Recovery Ventilators，ERV）将热量从废气转移到新鲜空气中。HRV 仅传递显热（与温度相关），而 ERV（除显热外）还传递一些潜热（与湿度相关）。在热量和能量回收装置中，排风管道和送风管道不直接接触，然而送风管道和回风管道必须邻近才能连入 HRV 或 ERV，除非有回路将它们连接起来。

在建筑体块模型案例中，COMFEN 模型根据办公室人员使用率采用默认的每人 36 m³/h 的新风量，而 ASHRAE 62.1—2007 最低新风量要求为每人约 30 m³/h。COMFEN 模型中没有 HRV 或 ERV 选项。

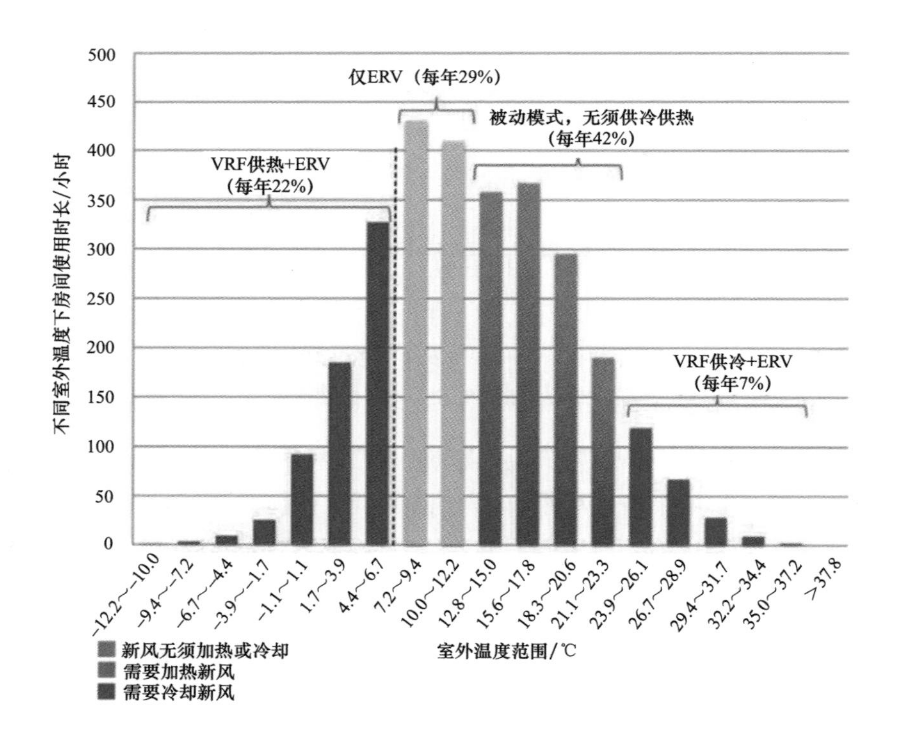

► 图 10.13

将室外温度分段，可以看到在不同温度段下新风系统的运行小时数，而这会影响建筑本身的热传导和新风能耗。当外界温度低于平衡点 18.3 ℃时，保温性能差的建筑需要加热新鲜空气。通过使用保温材料和能量回收可以使不需要供暖或供冷的时间段增加。在这种情况下，在建筑的 70% 使用时间内都不需要供暖或供冷。更多详细信息，请参见案例研究 10.5。

资料来源：Ecotope 工程师事务所。

室内负荷

室内负荷是指建筑内不属于暖通空调系统的热源，包括人、照明和设备产出的废热。某些内部负荷密度较高的建筑类型，例如办公室和礼堂，即使在寒冷季节也需要冷却。它们有时被称为“内部负荷为主的建筑”，因为它们的能耗更多地取决于内部负荷而不是外部气候带来的负荷。内部负荷通常会随科技发展而减少，因为高效的照明技术和设备产生的废热会更少。但是，随着保温隔热等级的提高和渗透风的减少，内部负荷逐渐成为较大的影响因素。

在炎热的季节中，任何用电设备都会带来双重负荷。例如，一台计算机耗电运转的同时也释放出近乎等量的废热，需要排出这些热量才能维持室内舒适度。尽管废热在寒冷季节可能是有益的，但有目的的热源所提供的同等热量具有更低的碳足迹。

人员负荷

人体不断散热以维持内部体温恒定。坐姿状态的人产热 97～140 W・h，站立和行走的人产热 132～160 W・h，而从事田径运动的人产热量高达 234～586 W・h。人们活动对房间的显热（空气温度）和潜热（湿度中包含的能量）都有影响，具体数值可以参考《ASHRAE 基本原理手册》（2005）中人员活动散热表 30.4。

在前期设计中，使用建筑的确切人数通常难以确定，因此要对房间使用人数做出合理的估算：办公空间一般为 14～18 m^2/ 人；住宅容纳的人数为卧室数加 1；酒店建筑按照房间数的 60% 来确定，或按固定座位数的一定比例估算集会房间（如礼堂等）。

在 COMFEN 模型示例中，52 m^2 区域内每人的预期占用面积约为 18 m^2，这意味着在高峰使用期间通常有大约 3 个人位于该区域，并假定为坐姿状态的新陈代谢率。如果暖通空调系统要为 6 人在此区域驻留设计，由于新风量需求增加，能耗将增加约 20%。

5%	5%	5%	5%	5%	5%	5%	5%	5%	5%	5%	5%
5%	5%	5%	5%	5%	5%	5%	5%	5%	5%	5%	5%
5%	5%	5%	5%	5%	5%	5%	5%	5%	5%	5%	5%
5%	5%	5%	5%	5%	5%	5%	5%	5%	5%	5%	5%
5%	5%	5%	5%	5%	5%	5%	5%	5%	5%	5%	5%
12%	12%	12%	12%	9%	8%	9%	12%	12%	12%	12%	12%
55%	45%	29%	32%	24%	21%	24%	31%	54%	55%	55%	55%
43%	30%	19%	21%	15%		15%	21%	32%	52%	43%	52%
31%	20%							19%	32%	31%	36%
23%									21%	23%	28%
17%										17%	22%
15%					建筑物采光区无须照明的时间（距离窗户0～5 m）					15%	18%
15%										15%	19%
21%										21%	26%
32%										32%	37%
46%	32%	20%							20%	46%	56%
61%	51%	32%						18%	30%	61%	61%
55%	55%	55%	19%	14%		14%	18%	28%	46%	55%	55%
52%	52%	52%	30%	23%	20%	23%	30%	51%	52%	52%	52%
30%	30%	30%	30%	22%	19%	21%	30%	30%	30%	30%	30%
23%	23%	23%	23%	23%	23%	23%	23%	23%	23%	23%	23%
16%	16%	16%	16%	16%	16%	16%	16%	16%	16%	16%	16%
5%	5%	5%	5%	5%	5%	5%	5%	5%	5%	5%	5%
5%	5%	5%	5%	5%	5%	5%	5%	5%	5%	5%	5%

▲ 图 10.14

俄勒冈州波特兰市EGWW联邦政府大楼建筑外区中的照明利用系数表。请参阅案例研究7.1。

资料来源：SERA 建筑师事务所。

照明负荷

照明功率密度以“W/m²”为单位来衡量区域中所有照明灯具均打开时所需的能源。能源法规通过限制照明功率密度来控制建筑内安装的所有照明的最大能耗。对于能耗模型而言，需要估算各时段照明用电的人工照明使用时间表。最终的照明利用系数（Lighting Use Factor，LUF）为使用的照明功率与安装的照明灯具总功率之比。调光到 50% 亮度的照明灯具的利用系数约为 0.60，即已安装照明功率密度的 60%。工位照明被视为插座设备能耗，它们通常不包含在照明功率密度和照明利用系数中。

照明利用系数的时间表与许多房间人员使用时间表类似，但是照明利用系数在天然采光的区域会随采光照度水平在全天及全年变化而波动。采光区域是指靠近窗户或天窗的区域，如果这些区域内装有光照传感器和调光装置，灯具可根据采光照度水平进行调光。

需要根据天然采光照度水平和潜在的眩光来为调光和关灯控制制定年度时间表。创建此时间表的困难部分在于估计何时应用百叶和遮阳，这可以通过第 8 章的眩光分析研究来获得信息。

为了量化在照明和供冷方面所节省的能源，需要了解灯具调光功能。先进的调光系统可以连续调光至“关闭照明”，但大多数调光器在“开灯”状态下的最低亮度仅会从 100% 降低到 10% 或 20%。有一些灯有多个镇流器，其中一个镇流器可以被关掉，从而可降低在天然采光条件下的人工光照度。

不同能耗模拟计算引擎在评估采光如何影响房间内照明能耗时的功能各不相同。建筑能源分析师可能需要手动将照明利用系数输入时间表中，或者利用更准确的采光和眩光分析结果来校正能耗模型结果（如案例研究 10.7 中所讨论的）。

在体块模型示例中，照明功率密度默认为 11 W/m^2，与 2009 年国际节能法（International Energy Consenvation Code，IECC）要求一致。如果使用 LED 灯具并将照明功率密度降低到 7 W/m^2，照明和供冷的能耗都会减少，每年可节省约 5% 的能耗。如果模拟中百叶窗多为放下情形或是天然采光较少的区域（即人工照明使用较多的场景），LED 灯具和灯泡将节省更多能源。

过程负荷（包括插座负荷）

过程负荷包括不属于供暖、供冷或照明系统的其他电力用途的负荷，但关于过程负荷的特殊定义尚未达成广泛共识。它可包括电梯、服务器、计算机、复印机、冰箱和许多其他类别。过程负荷和插座负荷的能耗通常归类为能耗因子，在能源模型中以“W/m^2”为单位进行估算。

插座能耗负荷通常包括插入墙壁插座的任何电器。虽然插座能耗在全国范围内仅占建筑能耗的 19%，但限制插座能耗却是零能耗建筑和低能耗建筑的最大挑战。在低能耗建筑和零能耗建筑中，插座能耗可能占年能耗的一半以上。

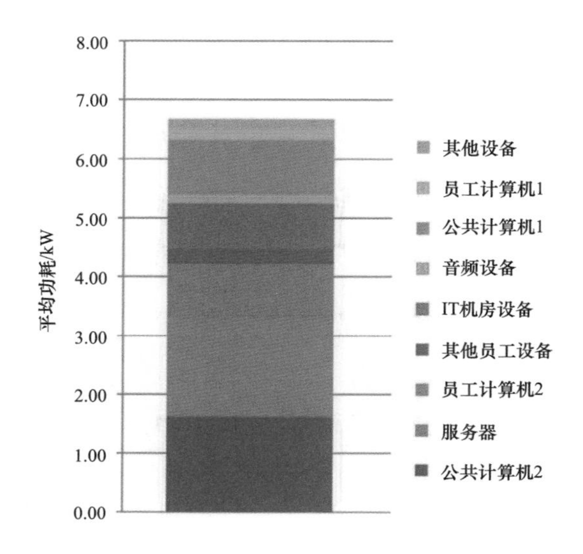

◀ 图 10.15

西伯克利图书馆的插座负荷分析是基于对现有图书馆的调查得出的，其中包括 90 多个单独的插座负荷。该项目的目标是实现净零能耗并减少所有其他负荷，而插座能耗占该项目能耗的 40% 左右。该图表将插座能耗细分为可溯源的用途，其中计算机使用的能耗占比最大。

资料来源：哈利·埃利斯·德弗里奥建筑师事务所。

为能源模型创建的插座能耗负荷时间表通常与人员使用情况直接相关，因为当有人使用空间时通常会更多地使用电子设备。由于电子设备在不断被发明或改进，插座能耗负荷难以被预测和控制。此外，电子产品的额定功率不能表示其正常使用的功率，特别是在不同的模式下（如开机、睡眠、省电、关机等）。经测量，获得“能源之星”认证的电子产品比典型设备使用的能源少50%，但电子产品的不断进步意味着5年前的“能源之星”设备在今天看来可能被认为是高能耗的。

如第3章“热舒适与控制方式”中所述，可以通过建筑使用者的参与来减少与插座能耗负荷相关的不确定性。意识到自己的能源消耗的用户会倾向于减少他们的能源使用。以每人而不是每平方米为单位计算插座能耗，可以帮助设计团队获悉各种电子设备的能耗情况。

例如，布利特中心项目团队在设计过程中进行了研究，通过使用远程工作站、节能显示器和中央服务器将每个工作站的功耗从250 W降低到42 W，这是实现净零能耗的必要步骤（见案例研究10.7）。在对莱斯·弗格斯·米勒建筑师事务所办公楼的电费账单进行实际性能评估时发现，因为员工晚上没有关闭计算机，单位面积能耗强度远远高于预期。一旦晚上关闭计算机成为标准做法，建筑物便达到了单位面积能耗强度60 kW·h/m^2的目标（请参阅案例研究10.5）。

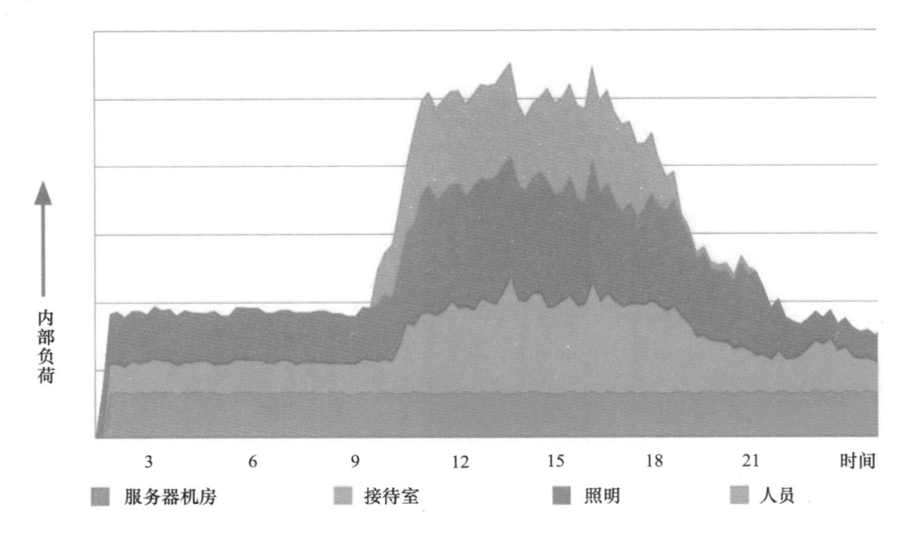

▶ 图 10.16

这是莱斯·弗格斯·米勒建筑师事务所办公楼一天之内测得的内部能耗负荷曲线。照明控制将照明功率密度从安装的6 W/m^2降低到实际的平均3.5 W/m^2。晚上关闭计算机电源可以消除大多数插座能耗，同时服务器可以整夜运行。

资料来源：莱斯·弗格斯·米勒建筑师事务所和Ecotope公司。

在体块模型示例中，根据平均使用量的调查结果，默认插座能耗为 8 W/m²。仅将插座能耗降低到 5.5 W/m² 即可节省 1% 的能源，而如果将一个小型服务器阵列的设备负荷提高至 16.5 W/m²，能耗就会增加 3%。如果是在建筑内部区域而不是周边区域，这些措施节省的能源将大大增加，因为在周边区域会因为窗户产生大量的热量损失。[1]

时间安排表

各式各样的空间内人来人往、灯熄灯亮、计算机或开或关，同时需要源源不断的新鲜空气。建立能源模型需要获得每个空间类型内的所有要素的逐时时间表。这些要素包括各热工分区在不同时段的人员数量、他们对舒适度的要求、他们的电子设备使用情况及他们的生活习惯。尽管无法预测其行为，但可以将各种行为的概率整合到能耗模型的标准中。与气候相关的负荷、每小时的天气条件都包含在气象文件中，甚至可以将树叶带来的阴凉与眩光控制的情况也放在时间安排表中，如案例研究 8.8 所述。

时间安排表一般按典型的工作日、周末和不常见但可预测的情况三种情况制定。例如，假期的购物中心和零售商店、旅行季或会议季的酒店以及假期的大学宿舍人员数量的变化就是可预测的情况。

时间安排表通常用每小时最大值的百分比来表示。例如，早上 7 时的办公室，可能有 40% 的员工在，而在上午 10 时，可能 100% 的员工都在。使用百分比的表示方式可以避免在调整总数时重新设置安排表。

时间安排表应包含一天中每个小时房间温控器的上限值和下限值，该值确定了机械通风系统或自然通风系统在空间中需要增减的热量。人员使用时段的设定值应根据第 3 章中所讨论的人员热舒适范围确定，夜间和无人使用时段内建筑内部的室温要求可以放宽。

模拟用户的行为来为遮阳和百叶使用设定时间表尤为重要，因为用户行为是遮阳系统、暖通空调系统、采光和眩光控制系统的组

---

[1] 因内部区域基本需要全年供冷，减少内部得热（如插座负荷得热）将进一步减少供冷能耗。若将得热设备（如服务器）置于周边区域减少服务器得热则需增加供热能耗。——译者注

成部分，这也是相当棘手的部分。工作人员可能会坐在受眩光影响的位置，他们会主动或被动地调整百叶或窗帘。出于这些原因，百叶使用时间表的制定依靠的是基于研究结果的概率统计。在某些情况下，模拟软件会在空间内设置少量眩光感应传感器，并使用眩光算法来模拟手动操作百叶的情况，进而制作百叶使用时间表。

EnergyPlus 软件包括了基于眩光（使用采光眩光指数 DGI）、室内外温度、太阳辐射和其他因素的 19 种百叶设定模式。能源分析人员需要在软件中输入百叶或遮阳帘自然使用的时间，从而可以使用软件计算其对电气照明的影响。

在建筑体块模型案例中，COMFEN 模型包含默认的渗透风、照明、人员、设备使用、供热和供冷设定温度等因素的时间安排表。这些时间安排表可以使用文本编辑器进行编辑，基本可满足项目前期分析的需求。建筑室内可开启百叶的时间表默认设置为总是放下的最差的情况，但现在已被修改为仅在眩光很强烈时才放下，由此降低了供暖需求，总能耗也因此减少了 4%。

供热、通风与空调系统

几乎每个能耗模型都要求用户选择机械系统，也称为供热、通风与空调系统（HVAC，简称暖通空调系统）或舒适系统。尽管建筑师早期使用设计模拟和能耗模拟的目标通常是被动地降低负荷，但暖通空调系统的选择和设计可能会对最终的能耗产生重大影响，并且每种系统都有其优缺点。

暖通空调系统通常包含供热和供冷的冷热源、供热或供冷的输送系统以及新风供应系统。在商业建筑中，锅炉和冷水机组提供加

▼ 图 10.17

这里展示了设备能源使用时间表和人员时间表。每小时的数字显示了该段时间内设备和人员占总数的比例。举例来说，假如最大的用户人数是 40 人，在星期一至星期五上午 10 时，会有 36 人使用，而星期六上午 10 时则有 12 人使用。请注意，假设 40% 的设备在工作日晚上仍在运行，30% 的设备在周末运行。只需改变使用者的操作特性和习惯，就可以实现显著的能耗降低。此外，需要注意的是超过 50% 的设备能耗被认为是人员不在建筑物内的时候消耗的。

设备能源使用时间表

		2		4		6		8		10		12		14		16		18		20		22		24
工作日	0.4	0.4	0.4	0.4	0.4	0.4	0.4	0.9	0.9	0.9	0.9	0.9	0.8	0.9	0.9	0.9	0.9	0.5	0.4	0.4	0.4	0.4	0.4	0.4
星期六	0.3	0.3	0.3	0.3	0.3	0.3	0.3	0.4	0.4	0.5	0.5	0.5	0.5	0.4	0.4	0.4	0.4	0.3	0.3	0.3	0.3	0.3	0.3	0.3
星期日，假期	0.3	0.3	0.3	0.3	0.3	0.3	0.3	0.3	0.3	0.3	0.3	0.3	0.3	0.3	0.3	0.3	0.3	0.3	0.3	0.3	0.3	0.3	0.3	0.3

人员时间表

		2		4		6		8		10		12		14		16		18		20		22		24
工作日	0.0	0.0	0.0	0.0	0.1	0.2	0.3	1.0	1.0	1.0	1.0	1.0	0.5	1.0	1.0	1.0	1.0	0.3	0.1	0.1	0.1	0.1	0.1	0.1
星期六	0.0	0.0	0.0	0.0	0.0	0.0	0.0	0.1	0.3	0.3	0.3	0.3	0.3	0.1	0.1	0.1	0.1	0.1	0.1	0.0	0.0	0.0	0.0	0.0
星期日，假期	0.0	0.0	0.0	0.0	0.0	0.0	0.0	0.0	0.0	0.0	0.0	0.0	0.0	0.0	0.0	0.0	0.0	0.0	0.0	0.0	0.0	0.0	0.0	0.0

热和冷却，风机和管道系统用于给房间供热和供冷，新鲜空气与再循环空气混合通过管道系统供应给房间。

许多低能耗建筑在气候温和时不使用暖通空调设备供热或供冷来满足舒适度的要求。而当需要暖通空调设备供热或供冷时，可将水或制冷剂通过辐射板向建筑物供热，从而将供热、供冷系统与新风供应系统分离。

没有暖通空调系统的能源模型能得到自由运行状态下的室内温度，这对于寻求在部分时段不使用甚至完全取消暖通空调系统且维持舒适环境的设计非常有用。对此的分析通常导致了在平均年份中一定时间内室内环境可能不在满足项目要求的舒适范围内，之后设计团队可决定需要采取哪些额外的措施来确保非适宜气候条件下的舒适度。建筑师们也可以使用这类分析来比较早期设计策略以减少建筑总体冷热负荷，而不用考虑最终的暖通空调系统的选择和设计。

建筑师在设计初期进行建筑体块模型能耗分析，并被鼓励咨询暖通空调设计师来确定模型中最佳的系统类型。大多数自动化模拟软件会根据所选暖通空调系统类型使用建筑物的平均暖通空调能耗

◀ 图 10.18

屋顶储存罐中包含的相变材料用于储热，并集成到华盛顿州西雅图市南部联邦中心的暖通空调系统中。相变材料可同时提高供热和供冷效率：在融化状态（液态）时，它们是早晨的热源；而在凝固状态（固态）时，它们则可成为白天的冷源。供冷过程中吸收了房间热量的温水会使相变材料融化（吸热），并以冷水的形式返回至建筑的冷梁系统。[1]

资料来源：由 WSP 弗拉克和库尔泽提供。©RC Bowlin。

---

[1] 冷梁系统是一种辐射与对流结合的供冷系统，利用冷水冷却并通过辐射和对流相结合的方式供冷。——译者注

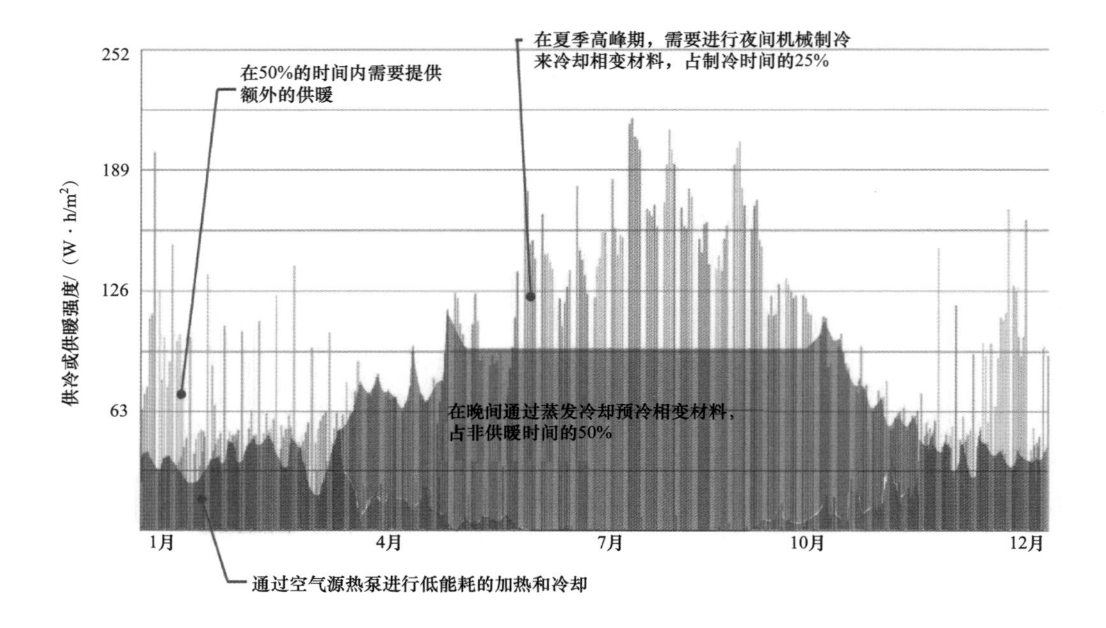

▲图 10.19
此图显示了全年每日冷热负荷，红色表示热负荷，蓝色表示冷负荷。夜间冷却相变材料可避免峰值耗电量和峰值电网需求并减少能耗。早晨从相变材料中吸热时，相变材料也会被冷却。相变材料具体内容见本书第 6 章。

资料来源：由 WSP Flack+Kurtz 公司提供，照片由 ©RC Bowlin 提供。

数据。在某些情况下，软件将会根据所选暖通空调系统尝试进行合理的暖通空调系统布置。

但这些都不如为建筑定制设计的暖通空调系统精确。当采用先进系统或不常见的建筑形态时，定制的暖通空调设计尤其重要。

在建筑体块模型中，COMFEN 软件仅包含一个暖通空调系统——紧凑的单区系统。这使得建筑师在选择暖通空调系统时比较容易，当然也有限制。

能源模拟团队

谁来完成能源模拟？

以合理成本减少能耗和实现项目团队目标的最有效方式是利用一个整合式的设计流程，其中建筑师可利用公司内部的模拟，而暖通空调工程师和能源分析人员能够在设计的最初阶段提供专门的知识和模拟。

然而，在目前的实践中，能源模拟通常是在建筑形体已经完成或接近完成的情况下在暖通空调设计公司内部完成的。这是令人遗憾的，因为这个时候来帮助团队比较或评估依赖于建筑形体的设计策略，例如自然通风、朝向、被动式太阳能等，为时已晚。

有些模拟最好由建筑设计公司的设计团队完成，有些模拟最好由建筑设计公司、暖通空调设计公司或者能源分析公司内部的专业能源分析师完成，其他的模拟则最好在暖通空调设计公司内完成。

建筑师通常负责与遮阳、采光、形体和朝向相关的设计工作，因此他们需要立即获得这些设计策略的模拟结果才能做出正确的决策。在设计的早期阶段，涵盖这些主题的公司内部流程对于快速的研究分析非常有用。

建筑设计公司内的专业能源分析师通常不是暖通空调设计师。他们擅长建立和运行能源模拟，为能源规范或LEED咨询提交合规证明文件，预测项目竣工后的性能，以及检查外部工程师完成的模型。然而，他们需要花时间研究一个他们不熟悉的暖通空调系统，以便准确地对系统进行模拟分析。

无论专业能源分析师身在何处，他们都进行大部分能源和通风模拟。他们可以提供参数来指导建筑师的设计模拟，例如峰值负荷目标、特定的太阳辐射目标、照明利用系数目标、保温隔热值或UA目标以及其他参数。这需要靠工程师的技术知识来指导依赖于直觉解决问题的建筑师。

暖通空调设计公司会创建其他类型的模型来确定暖通空调设备的大小和比较暖通空调系统设计。拥有专家的暖通空调设计公司能创建恰当的能源模型用于设计后期所需的详细分析，而有些专家在设计早期也非常擅长建模。

基准方案（80 mm窗台）

较高窗台的方案（350 mm）

垂直遮阳方案

年节能量
100%
5%
10.5%
基准方案　较高窗台的方案　垂直遮阳方案

◀ 图 10.20
降低能耗的研究比较了基准方案、较高窗台方案和垂直遮阳方案的结果。此项研究使用了 Autodesk 公司的 Green Building Studio 在线模拟软件。

资料来源：卡利森公司。

与能源分析师合作

能源模拟是一种实践。与医学一样，能源模拟方法也在不断地被评估，通过测试被逐步改进，有时有些方法也会被弃用。没有两个能源分析师会以完全相同的方式提出问题，这意味着在复杂项目中两个能源分析师很少会得到完全相同的结果。此外，大多数复杂的整体建筑能耗模拟分析师和公司都创建了自定义脚本，以便自动执行常见流程或从计算引擎中得到更真实的输出结果。

撇开技术项目交付问题不谈，建筑师的声誉取决于空间的美学和功能，而工程师的声誉则取决于营造舒适感。出于此原因，工程师因保守设计而获益。设计一套特别依赖于特定假设的系统，尤其是用户行为假设，可能会引发问题。例如，用户可能会在一年中最热的日子里使用百叶，如果没有安装百叶，按照最小尺寸设计的供冷系统将无法满足负荷，会给用户带来不舒适和设计失败的感觉。

暖通空调设计和能源分析是独立的技能，通常由不同的人完成。当它们重叠时，能源模拟必须考虑电气、照明和建筑围护结构系统，这些系统不一定是暖通空调工程师能力范围或专业知识的一部分，但暖通空调设计师必须随时关注系统、性能和最优的布置。暖通空调设计师和能源分析人员通常是在同一公司，尽管这不是必要的。

一些工程师非常擅长进行早期设计研究。然而，大多数人本能地想要立刻进行深入研究，而这在概念设计预算和时间范围内是做不到的。可以回顾下第 1 章，许多拥有内部工程师的建筑设计公司也拥有一个进行早期设计的模拟专家团队，因为在早期设计中，许多工程师被大量的未知情况和变化所困扰。

工程师可以建立许多模型类型。每项研究都需要时间、费用以及建筑师与分析师之间的互动。在进行一项能源研究时，建筑师应清楚地传达他们关于使用该研究的意图，分析人员应选择最佳建模类型来测试设计方案。例如，LEED 的合规性检查模型不同于用于确定设备系统大小的模型，也不同于用于比较详细设计策略的模型，而后者是与设计早期建立的快速模型完全不同的。一种模型不一定能用于另外一种目的。

2009 西雅图建筑能源规范	年能耗费用	年电力使用量	年基础用能强度	年CO_2排放量
		kW·h	kW·h/m²	kg
	42878美元	659654		

基准设计	年能耗费用（见注释）	节约率	年电力使用量	年基础用能强度	年CO_2排放量
		%	kW·h	kW·h/m²	kg
	40275美元	—	619617		

LEED-NC EAc1得分值表

12% - 1	30% - 10
14% - 2	32% - 11
16% - 3	34% - 12
18% - 4	36% - 13
20% - 5	38% - 14
22% - 6	40% - 15
24% - 7	42% - 16
26% - 8	44% - 17
28% - 9	48% - 19

电力及燃气费率

电力费率	燃气费率	电力CO_2排放	燃气CO_2排放
美元/(kW·h)	美元/m³	kg/(kW·h)	kg/m³
0.065	—	0.663	1.76

节能措施	单项节能措施	类别	节能量	能耗费用节约	能耗费用节约率	总费用	初投资增量费用	补贴	简单回报周期	场地用能强度	相对基准设计节约率	CO_2减排	
			kW·h/a	美元	%	美元	美元	美元	年	kW·h/m²	%	kg	%
初步的节能措施可供考虑													
1	高性能玻璃来提升采光和舒适，整窗U值1.8 W/(m²·K)，西窗$SHGC$为0.25，其他窗$SHGC$为0.35	围护结构	9370	609	1.5	503842	83950	3092	27.1	188.0	1.5	6211	1.5
2	高性能墙体，U值0.28 W/(m²·K) [西雅图钢框架墙体规定U值0.31 W/(m²·K)]	围护结构	2867	186	0.5	待决定	待决定	946	—	190.2	0.4	1900	0.5
4	混合通风，邮件通知适合的室外温度	围护结构/暖通空调	7352	478	1.2	30050	6500	1691	3.8	188.6	1.1	4873	1.2
5b	办公空间使用分散式和集中式的VRF空调并结合用户需求通风控制	暖通空调	112088	7286	18.1	1052529	453358	25780	17.6	156.4	18.0	74296	18.1
6	工作室独立新风系统热回收	暖通空调	36206	2353	5.8	17537	17537	8327	2.1	179.8	5.8	23999	5.8
7a	使用地下室电影/媒体空调系统冷凝器热量来预热工作室新风	暖通空调	4672	304	0.8	5000	5000	1075	4.7	189.6	0.7	3097	0.8
9	室外照明比西雅图建筑能源标准提升50%	室外照明	4964	323	0.8	35204	12180	1142	10.7	189.3	0.7	3290	0.8
10	四层开放办公空间安装天窗并利用天然采光	室内照明	6242	406	1.0	36874	29500	1436	20.5	189.0	1.0	4137	1.0
11	办公室照明功率密度为7 W/m²(西雅图允许值为9 W/ m²),其他房间照明功率密度比西雅图能源标准降低20%	室内照明	19516	1269	3.1	443551	121478	4489	27.1	184.9	3.1	12936	3.1
12	使用者通过可寻址镇流器对照明灯具进行任意控制	室内照明/用户行为	0	—	—	0	51126	2607	19.6	190.9	—	—	—
13	租户节能意识的提高，鼓励用户可持续方式的使用（人员生态/环境指标尽可能匹配人员能源界面）	社会/用户行为	0	—	—	—	—	—	—	190.9	—	—	—
14b	云计算应用于50%的媒体工作，减少现场服务器需求	设备能耗	59943	3896	9.7	—	—	—	—	172.5	9.6	39733	9.7
15	插座负荷管理系统在非工作/使用时间关闭非关键设备	设备能耗	0	—	—	—	—	680	—	190.9	—	—	—
16	“能源之星”设备	设备能耗	可忽略	—	—	—	—	—	—	190.9	—	—	—
17	9.5 kW光伏阵列	可再生能	9431	631	1.5	0	31204	2169	14.4	188.0	1.5	6251	1.5
20	能量回馈电梯	设备能耗	5304	354	0.9	130000	15000	1220	12.3	189.3	0.8	3516	0.9
总计								54653					
交互式的设计节能措施组合													
A	1, 2, 4, 5b, 6, 7a, 9, 11, 17, 20	—	191234	12430	30.9					132.1	30.8	126756	30.9

▲ 图 10.21

整体建筑能耗模拟经常用来比较分析所建议的建筑能效措施策略与基准能耗模型的节能量和能耗费用。每项节能策略都与 ASHRAE 90.1 基准能耗模型进行比较，以确定预计的能耗与能耗费用节约量。

资料来源：Glumac 工程师事务所。

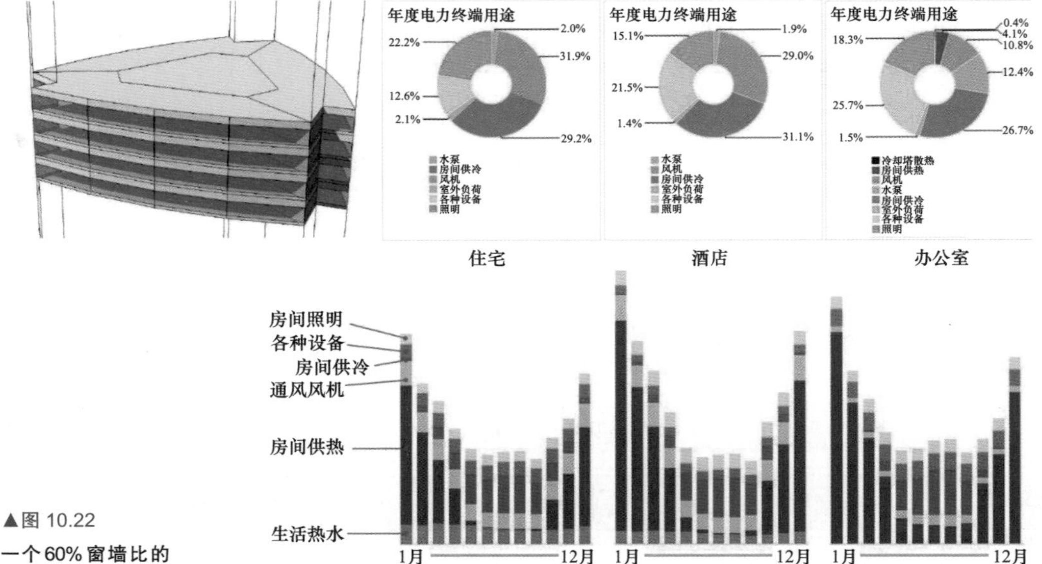

▲图 10.22

一个 60% 窗墙比的概念建筑平面被上传到 Autodesk 的 Green Building Studio 软件，用于自动的能源分析。这个垂直混合功能建筑项目包括酒店、住宅和办公室。每种建筑类型的年度用电量饼图显示，照明对住宅和办公室比酒店更重要，设备是酒店和办公室的一个大能耗，风机用能在住宅和酒店比在办公室占更大的能源消耗。这个分析假定暖气来自天然气，这在饼状图中没有显示出来。下面的柱状图显示了每月的总体能耗情况，包括天然气和电力，通过用能的概况开始整理早期的设计策略。

资料来源：卡利森公司。

整体建筑能耗模拟

整体建筑能耗模拟是一项复杂且耗时的工作，为了获得更高的精度，需要牺牲一点灵活性。针对一个大中型项目，从输入、校准和完成整栋建筑能耗模拟可能需要一周到一个月的时间。模拟结果是对一个特定建筑设计的非常详细的了解。工程师可以解释结果，但大多数建筑师在看到结果显示时会目瞪口呆。

一旦一个整体建筑能耗模型建立后，测试参数对能耗的影响似乎很简单，如墙体的 U 值、玻璃的属性和其他材料参数的设定。在模型中不透明墙体的 U 值设定可以很容易地被提升 20%，并且模型可能会报告它减少了 4% 的能耗。但是，更改不透明墙体的 U 值会降低峰值负荷，从而可能会减小空调系统、空气流量和管道尺寸。

增加墙体保温隔热的实际节能率可能为 8% 或更高，但若不重新设计空调系统，则不会有此结果。因为工程师需要费用和时间来全面设计和模拟数量有限的系统，对这些系统改变的准确评估超出了其正常工作内容，所以任何额外能耗节省都只是估计的或不包括在典型的分析中。

大多数整体建筑能耗模拟也不能轻易地测试建筑几何形体的变化。地板尺寸的增加或微小的建筑形体的变化可以通过简单地将整体建筑能耗模拟输出结果乘一个合理的系数来估计，但实际重新设计所有的系统并将其纳入能耗模型往往超出了允许的费用和时间。

由于建筑形体比较对于低能耗项目的早期设计阶段至关重要，因此从建筑模型到能源模型的快速工作流程是理想的选择。建筑信息模拟（BIM）在转化这一方面是有前途的，但尚未实现。很少有项目能够在无须大量重新建模工作的情况下，有效地在建筑师和能源分析师之间传递建筑形体。作为例外，LMN 建筑师事务所已经开发了一种能与工程师传递开窗位置信息三维模型的方法，该方法可自动更新能源模型，从而快速评估建筑能耗。速度更快但精度较差的体块模型通常被用来回答专门的问题，然后由建筑师或工程师在几个小时内进行校验。

总　结

建筑师需要了解其建筑的能源性能，这样他们才能在早期做出正确的设计行为。虽然它不能替代专业指导，但建筑师可用的软件正变得越来越自动化，也越来越先进。建筑师可以学习典型建筑早期的能耗研究，以便做出更好的建筑形体的决策。快速体块模型可以帮助团队了解建筑设计中最重要的方面来提高性能。

建筑师、能源模拟分析师和工程设计公司可以各自运行不同类型的模型，这些模型是设计过程不可或缺的，提供了在运行速度、设计灵活性和严谨性之间的最佳平衡。

补充资料

各种建筑类型的先进能源设计指南旨在帮助项目团队减少 50% 的能源使用，可参见 ASHRAE 90.1—2004。

《ASHRAE 基本原理手册》提出了一些原则，国际建筑性能模拟协会发表了大量论文，包括《建筑师作为早期设计阶段能源模拟的执行者》（*The Architect as Performer of Energy Simulation in the Early Design Stage*）一文。

案例研究 10.1 权衡分析

项目类型：展示中心

位置：加利福尼亚州库卡蒙加牧场市（Rancho Cucamonga，California）

设计 / 模拟公司：HMC 建筑师事务所

能源研究需要整合所有建筑部件和系统，包括玻璃和不透明墙体的选择、遮阳、采光、气流和其他方面。

概 述

该前沿项目的可持续发展目标是由客户卡蒙加山谷区水务公司（Cucamonga Valley Water District）推动的，相对于加利福尼亚州已经很严格的“基准 24”规定，该项目实现了显著的能源和水资源节约。该项目是 LEED 铂金级认证项目，相比加利福尼亚州“基准 24”规定，节能 45% 和节水 55%，绿色系统的能源投资回报约 6.8%。此外，实际的建筑能源性能与模拟性能非常吻合。

虽然 HMC 是一家建筑设计公司，但他们在一个名为 ArchLab 的团队中聘请了几个设计模拟专家。所有的能源和采光分析以及使用后的评估，都是由 ArchLab 与设计团队在内部密切合作完成的，

▶ 图 10.23
建筑北向照片。
资料来源：©Ryan Beck。

以确保他们能够立即进行建模，而不被与许多能源模拟工作相关的多层级沟通和合同问题所牵绊。由于这种密切合作，许多能源模拟输出没有正式记录，因为团队会立即讨论结果，并指导他们做出决策。这个案例研究只展示了一小部分运行的模拟。

模拟工具被用于多种用途，例如基于内含能和全生命周期分析来选择材料，以及进行建筑的采光、通风和能耗模拟。

在公司内部进行模拟还使团队能够更容易地对热舒适性、能耗和采光进行使用后的评估，然后对数据进行分析解释。

模　拟

从最初的阶段开始，设计就使用 EnergyPro 软件对照加州“基准 24”建筑能耗法规进行模拟。这使得早期的设计比加州“基准 24”建筑能耗性能节省 5%，而最终的设计比“基准 24”能耗节省 36%，包括光伏系统在内的设计比“基准 24”能耗节省 45%。

围护结构和采光

一旦开始设置建筑体量，就要测试围护结构选项，因为建筑的围护结构将决定一些最终的美学表达。围护结构材料考虑了能源性能、成本、施工速度和结构完整性。在设计期间测试了五种围护结构类型，如图 10.25 所示。保温混凝土构造中的热延迟和无热桥被发现可减少传导的峰值和年负荷，并最终证明是所考虑的围护结构类型中性能最好的。

▼ 图 10.24

根据气候分析，最初体块分析研究将大部分不透明墙定位在南部和西部，以避免太阳直接照射造成的过热。一个玻璃幕墙的位置朝北，视觉上与景观连接。另一个玻璃幕墙面向东方，尽管这个立面被一个专门为减少太阳得热负荷而设计的曲线楼梯遮住了，同时也被物体表面形成的气流浮力所影响。

资料来源：HMC 建筑师事务所 ArchLab。

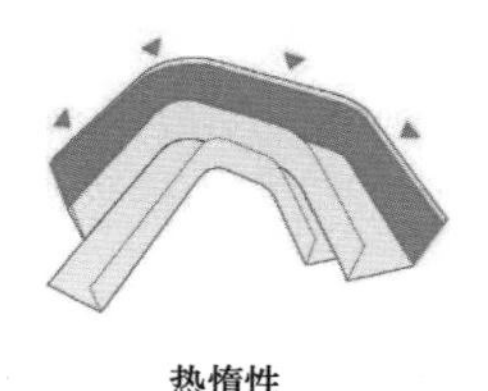

热惰性
保温混凝土外形

结构
粉煤灰含量为25%的现浇混凝土

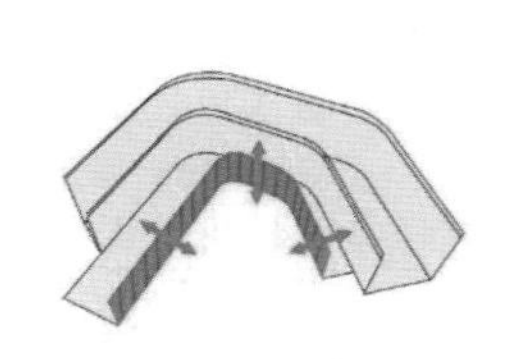

采光
北向开窗

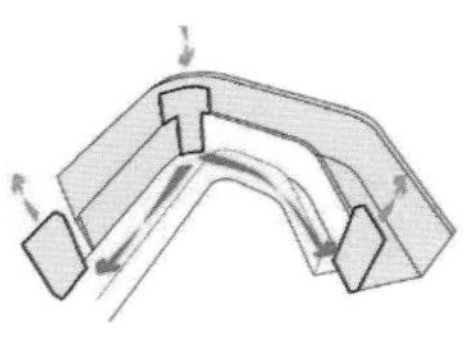

被动蒸发冷却
冷却塔+太阳能烟囱

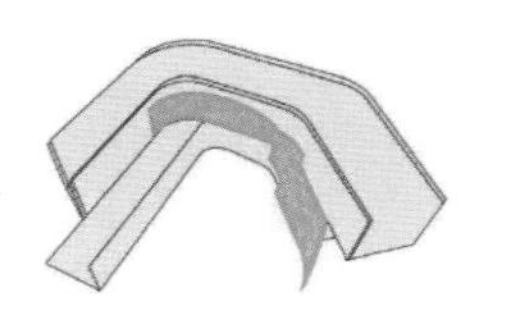

外部遮阳
从当地酿酒厂回收的红木

方案
公共+私人

接下来对几种玻璃类型进行了能耗和采光性能测试，包括可见光透射率、太阳辐射得热系统和 U 值特性。其中价格适中的玻璃类型似乎实现了能耗性能和全生命周期成本之间的最佳平衡。然而，当对玻璃进行必要的防火评级时，玻璃的防火评级并没有达到设计团队的目标。因此，尽管它具有最佳的全生命周期成本，玻璃特性也只能被换到性能上的次优选择。通过进一步分析，第二种玻璃选项被证明能够达到目标的性能要求。

总围护结构分析

项目	建筑围护结构选项	屋顶	外墙	玻璃	加利福尼亚州“基准24”合规对比①	全生命周期费用节省②	总建筑初投资费用③
基准项	典型的市场实践	刚性保温（R-5），改性沥青屋顶，白色弹性涂层	间隔 150 mm 金属立筋，棉絮保温（R-3.3）外墙抹灰	PPG 公司 6 mm Optigray 染色玻璃	-9.4%	不适用案例	10167314 美元
选项1	加利福尼亚州“基准24”默认构造	刚性保温（R-5），改性沥青屋顶，白色弹性涂层	间隔 150 mm 金属立筋，棉絮保温（R-2.3）外墙抹灰	PPG 公司 25 mm IG Solarban XL 玻璃	-4.0%	（4186 美元）	10237743 美元
选项2	全生命周期的碳排放优化	刚性保温（R-5），白色 TPO 膜	保温混凝土（200 mm 空腔），水泥抹灰，硅酸盐涂料面漆	PPG 公司 25 mm IG Solarban 60 透明玻璃	18.5%	18964 美元	10224984 美元
选项3	尖端技术	混凝土顶板上的集中式绿化屋顶	蒸压加气混凝土块（250mm厚），水泥抹灰面漆	PPG 公司 25 mm IG SolarbanXL 玻璃	16.4%	（329909 美元）	10258157 美元
选项4	草砖	刚性保温（R-5），白色 TPO 膜	760 mm 厚草砖，水泥抹灰面漆	PPG 公司 25 mm IG Solarban 60 透明玻璃	3.0%	（12754 美元）	10281122 美元

①假设安装加利福尼亚州“基准 24”默认的暖通空调和照明系统。

②括号中的数据表示全生命周期成本增量，而不是节省。

③假定默认非围护结构费用。

▲ 图 10.25

围护结构全生命周期总结——总围护结构。

资料来源：HMC 建筑师事务所 ArchLab。

屋顶构造包括重型和轻型绿化屋顶，也进行了全生命周期能耗节约的比较。然后将各组围护结构策略进行打包测试，以确定最优的围护结构组合，如图 10.26 所示。

外墙分析

项目	建筑护围结构选项	屋顶	外墙	玻璃	加利福尼亚州“基准 24”合规对比①	全生命周期费用节省②	单位初投资费用
W0	典型的市场实践	刚性保温（R-5），改性沥青屋顶，白色弹性涂层	间隔 150 mm 金属立筋，棉絮保温（R-3.3），外墙抹灰	PPG 公司 6 mm Optigray 染色玻璃	9.0%	不适用案例	27.60 美元
W1	砌块墙	刚性保温（R-5），改性沥青屋顶，白色弹性涂层	200 mm 灌浆混凝土块，100 mm 金属衬板，R-3.3 棉絮保温	PPG 公司 6 mm Optigray 染色玻璃	5.8%	（65938 美元）	34.50 美元
W2	保温混凝土	刚性保温（R-5），改性沥青屋顶，白色弹性涂层	保温混凝土（200 mm 空腔），水泥抹灰面层，硅酸盐涂料	PPG 公司 6 mm Optigray 染色玻璃	9.6%	（8213 美元）	33.25 美元
W3	AAC	刚性保温（R-5），改性沥青屋顶，白色弹性涂层	蒸压加气混凝土块（250 mm 厚），水泥抹灰面漆	PPG 公司 6 mm Optigray 染色玻璃	3.9%	（27288 美元）	36.50 美元
W4	草砖	刚性保温（R-5），改性沥青屋顶，白色弹性涂层		PPG 公司 6 mm Optigray 染色玻璃	7.7%	（48330 美元）	38.75 美元

①假设的“基准 24”默认的暖通空调和照明系统。

②括号中的数据表示全生命周期成本增量，而不是节省。

▲ 图 10.26

围护结构全生命周期总结——外墙。

资料来源：HMC 建筑师事务所 ArchLab。

▶ 图 10.27

6 月 21 日中午看向南边的会议室亮度分析，确定了光环境质量以及使用投影屏幕而不用关闭遮阳的可能。

资料来源：HMC 建筑师事务所 ArchLab。

采光模拟了关键房间的视觉性能，诸如展览区和一楼会议室。采光模拟研究了室内照度和亮度，该项设计最终达到了 LEED 评价系统的要求（见图 10.27）。

提供一个用于演示的液晶显示屏幕是会议空间的重要功能之一，因此要对采光水平进行测试，以确保墙壁上的采光亮度不超过 450 cd/m^2，不然墙壁亮度将超过屏幕亮度。

自然通风、暖通空调与热舒适

设计团队通过使用自然浮力和直接蒸发冷却来设计经过建筑的气流。如图 10.28 所示，每个侧翼安装了由烟囱效应驱动的排风装置❶，中央进风口❷安装了直接蒸发冷却设备。早期研究利用 FloVent 软件考虑了不同场景来确定进风口❸和排风口❹的大小（见图 10.29），从而确保进入室内的冷空气能够到达楼面，并在各种外部和内部条件下产生足够大的浮力来排除热空气。每个设计方案都比较验证了室内舒适度的情况。太阳能烟囱的宽高比为 1:5，其内部漆为深色，以吸收靠近每个烟囱顶部的太阳能，从而帮助发挥烟囱效应。顶部的格栅可以防止雨水进入烟囱。最终的设计包括一个辅助进气的风机。

除自然通风外，设计还采用了地板置换通风、蒸发冷却和一个

100% 的室外空气热回收通风装置，二层采用了暖通空调工程师设计的变制冷剂流量空调系统（多联机）VRF（Variable Refrigerant Flow）或 VRV（Variable Refrigerant Volume）。建筑的来访者可以看到位于一楼玻璃幕墙后面的暖通空调系统的主要组成部分。

在大楼施工完工后，该团队对入住后的热环境和视觉舒适度进行了调查，同时测量了室内温度和湿度水平来评估系统的性能。这些工作是为了确保设计达到每个项目设定的高目标，同时也被 HMC 建筑师事务所用来验证和校准模拟结果。

◀ 图 10.28

西北角度拍摄的照片。

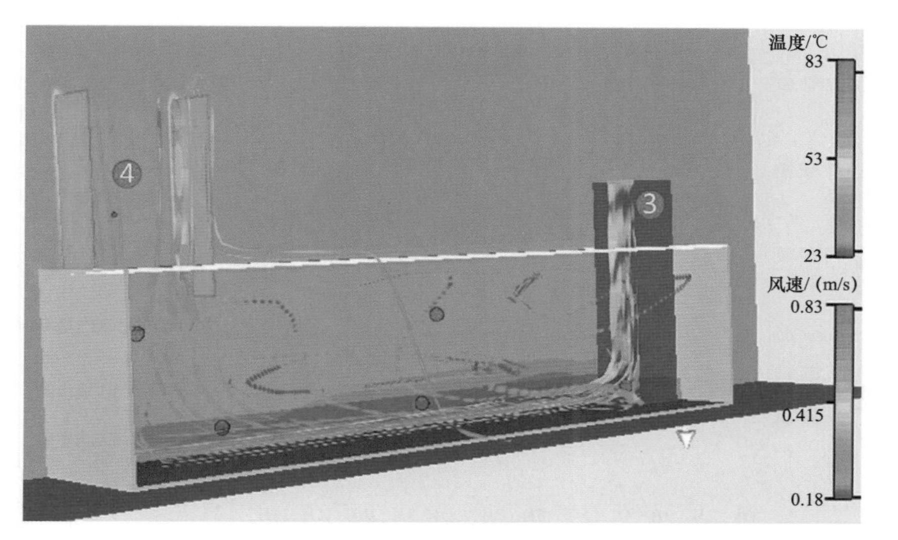

◀ 图 10.29

温度曲线显示，在研究期间这些房间确实保持在舒适的范围内。最极端的情况发生在一层接待处，一天中的部分时段房间温度高达 29.4 ℃，相对湿度为 25%。但考虑当时的室外温度，它满足适应性的舒适度标准。

资料来源：HMC 建筑师事务所 ArchLab。

所有的大楼全职工作人员（主要在二层工作）都参与了调查。调查显示，他们对房间热环境感到满意，只有不到17%的人稍微有些不满意。没有人报告过在夏天感觉到热或非常热，也没有人在冬天感觉到冷或非常冷，这说明建筑系统的设计足以满足最大峰值负荷。

HMC建筑师事务所ArchLab还收集了能源数据，并将其与提交的LEED能源模型数据进行了比较。由于设计团队与能源建模团队的密切互动，建模结果与实际能耗非常相似，差异可能由正常的天气变化造成。

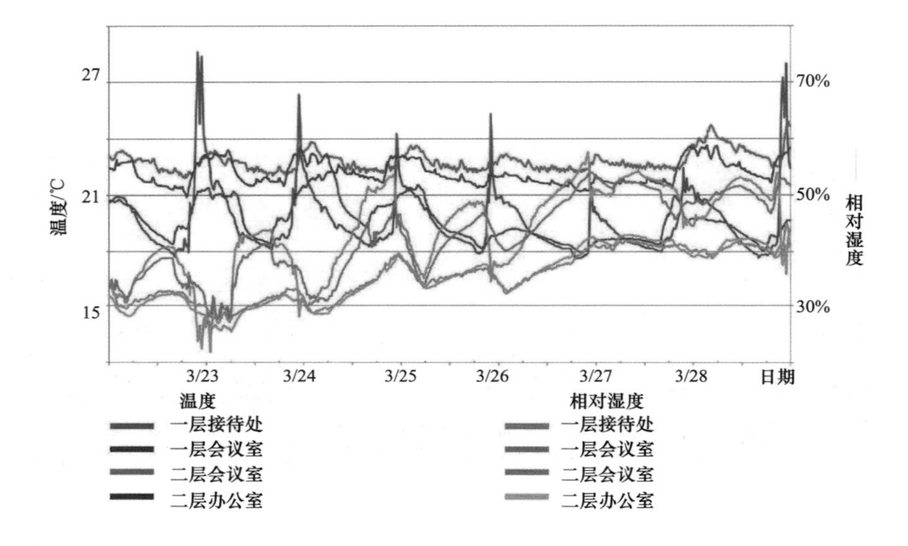

► 图 10.30
使用几天后的不同房间的温度和相对湿度变化。
资料来源：HMC建筑师事务所ArchLab。

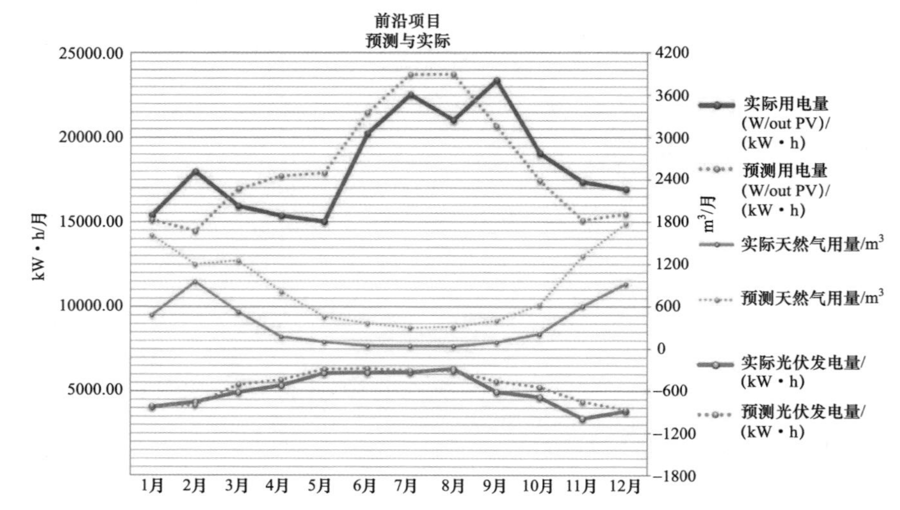

► 图 10.31
第一年的实际能耗与预测能耗的比较。
资料来源：HMC建筑师事务所ArchLab。

案例研究 10.2 早期概念权衡分析

项目类型：游客中心

位置：佛罗里达州圣奥古斯汀市

设计/模拟公司：洛德－埃克－萨金特（Lord，Aeck & Sargent，LAS）建筑师事务所

在设计初期确定实现能源目标的设计策略组合能为开窗百分比、整体保温、遮阳深度、照明能耗和其他策略提供合理的目标值。

概 述

位于圣奥古斯汀市的圣马科斯国家历史遗迹（Castillo de San Marcos National Monument）新建了一个 1550 m^2 的游客中心，联邦法规要求该建筑比 ASHRAE 90.1—2004 基准节能 30%，或达到约 93 kW·h/（m^2·a）的单位面积年能耗强度。

虽然 LAS 建筑师事务所没有内部的暖通设计团队，但它拥有公司内部的能源模拟专家，从而确保项目团队可在早期设计中获得有意义的设计反馈。能源模拟团队使用了相对较新的 Sefaira Concept 软件来进行这项研究。

模 拟

在选择建筑形体方案之前，团队想要了解增强保温、窗墙比、太阳得热系数、水平遮阳和其他可持续策略的相对有效性，然后团队再对这些能效措施进行测试，以确定哪些措施可通过叠加组合实现单位面积能耗强度目标。

在 SketchUp 软件中建立了一个设计方案的三维形体模型，并将其导入 Sefaira Concept 软件中进行分析。用软件中的简单控制调整每个立面的开窗百分比，通过参数测试来确定不同开窗百分比的相对能耗性能。利用软件对 25%～40% 的窗墙比进行了测试，并选择 30% 作为提升能耗性能的合理目标值，从而比 50% 窗墙比的基准方案节能约 5%。

▶ 图 10.32

在早期设计中，绘制了一个简单的三维模型，并将一般的统计数据在右侧用于计算，这样用户可以确认软件对三维模型的诠释是正确的。

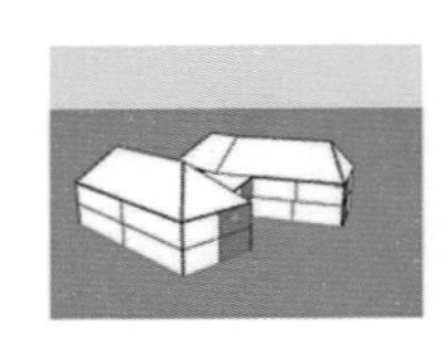

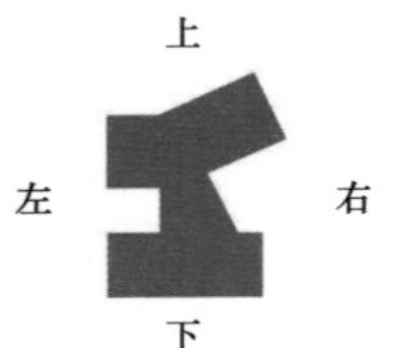

层数	围护结构表面积与体积比 体形系数/（m^2/m^3）	建筑面积/m^2
1	0.069	772
2	0.058	867
3	0.061	1639

项目	建筑年能耗 /（kW・h）	年净单位面积用能强度 /［（kW•h/（m^2•a）］	年能源费用 / 美元	建筑年供冷能耗 /（kW・h）
基准 + 措施	219608	133	52651	90305
1.2 m 宽度遮阳板	213962（下降 3%）	129.6（下降 2%）	51295（下降 3%）	83723（下降 7%）
［所有］宽度 1.2 m				
0.9 m 宽度遮阳板	214833（下降 2%）	129.6（下降 2%）	51505（下降 2%）	84824（下降 6%）
［所有］宽度 0.9 m				
0.6 m 宽度遮阳板	216004（下降 2%）	129.6（下降 2%）	51786（下降 2%）	86230（下降 5%）
［所有］宽度 0.6 m				
0.3 m 宽度遮阳板	217538（下降 <1%）	133	52154（下降 <1%）	88000（下降 3%）
［所有］宽度 0.3 m				
墙体热阻值 R=3.5 K^2•m/W	218017（下降 <1%）	133	52273（下降 <1%）	89800（下降 <1%）
［所有］墙体类型（夹墙立柱型）				
［所有］墙体热阻 R=3.5 K•m^2/W				
墙体热阻 R=2.64 K^2•m/W	218681（下降 <1%）	133	52432（下降 <1%）	90217（下降 <1%）
［所有］墙体类型（混凝土块）				
［所有］墙体热阻 R=2.64 K•m^2/W				
墙体热阻 R=1.76 K^2•m/W	218388（下降 <1%）	133	52369（下降 <1%）	89721（下降 <1%）
［所有］墙体类型（混凝土块）				
［所有］墙体热阻 R=1.76 K•m^2/W				
Serious SG5 玻璃	215273（下降 2%）	129.6（下降 2%）	51616（下降 2%）	87754（下降 3%）
［所有］立面玻璃传热系数［1.7 W/（m^2・℃）］				
［所有］立面玻璃太阳得热系数 *SHGC*（0.23）				
ViraconVUEI-40 玻璃	214248（下降 2%）	129.6（下降 2%）	51368（下降 2%）	85917（下降 5%）
［所有］立面玻璃传热系数［2.27 W/（m^2・℃）］				
［所有］立面玻璃太阳得热系数 *SHGC*（0.2）				
Solarban70XL 玻璃	217352（下降 1%）	133	51114（下降 1%）	89485（下降 <1%）
［所有］立面玻璃传热系数［2.27 W/（m^2・℃）］				
［所有］立面玻璃太阳得热系数 *SHGC*（0.25）				
WWR25	209727（下降 4%）	126.4（下降 5%）	50283（下降 4%）	80786（下降 11%）
WWR30	211682（下降 4%）	126.4（下降 5%）	50752（下降 4%）	82681（下降 8%）
WWR35	213650（下降 3%）	129.6（下降 2%）	51224（下降 3%）	84582（下降 6%）
WWR40	215627（下降 2%）	129.6（下降 2%）	51697（下降 2%）	86486（下降 4%）

▲ 图 10.33

屏幕截图显示了一些经过测试的节能措施。

资料来源：LAS 建筑师事务所。

项目团队对每一项能效措施都进行了测试，以确定它们对能耗性能的单独贡献。例如，分别对 0.3 m、0.6 m、0.9 m 和 1.2 m 宽度的遮阳板进行了测试分析。最终，项目团队选用了 0.6 m 的遮阳板宽度，因为它提供了适当的供冷能耗节约。随着设计的逐渐深入，项目团队细化了每个立面的遮阳板尺寸。通过测试，了解到该遮阳板的尺寸对能耗有约 2% 的影响，这有助于确定遮阳系统的相对重要性。

而后，项目团队将这些设计策略进行组合，在概念层面上确定实现建筑单位面积能耗强度目标所偏向的策略组合。随着在设计过程中不断完善策略组合，项目团队也定期对设计进行重新测试以确保没有偏离正确轨道。

在这个项目的初期阶段，Sefaira 软件仍处于测试版阶段，因此 LAS 建筑师事务所的能源分析师采用变通方法来评估由于采用地源热泵和改善照明效率而带来的额外的节能量。照明效率的提升仅保守地用于计算减少电力照明能耗，没有考虑与照明节能相关的所减少的供冷能耗。

项目	建筑年能耗 /（kW·h）	年净单位面积能耗强度 /[（kW·h/（m^2·a）]	年能源费用 / 美元	建筑年供冷能耗 /（kW·h）	建筑年供热能耗 /（kW·h）
基准 + 措施	219608	133	52651	90305	10757
组合 2：围护结构 + 高性能屋顶	208801（下降 5%）	126.4（下降 5%）	49385（下降 6%）	71137（下降 21%）	41140（上升 282%）
组合 1：围护结构 + 地源热泵 - 多联机中央空调	164642（下降 25%）	98（下降 26%）	39504（下降 25%）	53424（下降 41%）	8459（下降 21%）
窗墙比 WWR30	211682（下降 4%）	126.4（下降 5%）	50752（下降 4%）	82681（下降 8%）	10455（下降 3%）
ViraconVUEI—40 玻璃	214248（下降 2%）	129.6（下降 2%）	51368（下降 2%）	85917（下降 5%）	9784（下降 9%）
墙体热阻 R-1.76	218426（下降 <1%）	133	52369（下降 <1%）	89721（下降 <1%）	10159（下降 6%）
0.6 m 宽度遮阳板	216003（下降 2%）	129.6（下降 2%）	51786（下降 2%）	86230（下降 5%）	11227（上升 4%）
地源热泵 - 多联机中央空调	174827（下降 20%）	104.3（下降 21%）	41942（下降 20%）	62358（下降 31%）	9711（下降 10%）

▲ 图 10.34

最终能效措施组合达到目标建筑单位面积能耗强度，包括手动输入的减少的 20% 照明能耗。

资料来源：LAS 建筑师事务所。

案例研究 10.3 优化分析

项目类型：既有建筑改造成办公室

位置：华盛顿州布雷默顿市

设计 / 模拟公司：莱斯 • 弗格斯 • 米勒建筑师事务所 / Ecotope 工程师事务所

虽然许多能耗模拟侧重于每次只考虑一个参数的权衡计算，但一个优化分析可以使用输入的各种参数来自动运行成百上千个能耗模拟，而后将分析结果绘制成图表，以显示那些设计者最应关注的关键要素。

概 述

在莱斯 • 弗格斯 • 米勒建筑师事务所办公楼项目的生态目标启动会上，项目团队达成了创建净零能耗建筑的目标。此外，这个项目的造价要比一般的新建项目低。

Ecotope 工程师事务所使用了项目团队合作发表的一篇论文中的方法（新建筑研究所，《敏感性分析》，“*Sensitivity Analysis*”）作为分析的起点，来指导莱斯 • 弗格斯 • 米勒建筑师事务所办公楼的设计。这种分析方法为项目团队提供了一个起始点来确保采取最为有效的策略。项目最终采用的策略是最具成本效益和能源效益的设计。由于该项目需要翻新一座废弃的建筑，现有建筑的独特条件使得某些节能措施更容易实施，而其他措施实施起来则更加困难。

模 拟

建筑模拟使用了被翻新的既有建筑的几何形体，并使用了参考商业建筑模型原型中的输入参数，在 eQuest 软件中建立了一个典型的办公大楼模型。项目团队利用 Excel 为每个 eQuest 默认值建立了一个包含多个参数的数据库，再利用 eQuest 批处理工具运行数百个模拟来测试在该研究中所考虑变量的各种组合。有些参数，包括与暖通空调系统相关的参数，是相当复杂的，因此需要为不太常见的系统提供变通的模拟方案。

根据现有条件、符合建筑法规要求和高效的可替代方案，每个测试变量都给出了低、中、高值。每一种可能的替代方案组合都以

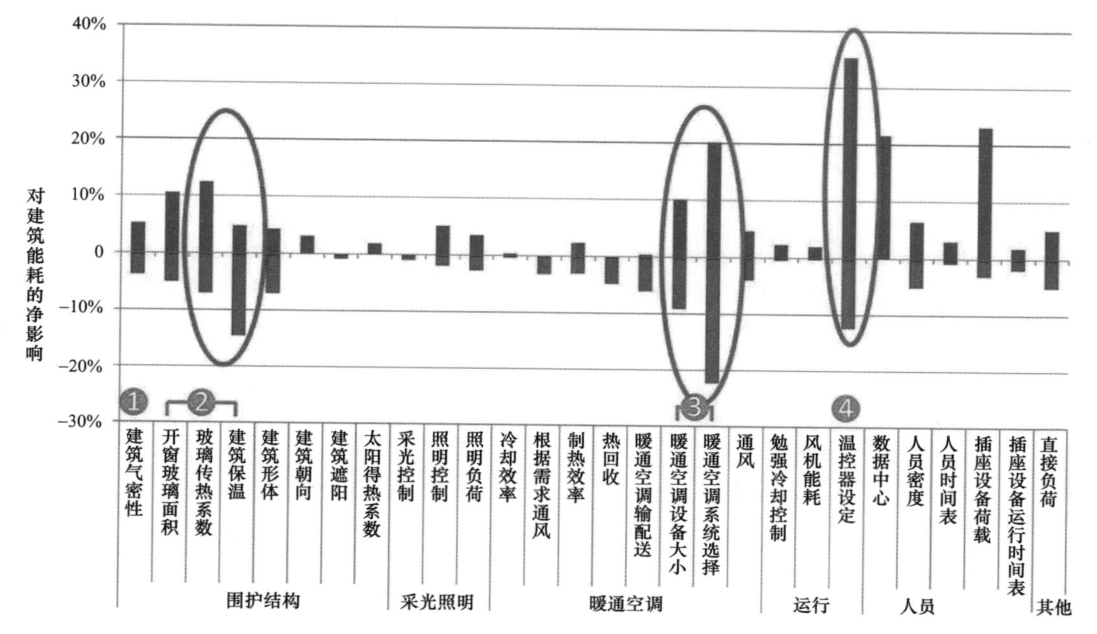

▲ 图 10.35

优化分析结果，显示了测试选项对能耗潜在的影响程度。

年能耗模型的形式运行，从而确定低、中、高方案对总体能耗的相对影响。那些对能耗有重大影响的方面，如窗户和保温 ❷、暖通空调系统 ❸ 和温控器设定 ❹，成为节能努力的重点。而那些已证明对（本建筑）总体能耗影响较小的方面，如遮阳和供热效率，将在后面讨论。

例如，在最优的情况下，增强保温可以减少 15% 的能耗，但如果处理不当，可能会增加大约 5% 的能耗。

低、中、高性能玻璃分别对应的是现有建筑物中的玻璃、ASHRAE 90.1 中最低要求的玻璃和高性能三层玻璃。对于 HVAC 选项，它们包括可变风量系统、单区屋顶机组系统和变制冷剂流量热泵（多联机）系统。温控器设置包括 23.3 ℃供冷 /22.2 ℃供热、24.4 ℃供冷 /21 ℃供热及夜间温度回调，以及 26.7 ℃供冷 /20 ℃供热及夜间温度回调。建筑几何形体和暖通空调选项更难使用优化分析进行测试，因为每个选项都需要精心设计。

解 释

每个模拟的结果都被编辑并绘制成图表，以确定在最佳和最差情况下每个参数对能耗的影响。模拟结果被用来有效地指导项目团队研究最有效的节能策略。

案例研究 10.4 被动房规划方案包

项目类型：独立住宅

位置：缅因州诺克斯市（Knox，Maine）

设计 / 模拟公司：EcoCor 设计 / 施工有限公司

被动房系统使用一个基于电子表格的软件，用于详尽地计算模拟能源消耗。在欧洲，已建成的数千栋被动房证实了该底层算法的准确性。被动房项目需要达到供热及总能耗的单位面积能耗强度阈值。

概 述

被动房标准在德国创立，并在欧洲较为寒冷的气候地区广泛使用。该标准也被美国领先的实践者在小型项目中使用。被动房标准也适用于能源模拟软件，称为被动房规划方案包（Passivhaus Planning Package，PHPP），这是一个综合的基于电子表格的热平衡软件。对于遵循被动房标准的项目，PHPP 软件能比大部分软件更精确预测能耗，包括许多被其他能耗模拟软件所忽略的输入参数，特别是围护结构的热桥部分。

被动房住宅被设计成最低的供热要求。即使在极端寒冷的气候条件下，被动房要求“经过处理”的建筑单位面积最大年供热需求低至 15 kW • h/m^2，峰值供热需求每小时低于 10 W/m^2。这个标准不

► 图 10.36

建筑东南向照片。

资料来源：克里斯•科森（Chris Corson）。

是硬性规定的，但通常是使用增强保温（如 R-9 墙）、密封的建筑维护结构（需要压力测试验证）、减少热桥（使用 THERM 软件计算评估详细的立面交接部位构造）、新风系统使用热回收和低太阳得热系数值的三层玻璃窗等最具成本效益的组合来实现的。该标准鼓励在寒冷气候条件下的项目采用较小的体型系数（建筑与空气接触的总外表面面积与体积的比值），使得总体传热量较小。

为满足被动房要求，在项目的初始阶段就需要考虑许多关键因素，如形体体量、朝向和开窗位置。许多窗户朝向正南方 15° 以内，这样在冬天就可以最大限度地利用太阳能。在设计者将 PHPP 应用于多个项目之前，早期的设计还需要考虑热桥和气密性的细部构造。

模 拟

PHPP 气候分析使用年度和月度气象数据，重点关注室外平均温度和太阳能得热，加上可从国际被动房研究所（Passivhaus Institute，PHIUS）获得的被动式房屋的特定气候文件，用以帮助计算供热和供冷负荷。

在美国的被动房项目中，玻璃的选择和采购通常是最具挑战性的部分，因为美国制造商不提供符合欧洲性能指标的多样化产品。PHPP 软件不使用常见的美国门窗评级委员会评级的美国产品，而是要求单独输入窗户性能特点。该项目使用了立陶宛的 Intus 三层玻璃窗，*SHGC* 为 0.494，窗框的 *U* 值为 0.95 W/(m^2 • K)，玻璃的 *U* 值为 0.5 W/(m^2 • K)，玻璃间隔条 P_{si} 值为 0.1 W/(m^2 • K)。这些加在一起，整窗的 *U* 值约为 0.8 W/(m^2 • K)。

利用 THERM 软件评估建筑细部的导热性能，并在整体构造中考虑每种材料的特性，从而可估算由热桥引起的热传递。这将产生一个 P_{si}

▼ 图 10.37
本页计算并总结了各个朝向通过窗户透射的太阳能，这是从 PHPP 软件中得到的简化结果。窗户面积传导热损失包括整个开口的大小，这和可提供太阳能得热的玻璃面积是不同的。注意，东面和北面的窗户是净热量损失，而南面提供了全年大部分的净得热。这是 PHPP 软件几十个页面中的一小部分。

	年供热需求			9.83	kW·h/(m²·a)							
各朝向窗户	总辐射	遮阳	洁净度	非垂直辐射指数	玻璃面积比例	*SHGC*	太阳辐射减少指数	窗户面积	玻璃面积	开窗面积与地面面积占比	传导散热量	太阳辐射得热
	kW·h/(m²·a)	0.75	0.95	0.85				m²	m²		kW·h/a	kW·h/a
北向	114	0.75	0.95	0.85	0.599	0.49	0.36	1.3	0.8	1.2%	108	27
东向	300	0.73	0.95	0.85	0.692	0.49	0.41	8.0	5.5	8.1%	582	486
南向	613	0.78	0.95	0.85	0.751	0.49	0.47	20.3	15.2	22.5%	1437	2921
西向	322	0.8	0.95	0.85	0.718	0.49	0.46	8.9	6.4	9.4%	635	662
水平面	474	0.75	0.95	0.85	0	0	0	0.0	0.0	0.0%	0	0
		所有窗户总值或平均值				0.49	0.45	38.4	27.9		2762	4096

值，该值乘交接部位的长度或用在角落来估算散热或得热。THERM 软件中的伪彩色图显示了温度的等温线带；在理想的建筑围护结构中，色带是均匀分布的，这意味着保温值在整个构造中是一致的。

被动房中所有关键的交接部位都经过了热桥的计算，包括内角和外角、墙与墙的连接、地基到墙、墙与屋顶的连接以及窗户的安装细节。每个细部包括任何已知的热桥，如阳台螺栓、悬臂、框架、椽尾和烟囱。

例如，图 10.38 显示了由混凝土板上支撑的房屋的结构框架。附加保温层位于刚性保温层之上，消除了在这个交接部位经常出现

▼ 图 10.38
地基部分细部以减少热桥。

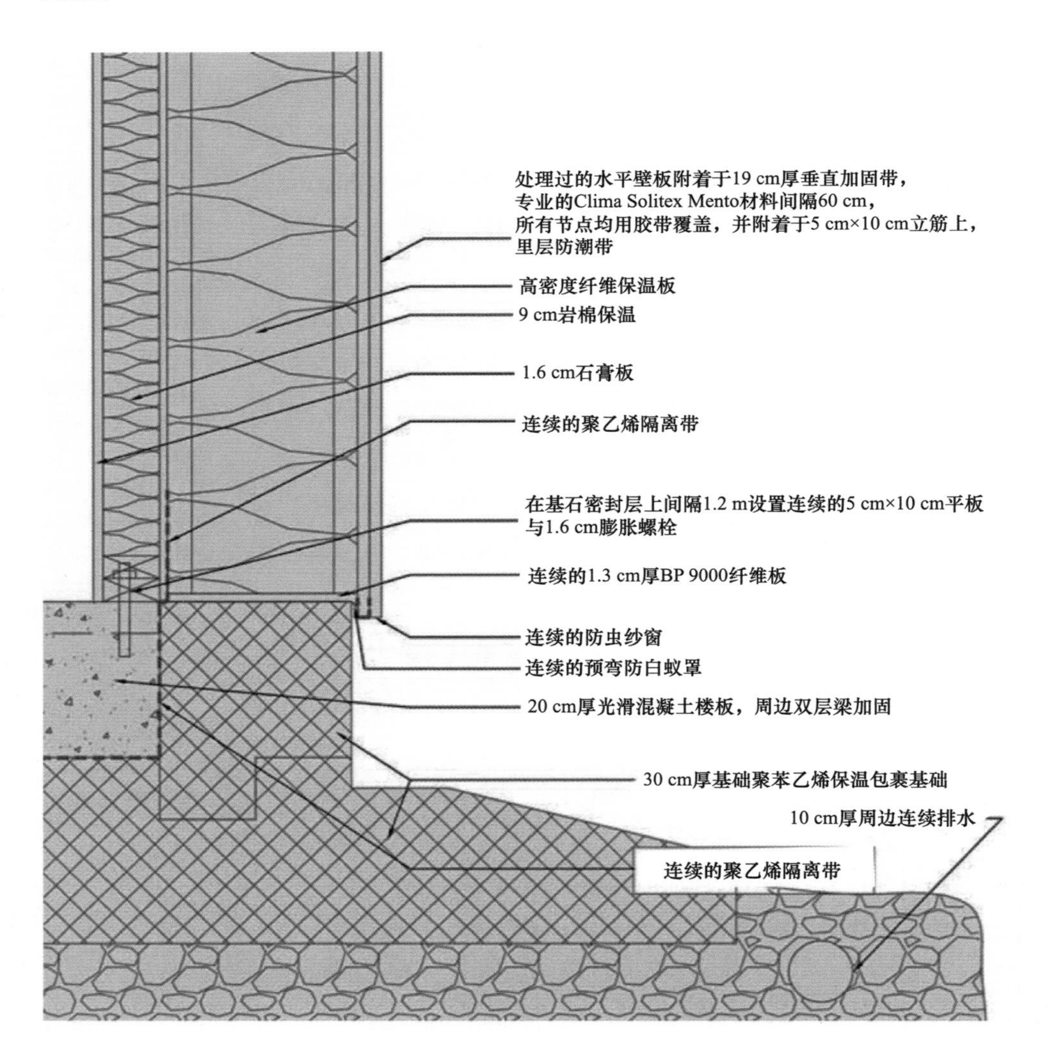

的热桥。浇筑深基础不是为了防止冻胀，而是为了使刚性保温层延伸过地基的边缘，使得基础与土壤层间产生保温隔热。

THERM 软件被用来验证这个细部的有效保温值，结果显示整体的热桥为 −0.11 W/（m^2 • K）。当这个值乘 PHPP 模型内细部的线性距离时，就能算出预计的传热量。

PHPP 的计算精度已经成功地从欧洲引入，主要的差异在于美国的家电和用电量远远高于欧洲对被动房的相关估算，因此必须谨慎地为美国被动房输入合适的家电能耗。

◀ 图 10.39

THERM 计算的地基细部的等温图像和计算方法。

资料来源：佛蒙特州生态房屋有限责任公司的克里斯 • 韦斯特（Chris West，Eco Houses of Vermont，LLC）。

墙 / 基础交叉处					
项目	*U*	*L*	*UL*	Δ*T*	*UL*Δ*T*
	W/（m^2 • K）	m	W/（m • K）	℃	W/m
PHPP 分析					
墙	0.098	1.74	0.172	38.9	6.768
地板	0.105	1.82	0.191	19.5	3.724
总和			0.363		10.492
热工分析	0.088	2.64	0.232	38.9	9.024
热桥			−1.469 W/m		
			−0.034 W/（m • K）		

◀ 图 10.40

热桥效应对传热的影响。

▶ 图 10.41
被动房标准符合性总结，显示了预计的供热、供冷和总能耗。这个软件的准确性已经在欧洲数千栋建筑中得到了验证。

U_1/[W/(m² · K)]	0.096
U_2/[W/(m² · K)]	0.119
U/[W/(m² · K)]	0.074
长度 L_1/m	1.7375
长度 L_2/m	2.0625
Q_1-dim/[W/(m · K)]	0.1668
Q_2-dim/[W/(m · K)]	0.2454
减少温差的R值/(K · m²/W)	6.16
减少因子	0.60
Ψ_e(来自PHPP)/[W/(m · K)]	–0.077

室内温度/℃	20
室外温度/℃	–5
壁面最低温度/℃	19.4
f_{RSI}23 ℃/–5 ℃	0.98

参照建筑面积的能源需求

总楼层面积	104.7	m²
	应用	**月度/方法**
特定房间供热需求	9.8	kW·h/m²
加压测试结果	0.28	ACH_{50}
特定的一次能源需求（生活热水、供热、供冷、辅助及家用电器用电）	103.3	kW·h/m²
特定的一次能源需求（生活热水、供热及辅助用电）	67.6	kW·h/m²
特定的一次能源需求（由太阳能发电转化的电力）	27.2	kW·h/m²
供热负荷	15.6	W/m²
房间过热频率		%
有效的供冷能源需求	2.05	kW·h/m²
供冷负荷	10.3	W/m²

▶ 图 10.42
能源需求。

克里斯 • 科森是 EcoCor 设计 / 施工有限公司的所有者，他描述了最初使用 PHPP 软件设计的几栋房子是如何教会他理解设计标准、几何形体以及细部和施工之间的相互作用如何影响房子的能量平衡的。通过几个项目的积累，这种理解现在构成了所有当前设计项目的基础。虽然因为预算问题不能记录全部数据，但这个建筑的表现和预期的一样好。

案例研究 10.5 既有建筑能源分析 1

项目类型：从零售到办公转换

位置：华盛顿州布雷默顿市

设计 / 模拟公司：EcoCor 设计 / 施工有限公司

既有建筑相比新建筑有不同的减少能耗的优先项。虽然建筑朝向、体块和围护结构以及内区的距离不能改变，但是，经过深思熟虑和方案模拟能最大限度地利用很少的内含能建造出高能效的建筑。

概　述

既有或废弃建筑的深绿色改造对设计和施工团队提出了独特的挑战，因为朝向、开窗尺寸、位置和其他决定是很难改变的。然而，既有建筑的再利用是创建高性能建筑的一个非常经济的途径。

建筑设计公司和项目开发商莱斯 • 弗格斯 • 米勒建筑师事务所在最初的生态设计中为水和能源的使用设定了很高的性能目标。他们以每平方米 1150 美元的价格实现了所有这些目标，比拆除旧结构来建造新建筑的成本低了 60%。他们的新办公室被设计成零能耗，这意味着安装 160 块太阳能电池板是实现零能耗的唯一额外步骤。该团队确保该建筑的结构将能承担来自未来太阳能电池板的额外结构负荷。

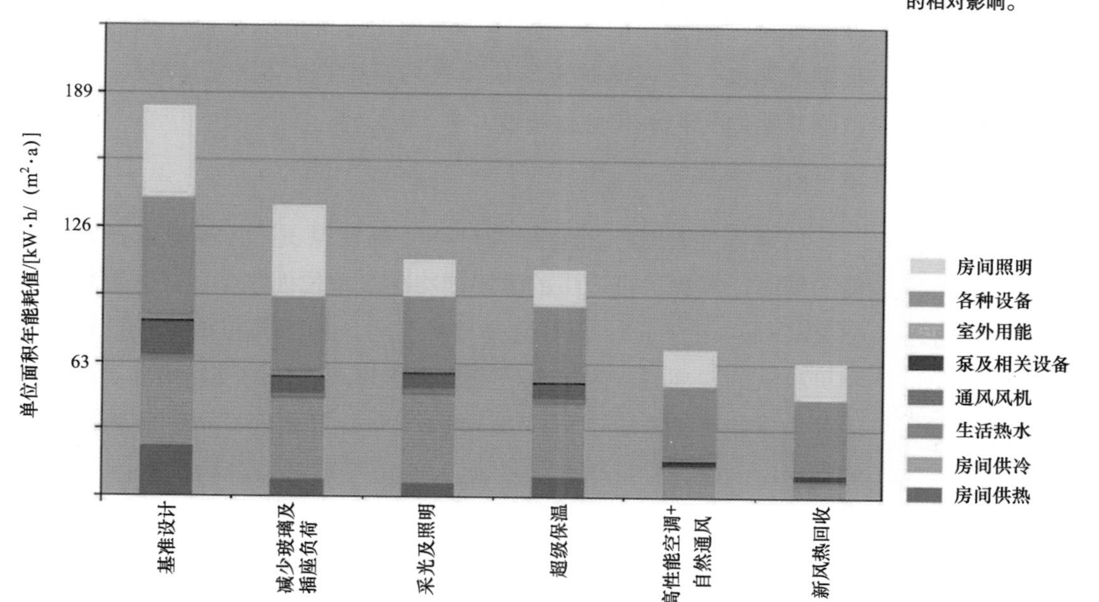

▼ 图 10.43
选定的可持续战略和对各种模拟能耗的相对影响。

大楼建筑面积约为3000 m^2，而建筑师事务所约占1650 m^2，夹层的其他区域和街面上的零售被转租，还有一个既有的停车库。

第一年入住后，能耗非常接近于建筑单位面积年能耗强度63 kW・h/（m^2・a）的标准。该项目团队还获得了LEED铂金级认证（V2009版，获得91分），并达到了“建筑2030挑战”在2020年的目标值。

公司领导层很早就意识到，项目预算无法负担增量性的“绿色措施”带来的增加费用，可持续战略需要完全融入建筑设计中。此外，项目团队努力使用“现成的”技术来降低成本。通过超级保温和热回收策略降低冷热负荷，这降低了暖通空调系统的整体成本，从而使得在不增加成本的条件下采用高效的热泵系统。该团队还设计了能尽可能处于“关闭”状态的暖通和照明等系统。

完成这个项目的一个挑战是，附近区域没有这种类型的低能耗改造的案例可循。与许多低能耗建筑一样，设计团队倾向于容纳以后有必要时可安装其他装置措施的可能方案。例如，中央屋顶垂直天窗在两边都有窗户。基于模拟，两排窗户都安装了可开启的窗户，但只有一排窗户配备了用于自然通风的调节控制器。虽然不太可能，但如果空间持续过热，第二排窗户也可以安装调节控制器。

项目完成后，合作伙伴要求银行找一位具有绿色建筑知识和经验的评估师。LEED资质证书的评估员要求获得能源模型的结果，通过实现持续的运营效率，她能够增加项目价值的估值，评估结果比预期的要高。这意味着合作伙伴在项目中拥有更大的股权，从而可以降低他们的利率和付款额度。

模　拟

创建零能耗建筑的目标为早期能源模拟奠定了基础。在开发风能的同时，屋顶上可产生的太阳能将建筑单位面积年能耗强度设定为63 kW・h/（m^2・a）。朝着这个目标努力，能源模拟成为设计过程中不可或缺的一部分，为每个决策提供信息。总体的节能措施是在当时的《华盛顿州能源法规》（*Washington State Energy Code*）基准上逐步进行的。

减少开窗和插座负荷

由于现有建筑的窗户很少，项目团队能够设置一个开窗百分比，然后确定一些新窗户的理想位置。根据能源模型，团队确定了开窗占总墙面积的30%，这可在采光、景观视野和能耗之间达到良好的平衡。

最初，为了减少热传导损失而选择了三层玻璃窗。然而，承包商能够找到一个可以降低成本的双层玻璃的产品，并与三层玻璃产品的 *U* 值和可见光透射率相匹配。所选的窗户是一种特殊的双层玻璃窗户，玻璃上有三种光学增强的低辐射涂层，其 *U* 值为 1.36 W/(m^2 • K)，*SHGC* 值为 0.20，可见光透射率为 0.46。

最终，建筑设计在能源使用方面采用了“动手”的方式。在建筑使用大约 6 个月后，一个建筑用能仪表上线，立即显示了一些热泵安装错误。修正这些错误之后，很明显，目前，建筑中最大的用能负荷是插座负荷。

在设计阶段，该团队研究了插座负荷和服务器的能源使用情况，公司更谨慎地购买了电气产品。通过分析用能仪表生成的数据，决定在夜间关闭不必要的设备并在绘图打印设备上增加“睡眠”功能设置。每个工作站都安装了电源板插座，并在晚上关掉，以消除计算机设备在“睡眠”模式下的用电量。

照明 + 采光

该建筑有一个高窗，大部分长度沿着建筑南北朝向，使得上层的核心部分充满阳光。在设计的早期，西雅图的整合设计实验室进行了采光分析，结果表明，工作台的照度水平将低于预期。根据照度等级的主观经验，团队认为在工作区域上方增加天窗的建议是不必要的。然而，在使用之后，使用人员唯一的抱怨就是这些区域的工作台光线不足。

新窗户的位置是通过模拟来确定的，建筑的南侧是冬季获得太阳热量的首选。由于使用了带有采光控制的侧面采光和顶部采光，照明功率密度从法规规定数值降低到 6 W/m^2。

超级保温

由于布雷默顿处于需要供热的气候中，eQuest 能源模型表明，超级保温、气密性好的围护结构是实现低能耗建筑的第一步。超级保温策略维持了室内人员的热舒适，因为室内平均辐射温度保持在 18.3 ℃以上，消除了可能因为辐射不对称而引起不舒适的寒冷处。

为了减少供热能耗，该团队的目标之一是在没有暖气的情况下，将建筑的夜间最低温度维持在 16.7 ℃。U 值的目标是 0.57 W/(m^2 · K)，这使得设计团队可以自由地以最经济、有效的方式实现这一目标。

建筑材料热惰性、建筑气密性和超级保温意味着供暖系统主要用于在工作日早晨为建筑供暖。而照明、插座负荷、服务器和人员得热将在全年时间内产生大部分额外的热量。在已完成的建筑中进行的温度监测已经证实了能耗模拟结果，该模型预测建筑在夜间温度不会波动到 16.7 ℃以下。

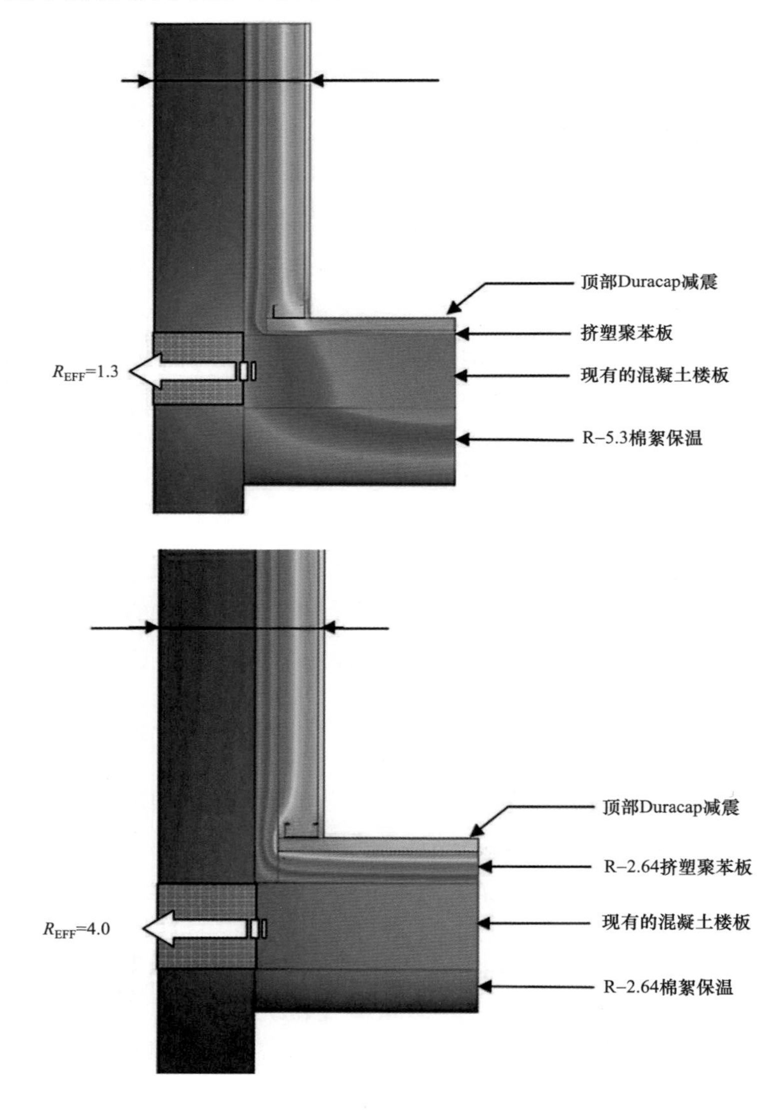

► 图 10.44 和图 10.45 **THERM 图像显示了在板 / 墙交叉点的热桥，以及消除热桥的细节。**

资料来源：RDH 集团。

在既有的混凝土外壳和要求采用不燃材料（3B 型）框架的情况下，选择的墙体构造包括对 200 mm 厚的混凝土外壳外侧喷涂 38 mm 的保温泡沫。将间隔 90 mm 的金属立筋墙设置在距泡沫喷涂表面 180 mm 处，腔内填充了松散的保温材料，以创建一个热桥很少的 R-5.8 构造。此外，构造外部的混凝土使得该构造具有重型墙体的热惰性特征。屋顶保温为 R-8.6，而 R-5.3 喷涂保温泡沫被用于人员使用的楼层和地下的停车场之间。

该项目团队担心可能在隔热层内出现墙壁构造的露点。对建筑各种条件的湿热模拟表明，唯一的问题区域是混凝土板和混凝土墙相交的地方，不然露点会在混凝土墙内。

直接喷涂在混凝土上的保温泡沫也减少了渗风的可能性。一栋典型的建筑一年中只使用 35% 的时间，而供热需求往往发生在建筑非使用时间段，那时室外温度往往偏低，并且没有内部得热来平衡渗风和传导热损失。eQuest 使用了在一个类似规模建筑上用鼓风门测试获得的渗风量数据对建筑渗透量进行了校准。

暖通空调系统和自然通风

这座建筑被设计成可以根据室外的温度来选用供热模式、供冷模式或被动模式。当室外温度介于 14.4～25.6 ℃时，主要的暖通空调系统会在被动运行模式期间关闭。由于建筑高性能的外围护结构，全年 45% 的时间段会发生这种情况。

◀ 图 10.46
废弃的空间采光很好，屋顶中央安装了天窗口，天花板很高。

► 图 10.47

供冷、供热和被动运行模式。

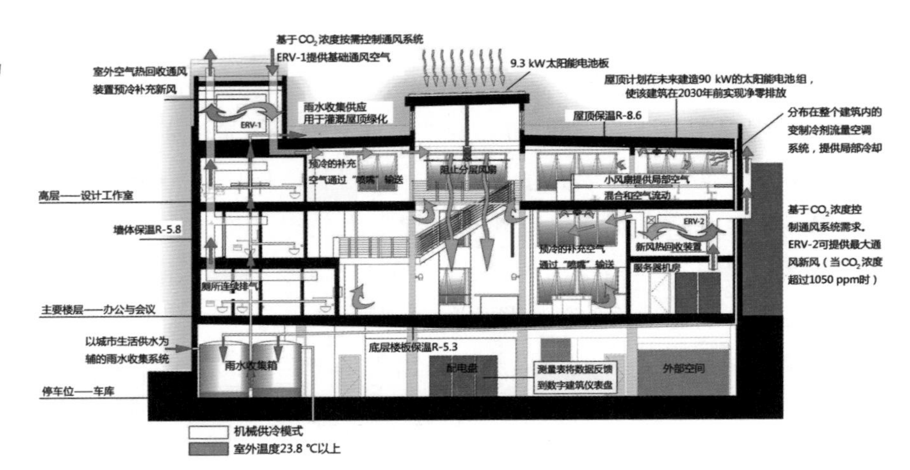

(a)

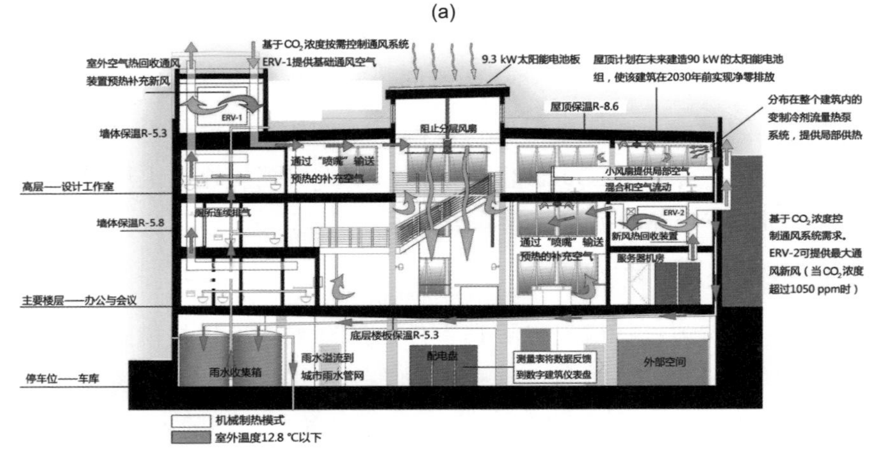

(b)

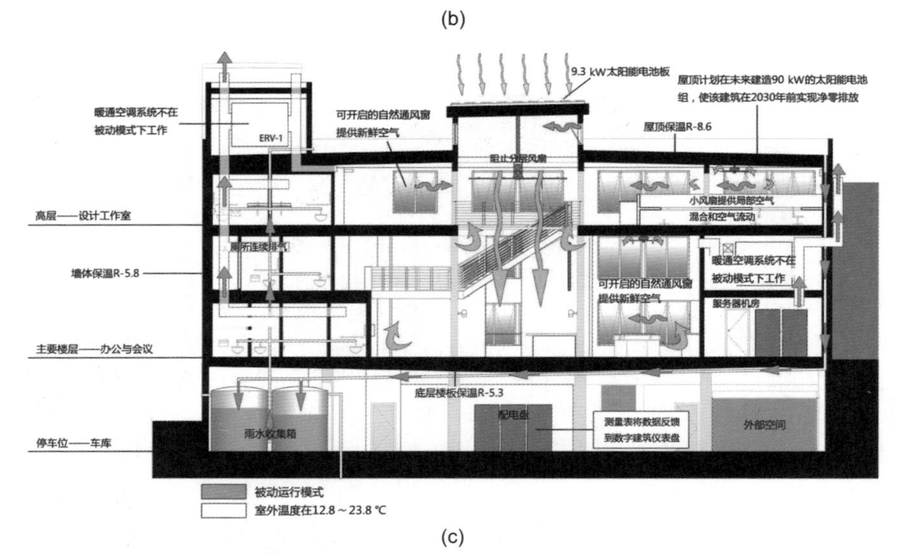

(c)

被动模式在办公室内使用可开启的自然通风窗来提供新鲜空气和冷却。高窗窗户被可开启的自然通风窗所替代，并与舒适系统相连来排出废气。一个直径为4.3 m的风扇被放置在开口的顶部来减少热空气垂直分层，以维持上下两层之间的空气温度差别在1.2 ℃以内。

当室外气温低于14.4 ℃时，窗户关闭，室外空气热回收通风装置（ERV）会打开来回收排出气体中的热量，同时热泵切换到加热模式。当室外气温高于25.6 ℃时，室外空气热回收通风装置也会开启，这时热泵处于冷却模式。由于这座建筑的隔热性能很好，所以暖通空调系统不需要同时进行供热和供冷。

其中最引人注目的设计之一是在顶层楼板开一个5.5 m×7.6 m的开口。这使得采光能够从天窗照入较低的楼层，加强了空间的视觉连通感，并使烟囱效应作为通风策略的一部分在所有三种运行模式下发挥作用。

由于采取了上述措施，建筑的负荷大大降低，高效、优质的暖通空调系统变得可以负担得起。典型建筑的冷热负荷为370 m^2/冷吨，降至790 m^2/冷吨。因为采用了非常出色的被动设计措施，建筑采用变制冷剂流量空调系统（多联机），每平方米仅需花费110美元。它可以在所有三种运行模式下工作，并可在接近 −18 ℃的温度下有效工作。

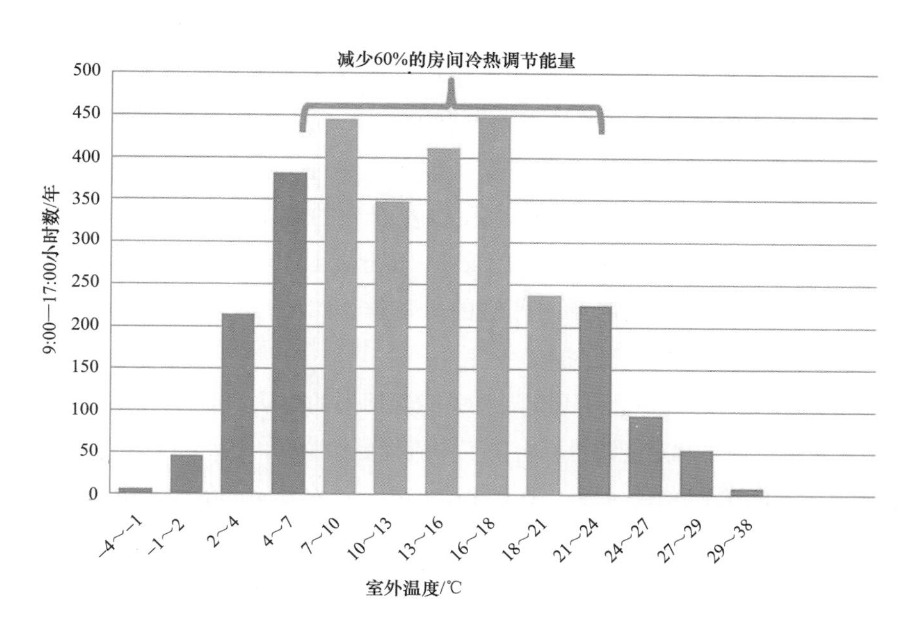

◀ 图 10.48
温度柱状图显示的绿色温度段代表不需要机械供热或供冷。

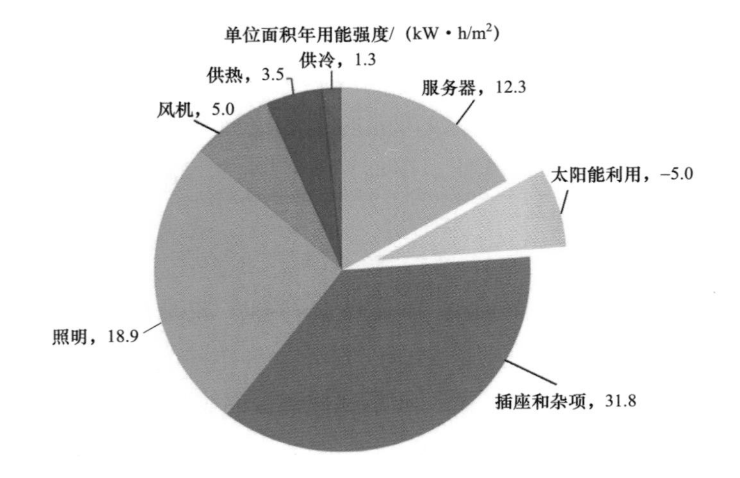

► 图 10.49
能源终端用途。

案例研究 10.6　既有建筑能源分析 2

项目类型：既有办公建筑

位置：加利福尼亚州新港滩市

设计 / 模拟公司：卡利森公司 /KEMA 能源分析公司

一个低能耗建筑需要以设定早期的目标、整个过程中项目团队充分的互动以及项目各个阶段采用的各种类型模拟来确保成功。

概　述

DPR 建筑公司对其在新港滩市新租赁的办公空间进行了重大改造，在项目启动时的生态设计策略中确定了能源目标。尽管目标是净零能耗，但是由于场地的几个制约因素，限制了团队实现这一目标的能力。由此产生的设计平衡了能效、业主希望的最低限度外观改造、现有暖通空调系统的再利用以及合理的成本这四者间的关系，其单位面积年用能强度约为 110 kW·h/m²，比该空间的前一个承租人低 67%，比加利福尼亚州严格的“基准 24”低 58%，并可实现在 9 年租赁期内获得投资回报。

项目团队定期开会讨论交流有关能源使用的想法。一位团队成员后来评论说，尽早制定能源目标会使工作流程更加顺畅，因为这样只需要研究最高效的节能策略。此外，在团队会议中有一名指定的能源分析师和负责人（KEMA 能耗分析公司）确保会议中的能源影响决策始终是公开透明的。随着 2013 年增加了太阳能电池板，该项目预计再减少 25% 的能耗。

模 拟

在设计早期，团队评估了与现有建筑的几何形态、窗户尺寸、位置和材料特性相关的采光潜力。模拟结果显示了照度为250 lx以上区域的伪彩色图，并剪裁忽略了低于此阈值区域中的颜色。模拟结果表明，现有的外表皮可以满足LEED标准。然而，该研究小组认为，为了在房间中营造一种光照充足且平衡的感觉，在大部分使用的时间里还是会使用一些人工照明。

虽然导光筒已经在其他DPR办公室使用，但由于该空间位于建筑物的较低楼层，所以本项目中导光筒是无法使用的。基于这个原因，照明设计的重点是由每个用户控制的高效LED灯具。设计方案没有使用向上的灯具来连续照亮白色天花板，而是在天花板中布置了成组的向下照射灯具，在它们中间留出空间，使用风扇来循环空气，或在其他时间让空气分层。

该团队还寻求遮阳策略以使供冷负荷最小化，但该团队认为，基于美学方面的影响，该策略不会得到业主的批准。

对于DPR建筑公司在圣地亚哥市的首个净零能耗翻新办公楼，该团队在设计过程中了解到，设备用能远远高于预期。为了控制该办公室和其他办公室的设备用能，每个工作台都使用了一个关闭开关来消除建筑非使用时间段的设备用能。

自然通风

除高性能照明外，另一个颠覆性的策略是引入自然通风。由于变风量暖通空调系统在房屋租赁前就已经安装，该系统无法进行更换或重大修改。这意味着团队无法充分利用减少冷负荷的策略来配合专门设计的暖通空调系统。相反，研究小组寻求通过被动技术来限制暖通空调系统使用的方法。由此产生的设计使得不同空间的年平均暖通空调制冷能耗减少64%。

为了确保自然通风能够持续流经建筑形成穿堂风，特别是在供冷高峰期，一个外部CFD模型被用来估算不同建筑立面的不同的风压（见案例研究9.4）。随后，使用DesignBuilder软件建立一个分区气流模型来确定窗户应该放置在何处以提供足够的冷风，从而可使用自然通风来维持舒适性。

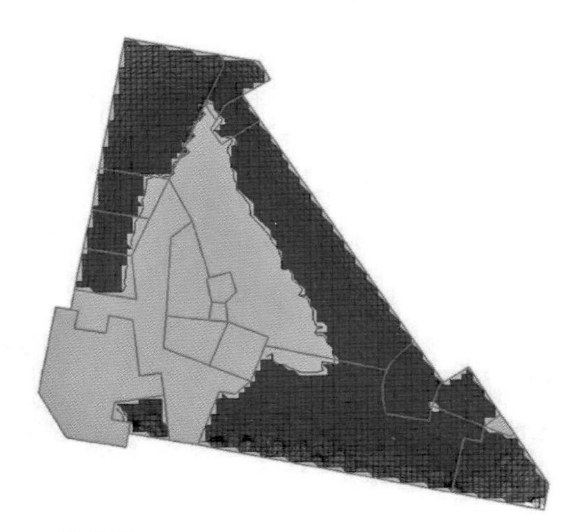

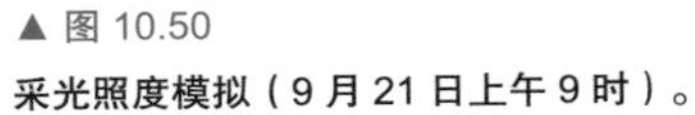

▲ 图 10.50

采光照度模拟（9 月 21 日上午 9 时）。

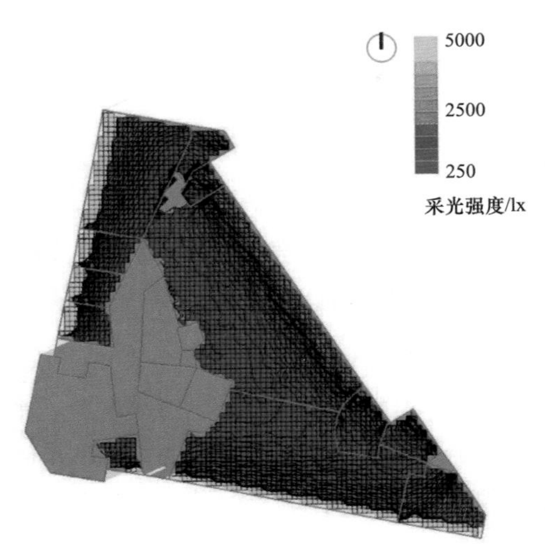

▲图 10.51

采光照度模拟（9 月 21 日下午 3 时）。

一旦自然通风成为主要的节能策略，项目组就开始重新设计室内空间。新的室内设计中的每一个元素都支持自然通风，允许畅通无阻的气流路径通过空间。

开放式办公室的设计现在一般采用高天花板、反射光线的不连续吊顶和较低的隔墙高度。那些需要一定视觉遮挡的区域被设计成开放的区域，既可提供一些分隔又不会阻挡气流。

需要更多隐私的区域位于穿堂风不能到达的地方，例如卫生间，位于所在建筑最里面的部分。负压的房间，例如浴室和复印室，位于被认为是空气不流通区域内。这种设计有助于气流到达自然通风系统通常不能到达的区域。会议室的布置也实现了穿堂风，而且在私人会议期间不需要向办公室其他地方开门。一个中央封闭区域被设计成曲线的形式以减少空气阻力，并提供了自然通风美学的象征。

业主要求对于计划增加的自然通风窗必须最低限度地可见，并与现有的建筑相结合。设计团队提出了一种可开启的内部框架窗户，这种窗户在关闭时几乎不会被注意到，同时该团队通过建筑性能模拟验证了潜在能源和费用的节约。业主同意了这一提议，部分基于能源性能的结果，同意实施自然通风策略。

◀ 图 10.52
DPR 的开放式办公室设计采用了非连续的吊顶，可以让空气流通，大型风扇可提供舒适的环境。
资料来源：卡利森公司与 KEMA 能源分析公司。

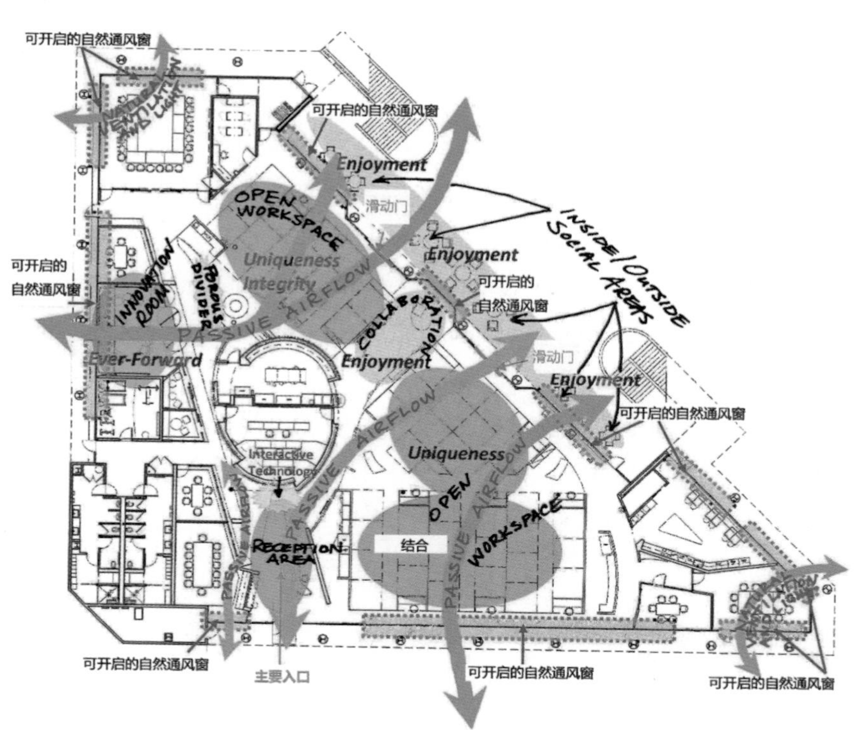

▲ 图 10.53
整合气流策略后的楼层平面布置图。
资料来源：卡利森公司与 KEMA 能源分析公司。

▲图 10.54

一个需要私密性的中心空间采用曲面墙，以促进办公室的空气流通，并提供了设计意图的象征。

资料来源：卡利森公司与KEMA能源分析公司。

▲图 10.55

业主担心立面会有明显的变化，增加的可开启窗是主要改造的一部分，它在关闭时外部看起来不明显。

资料来源：卡利森公司与KEMA能源分析公司。

舒适性

由于DPR建筑公司必须支付为自然通风而增加的可开启窗户的费用，因此需要尽可能减少可开启窗户的数量。为了满足ASHRAE 55标准的PMV热舒适条件，温度需要维持在20～24 ℃，能源模型预测20%的外窗需要可开启。减少可开启窗户的数量需要讨论DPR建筑公司内部偏向性的舒适性参数，同时也取消了阻碍室内空气流动的玻璃隔断。

关于舒适性的讨论，部分是受DPR建筑公司在圣地亚哥的成功的净零能耗办公室项目的启发，该项目由同一个项目小组设计。在那里，房间被设计成最高允许温度为27.2 ℃。然而，在入住的第一年中，DPR建筑公司允许的最高室温缓慢上升。由于没有投诉，他们意识到温度高达28.3 ℃也是舒适的。事实上，在没有投诉的情况下记录的温度曾高达30 ℃。

这一经验加上额外的研究使客户能够将新港滩办公室的设计舒适度范围扩大到28.3 ℃。这使得必要的可开启窗的数量阈值降低到了10%，节省了资金，并使业主对改造感到更满意。

总　结

在既有建筑围护结构内成功地实现低能耗设计而又不对外部围护结构或内部暖通空调系统进行大的改造，这需要一个强大的团队，并依靠持续不断的模拟验证所提出的设计策略。由于DPR建筑公司运营着由同一项目团队设计的其他净零能耗办公室，关于可持续性原则的一手经验与知识起着非常重要的作用。

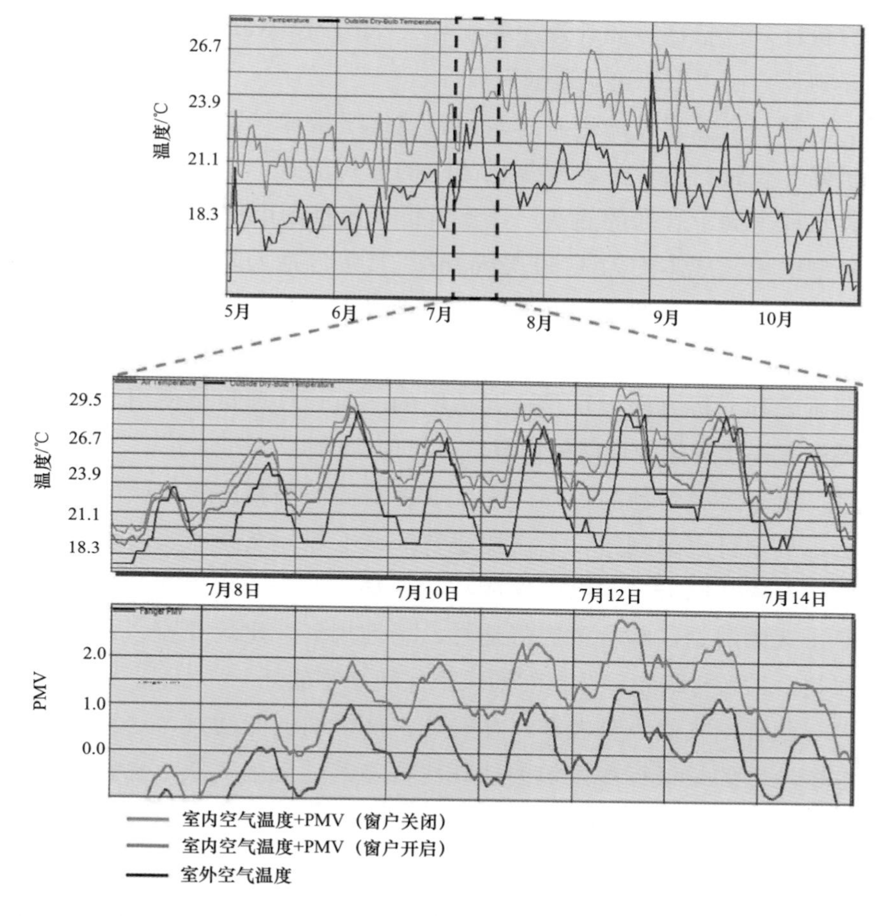

◀ 图 10.56

模拟的几天内的室内温度变化周期。此处显示的是峰值供冷时间，内部温度在 7 月最热的日子里持续数小时达到 28~29 ℃。下面的图表显示了基于室内条件计算出的 PMV 值。

资料来源：卡利森公司与 KEMA 能源分析公司。

案例研究 10.7　净零能耗分类

项目类型：6 层办公建筑

位置：华盛顿州西雅图市

设计 / 模拟公司：米勒 • 赫尔建筑师事务所 /PAE 咨询工程师公司 / 华盛顿大学整合式设计实验室

节能策略往往是相互依存的。例如，降低峰值负荷可能允许自然通风或辐射板的使用，这些措施在低能耗或无能耗的情况下运行，并减少了年能耗。

概　述

布利特中心是一个探索性的办公楼，将容纳布利特基金会和其他租户，如图 10.57 所示。布利特中心旨在实现“生态建筑挑战”

的认证，包括净零能耗及净零水耗（Net Zero Water，NZW）、零废弃物和其他“生态建筑挑战”目标。

第一个探索性的生态建筑的开发比平常建筑需要更多的时间来研究和设计符合“生态建筑挑战”的建筑形式、系统和材料，因此其软成本高于普通的建筑。该建筑位于西雅图市中心A级办公区的典型区域，成本约为3760美元/m^2，其中包括太阳能光伏发电的成本和城市所要求的重大基础设施改进成本。布利特基金会（深绿色研究和项目拨款提供方）在分享设计和建造一座生态建筑所需的详细研究和分析方面一直是公开透明的；而一旦项目被使用，将继续提供有关建筑能源性能的信息。

出于野心勃勃的目标，这个项目需要一个整合式团队的设计方法。从项目启动到建设，需要建筑师、工程师及其他顾问和专门领域的专家共同努力，以确保成功。这允许设计团队能够进行正式和非正式的对话，综合考虑舒适性、场地规划、建筑开窗、太阳辐射控制、采光与眩光以及自然通风来实现净零能耗。

西雅图气候十分温和，并有非常严格的能源法规，这意味着在这个地区的最低标准建筑的能耗比许多其他地区更低，也意味着法规之外的改进要求更全面和整合式的设计。

▼ 图 10.57

从西南方向看布利特中心。

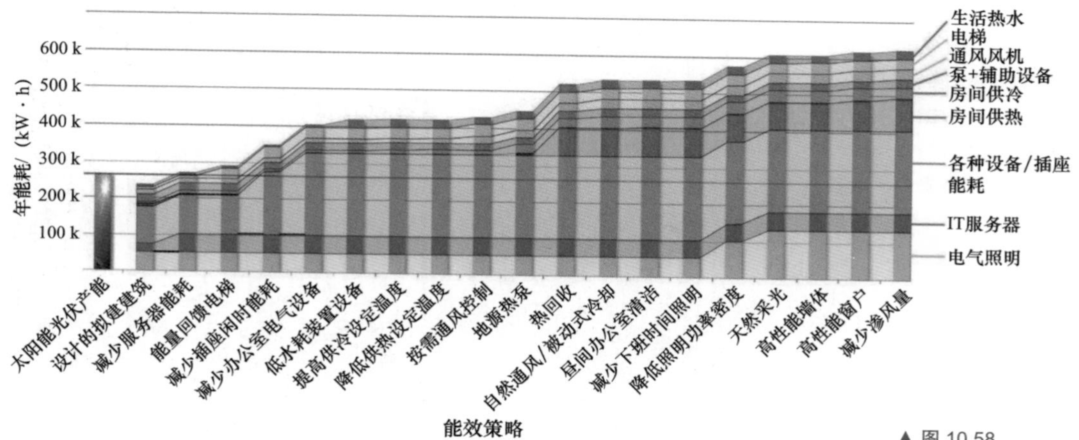

▲ 图 10.58

显示了每种能效策略如何帮助减少总体能耗。虽然一些策略在减少能耗方面似乎没有显著的贡献，如建筑开窗与采光，但它们的效果是能够允许其他策略来减少能耗，如自然通风与辐射供冷。只有同时考虑所有的这些因素，布利特中心才能实现其零能耗的目标。

模　拟

早期的一项研究着眼于评估太阳能光伏阵列的场地能源生产潜力来建立能源预算，这在案例研究 7.5 中有所涉及。这给项目团队定了一个 50 kW·h/m^2 的单位面积年用能强度目标，要求他们重新考虑许多建筑规范，以消除不必要的能耗。

体块和建筑立面

在场地分区和高度许可范围内，最佳和最具成本效益的方案是外表皮到核心的距离（建筑开间或进深）最小化，并且室内净高最大化，最终楼层高度设为 4.2 m。布利特中心在表明完全满足“生态建筑挑战”采光要求后，从西雅图市获得了层高的费用补贴。本研究采用了米勒·赫尔建筑师事务所使用 Ecotect 软件并利用 Radiance 作为计算引擎进行的采光研究，这项工作得到了华盛顿大学整合设计实验室的支持。

在漫长的研究过程中最终选择了高性能窗户。窗户需要可开启，以便自然通风，达到 1.42 W/（m^2·K）的整体 U 值以减少供热能耗，并采用可见光透射率高达 60% 的玻璃以实现良好的采光设计。最能满足建筑需求的系统是德国 Schuco（旭格）公司设计的三层玻璃高性能幕墙。该产品正在由当地的一家建筑窗户承包商引进到太平洋西北地区，并打算在当地生产。

► 图 10.59

布利特中心使用的高性能可操作窗户，结合 4.2 m 的楼层高度，让大量的气流和日光进入整个空间。

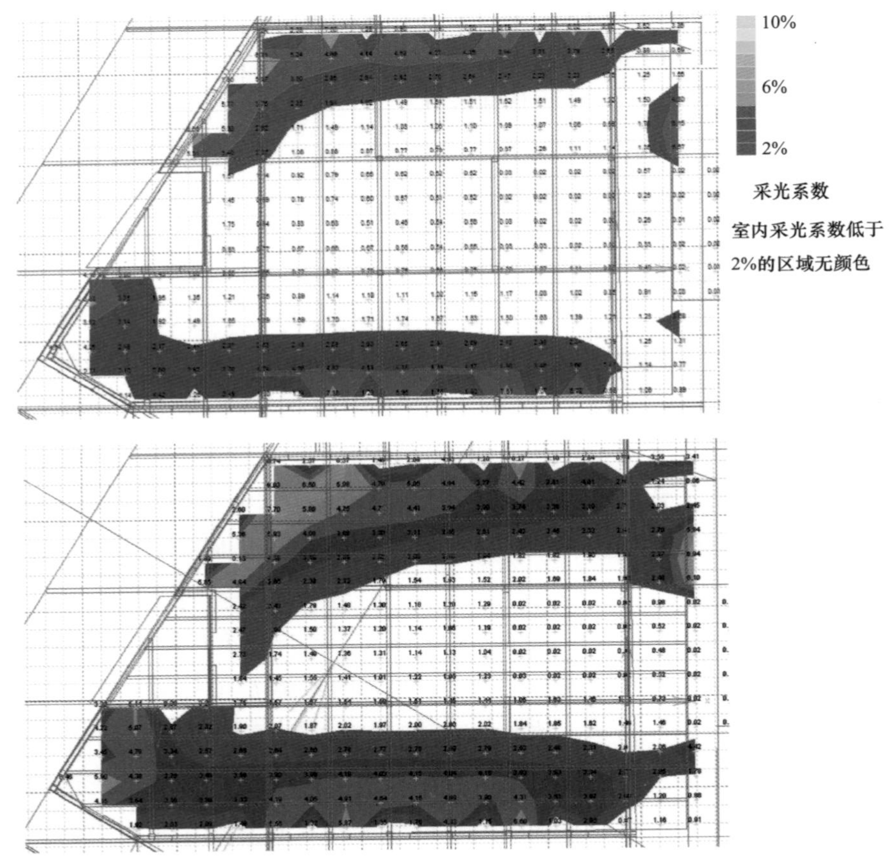

▲图 10.60

楼层平面图显示 3~5 层不同楼层高度下的采光系数。3.5 m 层高约有 23% 的楼面积采光系数 >2%（上图）；4.3 m 层高约有 65% 的楼面积采光系数 >2%（下图）。最终楼层的高度定为 4.2 m。

不透明墙体通过热阻值为3.35的空腔构造柱保温隔热层和90 mm的外部保温隔热层进行隔热，并装有外墙隔热支撑系统，构造整体有效热阻值为3.87。由于西雅图市已经要求热阻值为3.2，因此单独增加保温隔热层所带来的差值是很小的。然而将保温隔热层与高性能窗户相结合，可降低舒适性暖通空调系统的费用，如地源热泵（GSHP）、辐射供冷和供热及通风热回收装置（HRV）。

布利特中心的设计要满足加压测试要求，达到在75 Pa的压差条件下建筑外立面渗风量1.23 L/（s • m^2），鼓风门测试测量的外墙实际渗风量为0.96 L/（s • m^2）。

采 光

采光要求驱动了早期的设计过程。初始设计在建筑中部设计了一个没有供暖设施的中庭，以提供采光并最大化可建造区域。由于布利特中心位于一个紧凑的城市场地上，只允许建造一个小型中庭。中庭被遮光的太阳能光伏板部分覆盖，减少了光线，而用于建造中庭的额外的高性能窗户成本很快就使得中庭方案被取消。

米勒 • 赫尔建筑师事务所使用物理模型以及主要使用Ecotect和Radiance软件研究了采光系数和时间－点照度等级来进一步优化采光设计决策，包括开窗数量和配置、玻璃透光率、遮阳策略以及室内表面配置和反射率等方面。整合式设计实验室在这项研究中为决定建筑内部最佳布局提供了关键资源。

概念设计的超低照明功率密度为4.4 W/m^2，该设计主要依赖工作照明和泛光照明相结合，同时配以高度的局部照明控制。

在扩初设计阶段的详细能源模拟过程中，华盛顿大学整合式设计实验室的克里斯 • 米克与PAE工程师事务所的马克 • 布朗（Marc Brune）合作，确定了预测照明利用系数的最佳方法。他们将来自整合式设计实验室详细模型预测的照度等级与eQuest模型进行了比较，发现靠近窗户区域高估了照度等级，而内部区域则低估了照度等级。

PAE工程师事务所并没有使用整合式设计实验室的结果来推翻能源模型的照明计算，而是使用它们来校准eQuest模型，这样它就可以模拟整合式设计实验室的结果。这意味着随着几何形态或窗户选择的改变，结果也会自动更新，从而使工作流程更加顺畅。

3～5 楼的自动外部百叶遮蔽了眩光，而太阳能光伏阵列对第 6 层进行了遮阳，较低楼层则采用可开启的室内百叶用于控制眩光。

减少照明能耗意味着要在整栋建筑安装人员感应器，并设计成在夜间建筑无人使用时关闭所有的照明。主楼梯靠近外墙以便采光，从而减少了大部分昼间使用照明的需求。将办公室清洁工作调整到昼间，既减少了照明负荷，也减少了清洁人员整夜开灯的可能性。

机械（暖通空调）系统和自然通风

自然通风似乎并没有减少太多能耗，这是因为供冷系统已经非常高效。同时，图表中的自然通风节能效应也相当保守，这主要是因为能耗计算引擎 DOE-2 不擅长预测由于自然通风带来的能源节约。

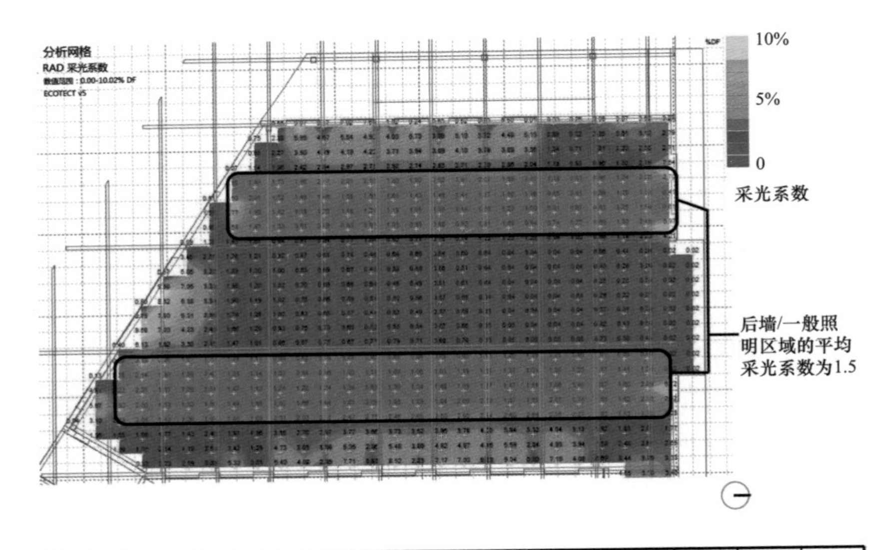

	7:00	8:00	9:00	10:00	11:00	12:00	13:00	14:00	15:00	16:00	17:00	18:00
1月	4.0	3.4	2.8	2.5	2.3	2.3	2.3	2.5	2.8	3.4	4.0	4.0
2月	3.7	2.9	2.4	2.0	1.9	1.8	1.9	2.0	2.4	2.9	3.7	4.0
3月	2.9	2.4	1.9	1.7	1.5	1.4	1.5	1.7	1.9	2.4	2.9	4.0
4月	2.5	1.9	1.6	1.4	1.3	1.3	1.3	1.4	1.6	1.9	2.5	3.0
5月	2.1	1.7	1.4	1.3	1.2	1.2	1.2	1.3	1.4	1.7	2.1	2.7
6月	2.0	1.6	1.4	1.3	1.2	1.1	1.2	1.3	1.4	1.6	2.0	2.6
7月	2.1	1.7	1.4	1.3	1.2	1.2	1.2	1.3	1.4	1.7	2.1	2.7
8月	2.5	1.9	1.6	1.4	1.3	1.3	1.3	1.4	1.6	1.9	2.5	3.0
9月	2.9	2.4	1.9	1.7	1.5	1.4	1.5	1.7	1.9	2.4	2.9	3.9
10月	3.7	2.9	2.5	2.1	1.9	1.8	1.9	2.1	2.5	2.9	3.7	4.0
11月	4.0	3.4	2.8	2.5	2.3	2.3	2.3	2.5	2.8	3.4	4.0	4.0
12月	4.0	3.8	3.0	2.7	2.5	2.5	2.5	2.7	3.0	3.8	4.0	4.0

► 图 10.61
上图为由 Autodesk Ecotect 输出的 Radiance 计算结果，下图所示表格为采光研究结果，显示了每月在靠近窗口的采光区域每小时的估计照明功率（W/m²）。

气流通风模拟使用TAS计算引擎软件完成，并输出到eQuest，使用与Revit软件和能耗模型相同的几何形体和分区来保持一致性。布利特中心的气流通风分析在案例研究9.3中有更详细的介绍。

尽管进出空气不会混合，但热回收通风器（HRV）会将能量从排出的空气转移到进入的空气中。它们是大多数低能耗建筑和所有被动房项目的一部分，可减少供热和供冷成本。布利特中心选择了一个转湿轮，以便在供暖季节将人员、灯光和设备产生的热量留在建筑内。

地源热泵通过与土壤交换能量可分别提供3.30（供热）和6.0（供冷）的能效比（COP值[1]）。26口地源热泵井的钻孔深度为120 m，间隔约4.6 m，每口井的位置都避开地基和其他障碍物。所有井都位于场地西半部的建筑下方，因此可以在东半部地下室开挖和建造期间钻井，同时保持施工进度。钻井场规模的大幅缩减是建筑供暖和供冷负荷普遍较低所导致的结果。

通过温控器设定值来调整舒适性的想法会对能耗产生深远的影响；对于这个项目，供热设定温度是20 ℃，供冷设定温度是26.7 ℃，而不是更常见的供热设定温度22 ℃和供冷设定温度24 ℃。布利特中心在自然通风期间的舒适性在案例研究9.3有所涉及。按需控制通风，使用二氧化碳传感器来确定通风要求，减少了全年不必要的空气加热和冷却。

减少通过卫生设备的水流量也就减少了生活热水加热的能耗。通过从地源热泵的热回路中提取热量，进一步减少了生活热水的能耗，其中部分热量包括来自服务器室和其他区域的余热。

---

[1] 在冬季供热时，制热量（W）与热泵输入功率（W）的比率定义为热泵的制热性能系数COP；在夏季供冷时，制冷量（W）与输入功率（W）的比率定义为热泵的制冷能效比（EER），为不引起歧义，可将冬季热泵制热性能系数和夏季制冷的能效比表达形式均采用COP（能效比）表示。——译者注

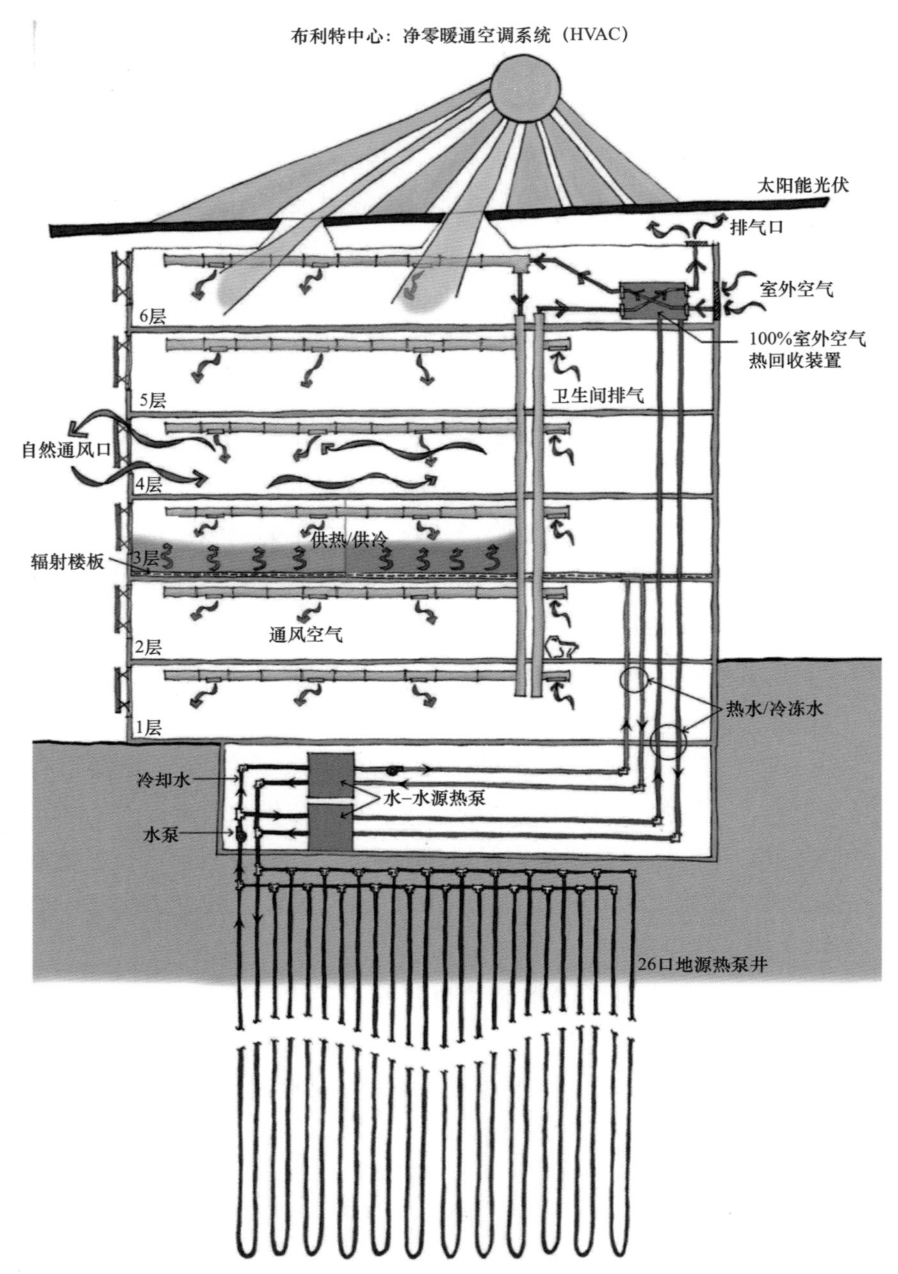

▲图 10.62

能源系统图，展示了屋顶的光电、自然通风、辐射楼板加热、机械供冷以及与地源热泵的集成。

◀ 图 10.63
导轨上的外部自动可开启遮阳帘比内部百叶能更有效地控制得热和眩光。
资料来源：谢尔·安德森。

减少电子电气设备过程负荷（即插座、IT 服务器、电梯和等效负荷[1]），在设计过程的早期就被认为是实现净零能耗设计的绝对必要条件。团队的人员密度估算是基于每人 14 m^2，这可以推测拥有台式计算机的使用者人数。根据经验，从 2008 年开始，一台典型台式计算机功率约 250 W；2010 年，布利特中心每个工作台的功率降低到 42 W。虽然这些降低了内部得热量并增加了供热能耗，但舒适系统（暖通空调）和地源热泵的效率足以抵消这种供热能耗的增加。

[1] 等效负荷又称为人工负荷、幻影负荷，是电气设备（如计算机、打印机、复印机、电视等）在开机接通电源但未使用状态下使用的用电负荷。——译者注

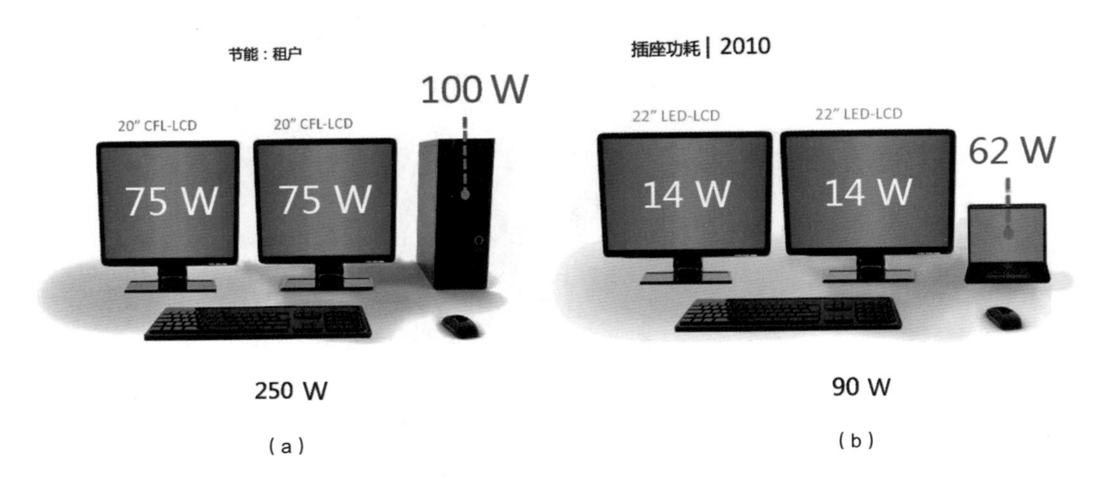

(c)

▲图 10.64

减少插座功耗。

资料来源：米勒・赫尔建筑师事务所和 PAE 咨询工程师公司。

总 结

（1）各项方法措施的成功组合实现了大幅度的节能，使净零运行成为可能。

（2）超出法规要求 2/3 的能源节约来自运营方式的改变，以及使用者为减少能耗而采取的步骤。这也是使用一个严格能耗法规基准的结果，同时也强调了在非住宅建筑中插座能耗的重要性。

（3）模拟始于设计前，并通过设计过程一直延续到施工图阶段。设计前期的模拟工作对于项目的重要性怎么强调都不为过。将这项工作继续进行到扩初设计和施工图设计阶段的能力对于支持正在进行的详细设计决策至关重要。

（4）业主提供的明确承诺、鼓励以及所有团队成员的支持，对于项目取得成功至关重要。随着项目进入使用阶段，我们期待着持续地从建筑项目中学习经验和教训。

11
软件和准确性

工具不能替代技能和知识。

——杰森·麦克伦南

今天，建筑师可以选择的软件系统是建立在过去40年基于计算机能源模拟经验的研究和验证之上的。在此期间，能源模拟的方法和精度在不断提高。直到最近，这样的软件还只被专家使用，所以用户界面是未充分发展的，并且需要几个月或几年的时间来学习。

新一批用户友好型的软件允许使用设计模拟的主流用户是非专家人员，包括建筑师。今天的软件基于安德鲁·马什博士创建Ecotect软件的方法，结合了相当直观的图形用户界面、多种模拟类型、可选择用于创建几何形体的三维建模软件、可映射到三维模型上的图形输出结果，以及一些使快速分析建模更加容易的默认值设定。

本章介绍了设计模拟的可用软件以及选择学习和使用软件时最重要的方面，然后讨论了在实践中模拟的精度及其结果的验证。设计模拟软件的选择对每个公司都是独一无二的，并且方案需要经过测试，以确保与每个公司的工作流程相兼容。

建筑师在学习使用软件来帮助做出设计决策时要谨慎。虽然直观的界面允许非专业人员建立模型并运行设计模拟，但模拟结果始终应根据模拟人员对建筑科学的理解来进行验证。当团队学习使用设计模拟过程时，前几个项目应该作为测试案例来完成。

图形模拟软件的开发

能源模拟最初作为一种确定暖通空调系统大小、管道尺寸和估算能耗负荷的方法，是从工程专业发展而来的。现代建筑中能源利用以及相应的模拟能源使用的复杂性，使它成为一个独立的行业。随着设计—施工—运行全过程不断验证能源模拟技术、计算机处理器速度不断提高以及详细的模拟技术研究，更加准确地评估能源使用的能力得到了提高。

随着能源模拟的专业化程度越来越高，建筑师对建筑舒适性和能源利用的理解力却逐渐下降。廉价的能源成本以及理解和运行能源模拟所需的细节程度都促成了这种理解力的下降。

随着复杂的算法、表格和图表进一步嵌入软件中，设计模拟的使用已经开始吸引非专业人员，如建筑师。由建筑师安德鲁·马什博士创建，并于2008年被Autodesk公司收购的Ecotect软件，在用户界面和分析类型方面开始了一场革命，为早期现代设计模拟奠定了基础。

本书采访的所有公司都正在使用或曾经使用过Ecotect，可以说Ecotect在图形输出方面的革新，在建筑师中被接受领会程度的贡献是不可否认的。与其他软件相比，Ecotect使用十分简单的模型来获得易于被建筑师解释和供其决策且引人注目的图形输出。它还包括各种各样的分析类型，如采光、声学、太阳路径分析、气候分析、日照和简单的能源模拟。

由于Ecotect已被Autodesk公司收购并且不再被更新，本书着眼于Ecotect之后的环境格局。历史上第一次出现了几家公司正在为广泛的建筑设计用户开发和销售软件。

设计模拟软件要素

不幸的是，没有一款软件可以被推荐用于所有分析类型、复杂程度、技能水平和项目类型的模拟工作。此外，由于设计模拟软件的更新是每月和每年推出的，因此任何软件功能和特点的综合比较很自然都是过时的。本节不试图列出适合每种情况的最佳软件，而是为读者提供一个背景知识，帮助他们在选择软件时做出更好的决策。

运行一个模拟软件至少需要三个部分，即图形用户界面、创建或接收三维建筑形体信息的方法和计算引擎。

图形用户界面（Graphical User Interface，GUI）与设计模拟软

件的外观呈现和使用感受有关，包括按键、控制、输入、输出和图形显示。它们允许模拟人员输入和改变参数来使软件计算引擎开始工作。一个好的图形用户界面将从三维软件中检测出热工分区和材料特性，并且能够在基础的三维建筑形体中找到传感器网格分布。自动化的图形用户界面包含默认输入参数以减少设置模拟所需的时间，并允许用户查看和更改输入参数。黑箱软件应避免使用，因为在黑箱中无法看到或更改输入参数。

通过利用人工智能的特性，图形用户界面可越来越多地呈现与气候、建筑类型和模拟结果相关的替代性设计方案。这些并不能替代传统建筑技术、知识和研究，但会有所帮助。

三维建模允许创建指定材质的建筑形体。虽然大多数设计模拟软件的销售商宣称可以与各种三维建模流程交互操作（在各个软件中相互交换数据），但在实际应用中，每一款模拟软件只能与一款或几款三维建模软件很好地协同工作，而会忽略掉或者是错误地导入导出其他软件中的建筑几何形体。一些软件包含一个自身的三维建模工具，迫使模拟人员要学习一个新的程序。出于这些原因，在项目环境中对软件进行内部测试的能力是极其重要的。

虽然在建筑布局、太阳辐射、采光、气流和能源模拟中使用相同的三维模型是最为理想的，但模拟中通常会针对每种类型的分析进行较大的修改或专门的建模。这样做是为了更具体地确定问题的框架、测试方案，排除无关的建筑形体并减少运行时间。有了更快的计算机和云计算的软件，这可能就不再是个问题了。绿色建筑 XML 通常称为 gbXML，允许在不同的软件之间交换建筑的三维几何形体信息以及与建筑能源信息相关的元数据（如热工分区）。大多数能源建模和三维建模软件都可以保存为这种格式，但是并非所有数据都能完全转换。

计算引擎包含模拟物理世界中元素相互作用的复杂公式和表格。每个计算引擎在计算抽象性和准确性、计算运行时长以及所需输入参数的详细程度之间实现独特的平衡。

插件和模块是附加在软件上增强功能的元素。在许多情况下，它们是由热衷开发的个人创建的，并提供免费或廉价的下载，以解决一个独特的模拟问题。免费插件通常只发布很少的指令，并且可能包含一些漏洞。

软件包

在大多数情况下，本书中描述的分析类型可以由任意数量的软件完成。下面描述的是一些用于建筑领域的先进软件。然而，软件的发展速度十分迅速，会有更多可与这些软件相互比较的软件出现，因此要根据价格、学习难易程度、提供的培训、严谨性、持续更新或满足与个人喜好的模拟软件交互功能等特点来确定最合适的软件。

图形用户界面和原生工具	三维建模交互性	综合输出分析引擎
使用 Autodesk Vasari Ecotect 工具 - 太阳辐射 - 风环境分析 - Green Building Studio / Revit - 能源分析（自动能源建模图形用户界面） - 其他	- 使用 Revit 三维 BIM 建模器 - 导入三维模型	-DOE-2（能源模拟计算引擎）
Autodesk Ecotect 软件 - 太阳辐射 - 基础能源模拟 - 基础采光 - 天气工具（气候分析） - Green Building Studio - 自动能源建模图形用户界面	- 本地三维建模器 - 导入三维模型	-Radiance（采光计算引擎） -Daysim（全年采光计算图形界面） -DOE-2（能源模拟计算引擎）
IES VE 软件包 -VE-pro（完整工程软件包） -VE-Gaia -VE-Toolkits（有限功能） -VE-Ware（免费软件）	- 导入三维模型	专有引擎（模块） - 能源模拟（基于 ESP-r 计算引擎） - 太阳辐射 - 采光 - 暖通空调 - 气候 - 气流 - 其他
DIVA for Rhino 软件 - 太阳辐射	- 犀牛三维建模器 -Grasshopper 三维参数建模器	- Radiance（采光计算引擎） - Daysim（全年采光计算图形界面） - Evalglare（眩光分析计算模块） - 单区能源模拟（能源模拟引擎） - 其他 - 犀牛软件的免费插件 - Ladybug（允许天气文件作为参数插入） - Galapagos（进化求解器） - GECO（基于 Grasshopper/Ecotect 界面的太阳辐射计算插件）
NREL OpenStudio 插件 原生参数化分析工具包括： - 建筑构造 - 暖通空调系统 - 玻璃参数 - 时间安排表 - 其他	- SketchUP 插件 - 导入三维模型 - 原生建模器	-EnergyPlus（能源模拟计算引擎） - 太阳辐射（采光引擎） - 眩光分析

▲ 图 11.1

软件与准确性。

- Autodesk 公司在 2008 年收购了 Ecotect，并将其部分功能转移到 Revit 软件中。Revit 是一款广泛使用的 BIM 软件。Vasari 软件被用作新想法的试验场，可能最终被纳入 Revit 中。在每个版本中它都包含各种设计模拟分析功能，包括导出到 Green Building Studio。而 Green Building Studio 是一个易于使用的基于网页运行的图形界面软件，运行 DOE-2 能源分析计算核心。Vasari 目前整合了一个用于外部分析的、建筑师可以使用的 CFD 软件测试版本[1]。
- IES VE 软件有四个细节程度等级，从免费的 VE-Ware 软件到高度详细的 VE-pro 软件。能源模拟的引擎是专有的（基于开源 ESP-r 计算引擎），并有一系列进行日照、采光、气流和其他类型分析的各种模块。它可以使用 SketchUp 作为基础三维建模。IES VE 是足够严谨的，因此可以被专业的能源分析师用来评估暖通空调设计以及用于提交设计符合能源法规验证，但它是这里列出的软件中价格最高的。
- DIVA for Rhino 是在 Rhinoceros 软件三维环境中运行的众多设计模拟工具中最完整的，而且价格相对便宜。DIVA 很容易与 Radiance 和 Daysim 交互，可进行原生的、全年采光眩光概率分析。开发团队包括从事建筑研究的个人，因此它很可能比其他软件更快地开发新的模拟工具或模块。它可以使用 EnergyPlus 计算引擎执行单区域能源分析。基于 Rhino 建模的优势之一是 Grasshopper 和其他免费工具可进行参数化迭代建模。例如，气象文件可以使用一个 Ladybug 模块进行几何输入，而 GECO 插件可以将 Ecotect 模拟结果映射到几何形体上。
- OpenStudio 是一款来自美国国家可再生能源实验室（National Renewable Energy Laboratory，NREL）的免费软件，它可以进行整体建筑能源模拟和采光分析。它可以在 SketchUp 中运行，导入几何形体，或是使用一个原生建模器。它包括先进的评估工具，可进行建筑能耗性能、采光和眩光模拟。

---

[1] 该 CFD 软件正式名称为 Autodesk CFD，但 Vasari 项目目前已停止。——译者注

- Sefaira 是模拟设计领域的新秀，尽管它正在迅速获得市场份额，开发团队每月都会根据用户的优先需求添加新功能。它可以很容易地与简单的 SketchUp 模型进行交互，其图形用户界面可进行多区域能源模拟，允许快速测试和比较包括几何形体策略在内的早期设计策略。Sefaira 已开发了一种专有的热工计算引擎。

以下为其他一些有一定应用范围或需要广泛培训的软件包：

- PHPP 是一个基于 Excel 的软件，它可以预测能源使用并计算是否符合被动房能源使用标准。这些标准起源于欧洲，欧洲数以万计的建筑都通过了被动房认证。虽然其不直观，但它是非常准确的，并考虑了热桥，同时能比其他能源模拟软件更细致地考虑渗风量计算。

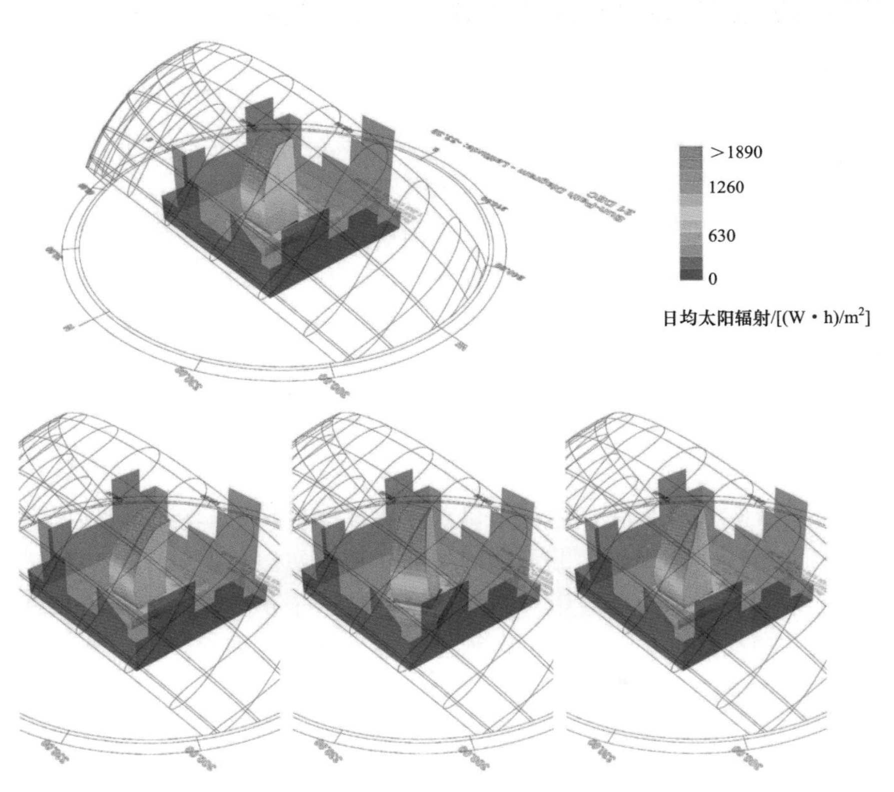

◀图 11.2
软件现在允许实时、交互式的太阳辐射研究。可以通过使用 Gen CumulativeSky 算法，在创建的一个简单的形体模型上立刻进行太阳辐射计算并在模型上进行伪彩色映射。在智利圣地亚哥的一个项目中，通过 Ladybug 插件加载到 Grasshopper 中，这些研究在大约 5 min 内即可完成。建筑通过在上层弯曲再旋转 30° 或在上层扭曲，西立面受到的太阳辐射从“黄色”范围减少到“蓝色”范围。Grasshopper 软件的 Ladybug 插件是由 Mostapha Sadeghipour Roudsari 创建的。

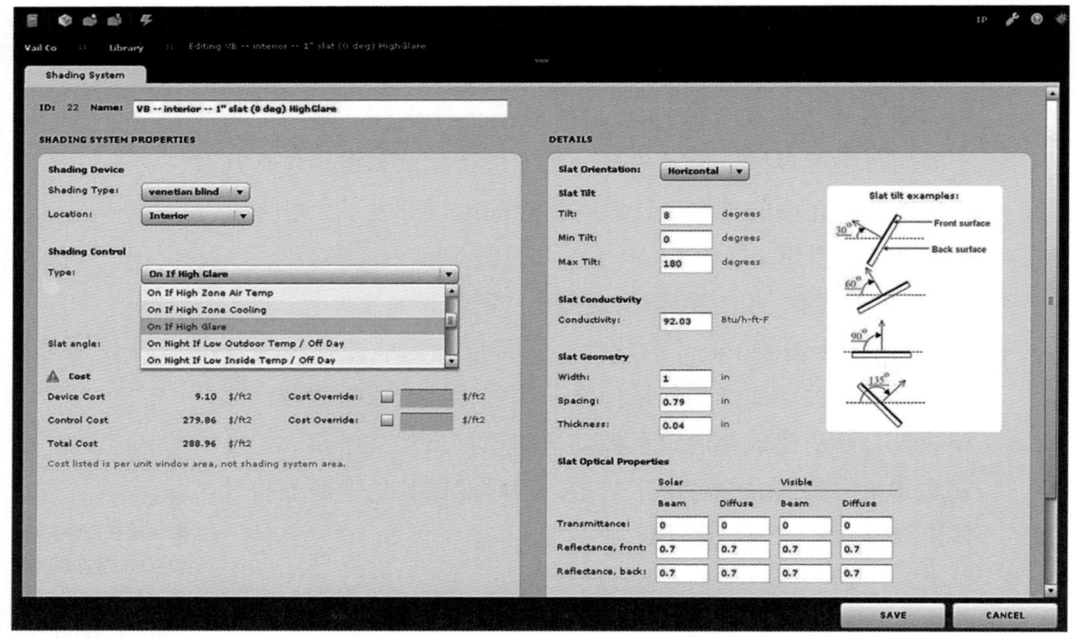

▲ 图 11.3

好的软件提供合适的默认值、设计方案库，并允许用户自定义材质和模拟其他部分。COMFEN 软件界面允许用户创建自定义遮阳系统，这可能与需要测试的产品相匹配。建筑控制，例如何时利用百叶，也可以指定给每个遮阳类型。

资料来源：美国劳伦斯伯克利国家实验室。

- DesignBuilder[1] 包含一整套工具，可运行 EnergyPlus 计算引擎用于热工计算，它还可以导出到 Radiance。它十分严格，可用于验证是否符合建筑法规计算。
- eQuest[2] 是一个基于 DOE-2 引擎的较老的免费图形用户界面软件，被工程师和一些建筑师广泛使用。虽然对于建筑师来说它比其他一些软件复杂，但它是一个完整的能源模拟程序，可用于快速地进行“鞋盒状”建筑形体模拟，并且是一个很好地了解探索能源模拟使用详细程度的工具。
- COMFEN 是出自美国劳伦斯伯克利国家实验室的免费软件，能够在单个区域内执行建筑体块模拟。它可以通过使用 EnergyPlus 计算引擎比较不同开窗、朝向和遮阳方案。虽然它的应用范围有限，但它是目前可用于早期能源模拟的最直观的软件，通过它可以很容易地认识到各种开窗设计的相对重要性。

---

[1] DesignBuilder 软件内嵌一个 CFD 计算模块，可用于二维 CFD 通风计算。——译者注

[2] eQuest 软件使用英制单位，因此在使用过程中需要进行单位换算。——译者注

- Climate Consultant 是一个以图形方式显示天气数据的免费软件，可以做粗略的分析，为给定的气候提出适当的设计策略，并很容易使用。

在本书采访的 20 多家建筑设计公司中，所有接受采访的公司都广泛使用了 Autodesk 公司的 Ecotect 产品，尽管大多数公司正在过渡到下一代设计模拟软件。几乎所有的公司都使用从 Ecotect 或 DIVA 软件的接口导出到 Radiance 软件。许多人使用 Rhino 及 Grasshopper 插件进行设计模拟，但通常除设计模拟之外没有广泛使用 Rhino。大约有 1/3 的公司使用以下款软件：DIVA、Daysim、eQUEST 和 COMFEN。Sefaira 是一个新的软件，尽管它在过去一段时间被建筑师接受的程度引人注意，但在本次调查中只有少数公司使用它。有少数公司使用了 Vasari、SPOT、OpenStudio 和 Climate Consultant 等软件。只有两家公司对公司内部的 CFD 分析感到满意，不过随着软件公司（如 IES、IDSL 和 Autodesk 等）使 CFD 分析更加自动化和易用，CFD 的使用分析应该会有所增加。

选择软件

在研究选择软件时，需要考虑以下重要事项：

（1）在项目工作流程中完整测试软件的能力是绝对必要的。由软件供应商和培训师运行的演示会使一切看起来都很简单。

（2）合理设置模拟培训难易程度。某些开发得已经很直观的软件（如 COMFEN、Climate Consultant）几乎不需要培训。更复杂的

▼ 图 11.4

Green Building Studio 是一个基于网络的能源模拟用户界面。几何形体模型可以上传来估计能源使用，并可进行非几何形体因素的权衡计算，如照明能耗和建筑围护结构材料。Green Building Studio 允许运行不同设计选项，然后对总体能源使用进行比较。

资料来源：修改后的 Autodesk GBS 输出图像。

□	名称	日期	楼面积/m^2	单位面积用能/[kW·h/(m^2·a)]	电价/[美元/(kW·h)]	燃气价/(美元/m^3)	年能耗费用/美元			年总能耗			比较
							电力费用	燃气费用	能耗费用	电力/(kW·h)	燃气/m^3	碳排放量/t	
项目默认能耗费用单价		—	—	—	0.09	0.25				Weather Data: GBS_04R20_115113			
	Base Run												
□	EcotectRes3.xml	12/10/2012 1:39 PM	1587	250.0	0.09	0.25	13740	6315	20055	153003	25353	186.6	
	Alternate Run(s) of EcotectRes3.xml												
□	EcotectRes3.xml_2	12/28/2012 5:18 PM	1587	255.3	0.09	0.25	13283	6664	19947	147921	26751	183.8	
□	mass high insul	12/10/2012 1:42 PM	1587	248.1	0.09	0.25	13929	5922	19851	155112	23772	185.8	
	Base Run												
□	EcotectRes3_HigherSHGC.xml	12/2/2012 6:33 PM	1587	243.3	0.09	0.25	18973	4555	23528	211280	18285	225.4	
	Alternate Run(s) of EcotectRes3_higherSHGC.xml												
□	lighting	12/10/2012 1:30 PM	1587	229.1	0.09	0.25	15580	4950	20530	173269	19872	187.5	
□	metal frame super high	12/10/2012 1:14 PM	1587	246.5	0.09	0.25	19111	4392	23503	212816	17631	225.8	
□	metal frame code insul	12/10/2012 1:14 PM	1587	244.3	0.09	0.25	18999	4592	23591	211570	18435	226.0	
□	mass code insul	12/10/2012 1:10 PM	1587	243.9	0.09	0.25	19019	4566	23585	211798	18330	226.0	

软件需要培训，但这些培训可能并不能提供；就算能提供，员工的时间成本、培训成本往往高于软件价格。

（3）一个软件包在使用和表现上应该足够直观和图形化，让建筑师喜欢使用它并可以从中学习，否则只有专家会操作软件。

（4）与公司常用的三维建模工作流程的交互操作性需要进行第一时间测试。

（5）软件应能够将所有结果导出为电子表格形式，这允许设计团队自定义数据和图形输出格式，并在超出软件范围的条件下校准结果。

（6）软件是基于网络还是基于计算机本身。基于网络的软件允许在项目团队成员之间共享结果，并具有各种权限设置。训练有素的员工可以上传几何形体或编辑某些数据，其他受信任的团队成员可以编辑或运行有限的设计选项，结果信息可以与所有团队成员在线共享。

（7）包含能源分析功能的软件还应包含适用于设计公司的默认墙体构造、玻璃类型和暖通空调系统选项库。用户应该能够查看和更改所有默认值，并具备创建或编辑新材料、时间安排表和其他方面的能力。软件应该使用基于至少 15 年的气象数据进行年能耗分析。

（8）参数化建模在早期设计中越来越普遍和实用，在早期设计阶段可以快速测试许多几何形体选项，并根据模拟结果调整建筑几何形体。

模拟精度

模拟精度取决于四个主要因素，即软件计算引擎、输入、校准运行次数和结果分析。软件经过了不同程度的真实的精度测试，但只在一定的使用范围内进行精度测试。在用于指导建筑设计之前，不寻常的模拟结果或由经验不足的建模者所做的模拟应始终与验证的结果进行比较，或由专家进行审查。ASHRAE 140 标准可以用来比较能源模拟计算引擎在各种常见能源模拟任务上的有效性。然而，其他三个因素往往是导致结果不准确的原因。

每个软件对于现实的数字抽象方式都会对结果产生深远的影响，特别是当尝试不寻常的分析时。例如，大多数能源模拟软件无法精确地模拟自然通风或双层表皮中的气流。对于自然采光，Radiance的模拟结果已经和实际的光照强度和HDR照片进行过严格的比较，因此能够准确地模拟典型的天然采光场景的光照度结果。案例研究10.7描述了如何使用Radiance天然采光分析来校准eQuest能源模型的较为粗糙的采光计算结果。

默认输入参数基于建筑调查或其他研究，为用户提供所选类型的典型特征。由于大多数项目都有一些独特的因素，因此模拟人员需要了解能源模型中的所有默认输入，以便可以修改给定项目中必需的少数输入项。例如，模拟人员可能希望根据预期的建筑法规的变更或者客户的照明目标，将默认照明功率密度从11 W/m^{2}调整为9 W/m^2。在许多情况下，模拟人员需要为特殊的设计模拟输入寻找额外的资源，这些研究结果加深了对能源使用的理解，有助于建立一个对下个项目有用的素材库。

任何模拟的前几次运行通常会发现用户输入中的缺陷。建筑单位面积年能耗强度为470 kW·h/（m^2·a）或47 kW·h/（m^2·a）的标准办公楼会告诉用户可能模型中某些参数设置不正确。如果用户无法将结果与其预期结果进行协调，用户就不能依赖模型中的任何结果。

例如，如果在阳光充足的天气条件下进行的一个太阳辐射研究结果显示，夏季西向窗户上的太阳辐射量仅为16 W·h/m^2，则用户需要了解为什么会出现这种情况。这可能是由于指北针位置不正确、使用了错误的天气文件或是其他一些问题。

在随后的每次运行中，输入错误都会被消除，精度也会提高，直到模型被校准，使其表现符合用户的期望。校准后，用户可以更改输入变量，如玻璃类型、几何形体或可用材料热惰性，来评估或比较他们不太熟悉的设计方案。专业的建筑能源分析师在采访中指出，虽然一些计算软件非常精确，但较短的软件运行时间也可以允许更多的测试来校准和完善模型从而提高精度。

结果解析是精确模拟的最后一个关键步骤。如果通过多次迭代对结果进行了校准，那么最终的结果解析只是简单地总结计算结果。

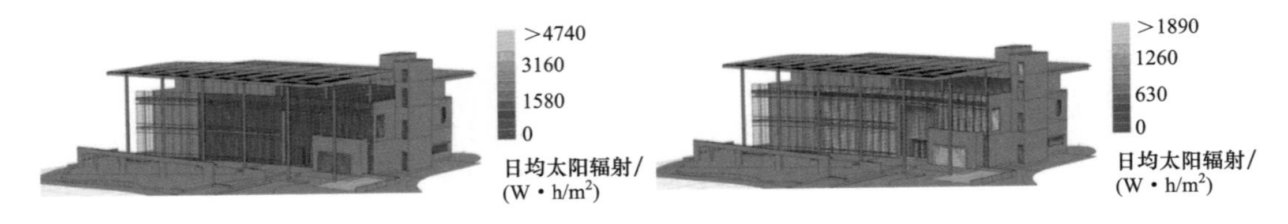

▲ 图 11.5
设置不同阈值伪彩色的太阳辐射研究。左边的图像看起来有很好的遮阳，而右边的图像显示得更准确。为了有效地理解和表达模拟结果，需要仔细选择伪彩色颜色设置。为了清楚起见，经常在整个项目表达中使用相同的上限和下限阈值。

资料来源：使用 Autodesk 的 Ecotect 软件进行研究。

伪彩色有助于以图形的形式解释和传达热舒适、日照、采光以及几乎其他任何度量的空间概念。它们也可能具有误导性。为了一致性和可读性，结果的呈现应该使用同一范围的伪彩色。

大多数建筑师通过使用比较节能量的方式，而不是使用预测的具体能源性能来更好地服务于设计，从而消除了根据实际性能来校准模型的一些需要。例如，如果能源模型分析估计方案 1 的建筑单位面积年能耗强度为 54 kW·h/(m^2·a)，方案 2 的建筑单位面积年能耗强度为 50 kW·h/(m^2·a)，则结果可以 8% 的节能量来表示。由于这两个方案共享许多输入设置，并且很可能与许多其他设置组合保持 8% 左右的差异，这比引用建筑单位面积年能耗强度 50 kW·h/(m^2·a) 的结果更为准确和可靠。在早期设计阶段，差异小于 3% 的比较结果被视为具有相似的性能，而差异或趋势大于 5% 则表明一种方案很可能优于另一种方案。

研究、标准和实践

本书仅代表了设计模拟的冰山一角。新进入这个领域的人不可能想象出一个好软件所要投入的努力程度。例如，个人和研究机构花费数年时间来研究和讨论部分多云天空中光线分布的最佳数字表征。我们运行的模拟依赖于这个天空模型的严谨性，而这个模型已经通过无数的研究、论文、技术进步和讨论进行了审查验证。

研究人员研究建筑中的现象来找到描述物理世界中相互作用的方法。他们发明了新技术、新技术的使用方法和更精确地预测结果的方法。当有足够的证据存在时，标准制定机构就会把研究结果整合进其规范、标准和其他出版物。他们对研究者的发现会进行足够细致的概括统一，以供专业人士理解和使用。

大多数终端用户，甚至是能源模拟专家，通常都不知道软件中的每一个功能，也不可能知道对功能精度评价或改进的最新研究。

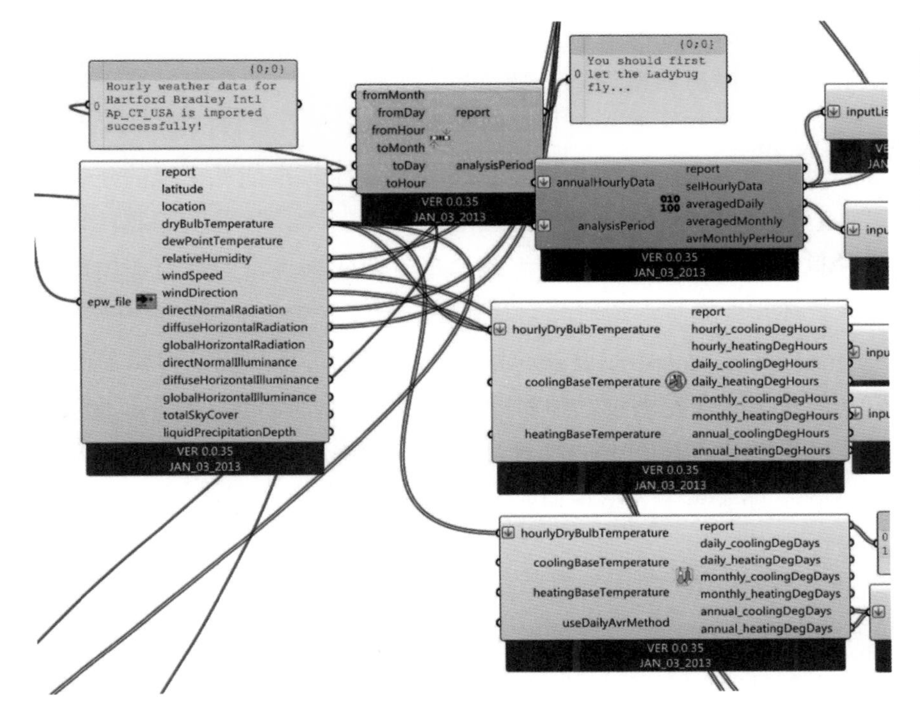

◀ 图 11.6

通过 Ladybug 插件和 Grasshopper 参数化建模工具来显示气象输入参数和变量。

相反，他们能够熟练地使用可用的工具，利用研究、经验和标准向设计团队提供及时的反馈，并提高模拟的准确性。他们也可能是国际建筑性能模拟协会或软件特定用户群的一部分成员，以期获得越来越精确的结果。

当工程师、研究人员和其他人在有限的范围内工作时，建筑师要面对建筑设计中的每一个潜在问题和机会。因此，建筑师通常是设计模拟软件的临时用户，需要能够在其工作流程中从概念层面的细节程度来调查问题。

虽然从事建筑模拟的建筑师对严谨感兴趣，但他们的公司通常不会发工资来让他们每天花几个小时在用户群上，以便将模拟精度提高百分之几。尽管作者采访过的许多大公司在实践中都有研究人员，但这些人大部分时间都在收集研究成果并将其应用于特定的建筑项目。

建筑师与研究人员的联系可以形成一种共生关系，可加深建筑师的知识，提高可持续设计的卓越性，并帮助研究人员了解实践中的问题。

任何研究信息的背景都是很重要的。例如，美国能源部国家可再生能源实验室建立的商业建筑参考模型包含了按建筑类型、新风量等参数计算出的室内人员数量表。上述文件中的数字来自美国商业建筑能耗调查数据，因此它们适用于美国所有气候区的大约 5200 栋建筑。这些输入参数用于创建 16 个服务于标准能耗模拟的建筑原型，它们包含了典型建筑中的合理假设。然而，对于以低能耗为目标并试图模拟不寻常设计及系统的项目团队来说，为了验证模型的输入，还需要做更多的研究。

在许多情况下，尽管建筑师并未被阻止进行研究，但额外的研究一般是由暖通空调设计师和专业的建筑能源分析师完成的。例如，插座（设备）负荷在低能耗设计中变得越来越重要。西伯克利图书馆团队没有依赖于表格，而是测量了前一个图书馆的实际插座负荷以进行模拟。

总　结

当项目团队遵循科学的过程时，设计模拟就起作用了——生成和构建问题，测试设计解决方案，并在项目中实施更好的解决方案。没有一个单独的软件能够实现用正确的模拟细节来回答每一个问题，并易于使用，还能与各种三维模型相结合。相反，大多数公司投资于多个适用于他们常需要的分析类型，以及与他们常用的三维建模软件相兼容的软件和培训。本书中的每一个案例研究都列出了使用的软件，尽管大多数完整的软件包都可以进行广泛的分析。

由于软件的复杂性和继续快速成熟，自己做模拟的设计公司希望软件模拟的范围和软件的易用性不断提高。

12
在实践中的设计模拟

理论上，理论与实践是相同的；而实践上，实践与理论是不同的。

——阿尔伯特·爱因斯坦

虽然美国建筑师协会的成立是为了“促进成员的科学和实践的完美”，但作者的职业生涯一直很沮丧，因为作为建筑师对科学研究缺乏兴趣，而建筑设计公司缺乏研究和发展。由于建筑师已经将能源性能及其研究工作分给了工程师，我们对建筑设计如何影响能源使用和舒适度的理解逐渐退步。

最近的趋势是在建筑师的教育和实践中包括建筑能源性能和模拟，这是令人鼓舞的。但这仍需要加速，以便我们的专业人员能够尽自己的一份力量来减缓气候变化的最坏影响。

大量资源可用于指导低能耗设计，如博客文章、在线和期刊发表的论文、免费和付费使用的软件、在线工具、经验法则、非常专业的手册、粗略的软件概述、杂志中的案例和其他的资源。通过搜寻大量资源为可持续设计提供相关指导，是每家设计公司需要面对的挑战。许多公司已经安排了大量书籍、资源和一两款软件来帮助它们做出有指导性的决策。

一般来说，除非是直观和实用的完美组合，建筑师不会参与设计模拟。尽管多年来设计模拟的用处已经很明显，但仍缺少对建筑师进行一般性的培训，而且历史上设计模拟软件的使用并不直观。如今的软件大大降低了建筑师在设计过程中使用设计模拟软件的难度。大学对学生的培训变得越来越普遍，对专业人员的培训正在扩大，但这些培训通常由软件公司提供，而且仅限于某些特定的软件。

模拟提供了实现某种性能的自由，而不必遵循限制设计的规定性法规。如今，结合设计模拟，公司可以预见到从遵循能耗法规的设计转变为基于建筑性能的设计方法的可能性。

前面的章节讨论了如何使用这些工具；本章将介绍如何将它们的使用结合到实践中：谁来执行模拟以及设计团队如何加入结合模拟作为设计过程的常规流程。

设计模拟过程

本书中描述的模拟方法已成为许多公司设计过程的一部分，因为它们在速度、准确性和实用性之间提供了良好的平衡。作为本书中案例研究的一部分，大多数单因素分析可以在 4～16 h 的项目时间内完成，而团队已经研究了超出本书所述内容的设计策略。广泛的设计策略和相应的研究会增加设计模拟需要的时间，当然也会增加模拟的细节层级。

几乎每一家受访的建筑设计公司都面临着在最合适的时间将他们的设计模拟程序与每个项目团队联系起来的挑战。项目进度紧张，而需要设计模拟的时候往往没有合适的人员，有些人对基于能源性能结果的项目设计评价持怀疑态度。大多数项目都包括一些设计模拟可以有效辅助决策的阶段，这被称为设计模拟的“窗口期”。在其他时候，决策已经制定，设计执行更加重要。

当制定的项目预算允许设计模拟小组（Design Simulation Group，DSG）与项目团队进行互动时，当足够多的人员接受过培训，从而每个项目都可以分配到一个设计模拟组成员时，当项目团队重视设计模拟组的贡献时，设计模拟成功的故事就会发生。

受访公司情况介绍

为了编写这本书，作者采访了 20 多家拥有公司内部设计模拟流程的建筑设计公司的成员，还包括从事提升建筑性能的工程师、研究人员和其他人员。大多数受访公司都有 30 多名员工，这使他们有能力雇用或培养一个在设计模拟方面有一定经验的人。然而，这种专门技能并不包括使用第 11 章中描述的一些免费、易于使用的工具软件，比如 COMFEN 和 Climate Consultant。

在受访的 20 家建筑设计公司中：

- 3 家公司具有公司内部暖通工程师。
- 4 家公司拥有公司内部建筑能源模拟师，但公司内部没有暖通工程师。
- 所有的公司都使用 Autodesk 公司的 Ecotect 软件，尽管大多数公司正在转向其他软件。
- 几乎所有的公司都使用 Radiance 软件，经常使用 Ecotect 的输入输出功能。
- 有一半的公司使用 Rhino 和 Grasshopper 来协助设计模拟。
- 大多数公司有 2%～3% 的设计人员是全职的可持续设计或设计模拟专家。
- 公司通常认为设计模拟是其设计过程的组成部分，而不是额外的服务。

大多数公司对建筑师缺乏与暖通工程师的交流表示失望。在大多数情况下，客户在做出基本建筑几何形体决定之前是不允许雇用暖通工程师的。在其他情况下，工程师无法对设计方案进行快速的、迭代的研究，运行没有详细输入的模型或者比较查看非标准的设计策略收费，或者他们对此没有兴趣。公司内部设计模拟的目标不是降低暖通工程师的作用，而是确保在早期设计阶段将具有分析能力的人嵌入每个项目中。

拥有暖通工程师的 3 家建筑设计公司都有一个专门从事早期分析的团队，并担任建筑师和工程师之间的“翻译”和“纽带”。组成这一群体的个体包括学过模拟的建筑师、采光专家以及其他能够灵活处理早期设计中未知问题的人。

只有建筑师的 4 家建筑设计公司至少都在公司内雇用了一名人员进行整体建筑能耗模拟。这位员工不设计暖通系统，但可以建立和运行严格的体块模型和符合建筑能源规范的建筑能源模型，这是后期设计阶段和 LEED 绿色认证提交所需要的材料。由于个人被整合到设计团队中，模型输入值可与最新的设计策略方案相协调，并且模拟可以根据需要不断迭代运行。对于那些以单一类型为主的从业公司、那些客户对能耗和生命周期回报感兴趣的公司以及那些可以获得使用后期数据来校准设计模拟的公司而言，这种模式尤其有效。

除这4家公司之外，一些公司还有拥有具有eQUEST软件模拟经验的人员，他们甚至在设计竞赛阶段就能在项目中快速、具体地执行建筑形体模拟分析。

设计模拟团队

进行早期设计模拟的个人或团队可以称为设计模拟小组，而其成员可能在公司中有其他角色。令人惊讶的是，许多公司的设计模拟小组往往是基于个人技能和动机的体现，因此公司通常非常擅长于一种模拟，但没有探索本书所涵盖的其他类型。

设计模拟小组的成员通常包括了解建筑科学的建筑师、“可持续性团队”成员（他们可能既会操作软件也会领导生态研讨小组和撰写白皮书）以及采光、能耗模拟或参数化软件方面的专业人士。在理想情况下，他们被嵌入每个团队中，但在实践中这是一个挑战。

设计模拟小组有时需要验证早期设计模型的后期表现指标。例如，这可以通过在设计完成时进行更为详细的研究或者采用使用后调研评价，或将早期的设计中的建筑单位面积年能耗强度结果与专业能耗模拟分析师的结果进行比较等方式来实现。

卡利森公司的故事

与许多公司一样，卡利森公司的设计模拟故事始于Ecotect。2008年聘请了Symphysis公司培训12名员工，此后不久我们组建了Ecotect用户组。我们在两周一次的午餐会上会面，讨论如何使用软件对项目进行分析。

我们很快意识到图形化气象数据的输出具有吸引力且易于创建，并且对于理解和制定气候反馈设计非常有帮助。在科罗拉多州维尔市和印度德里市的项目进行了第五次气候分析后，其他项目小组注意到了这一点；在Ecotect培训的六个月内，卡利森公司董事会要求每个项目都与新成立的气候小组合作，提供一份三页的气候分析报告。这个模板随着我们探索新的、更有效的理解气候的方法而继续发展。截至2013年，我们对全球超过60种气候进行了分析。我们每年继续培训一些气候分析人员来从事软件的技术操作和结果解析。

随着我们认识的加深，卡利森公司的内部项目也在不断发展；我们在工具箱中增加了 Green Building Studio 软件以及华盛顿大学整合式设计实验室推荐的 Radiance 采光软件。模拟的图表结果使我们能够更容易地沿着项目时间表向项目团队和客户解释和传达定量的信息。

到 2010 年，随着超过十个项目都已经基本使用设计模拟来辅助决策，我们觉得已经准备好将其铺开，卡利森公司探索了实现我们内部的可持续发展目标和美国建筑师协会签署的“建筑 2030 挑战”承诺的方法。 2010 年，初董事会要求作者创建一个更广泛应用的设计模拟的课程项目。作者安排了一个 32 小时的课程来作为启动，培训了在西雅图的 12 名员工、在达拉斯和洛杉矶的 3 名员工以及在上海的 6 名员工。

西雅图的培训团队每个月开会，分享技巧，探索新的方法和软件。在编写本书的过程中，我们不断测试其他软件，但是每个软件都还未具备与 Ecotect 软件的易用性、图形界面或模拟范围相近的竞争力。不过，经过修改后的程序将纳入下一代模拟软件。

卡利森公司的设计模拟项目是 Greenbuild 2011 会议的特色，也为这本书提供了支撑。许多其他公司也创建了自己的途径方法，本书也进行了记录。希望我们的共同努力将激励所有公司开始、扩展或重新激活设计模拟项目。

◀ 图 12.1

卡利森公司能源建模小组的两名成员。

设计模拟在公司的实践

公司的设计模拟小组将成为建筑师和工程师之间的联系桥梁。设计模拟小组中的人员应具有以图形方式快速传达复杂信息的能力、对能源和系统的兴趣以及与设计团队的融洽关系。他们需要对设计过程、设计要求、建筑形体和建筑类型有一个总体的了解，并且应该足够灵活，以便在不断变化和充满许多未知因素的早期阶段与建筑设计师合作设计。一般来说，了解建筑科学并熟悉三维软件的员工可以接受培训或进行设计模拟。

建立一个设计模拟程序至少需要一个有激情、有经验和充满好奇心的人来负责这项工作，并为其他可能使用设计模拟软件的人提供培训和技术支持。由于采光和遮阳分析更容易理解，所以大多数公司都会小心谨慎地从这方面开始进入设计模拟。

为了确保合理的精度，需要具有建筑科学或能源模拟背景的人员，或者具有多年设计和建造经验的人员来监督每个模型的设置和结果。模型是复杂的。基于设计模拟做出决定，需要对模拟人员能够运行模型来理解和解析结果的能力有一定的信心，这与模型的复杂性相当。卡斯卡迪亚绿色建筑委员会（Cascadia Green Building Council）首席执行官杰森•麦克伦南（Jason McLennan）领导了一个建筑科学团队，名为“Elements at BNIM Architects”，该团队被称为“BNIM 建筑师事务所的基本元素”。正如他所说，设计师使用的技术“有时功能强大，有时使我感到畏缩”。

因为软件往往比较微妙，技术专家的支持对于测试和实施大多数新软件是必不可少的（尤其是免费软件和插件）。例如，在安装 Radiance 软件时，路径名中不能够有空格或不寻常的字符，如中文字符等。

突破边界的大型公司通常会有专家定制软件、编写脚本，并探索迭代、参数化模拟的可能性。建筑师与这些专家之间的互动可以产生惊人的结果。如案例研究所述，使用 Grasshopper 的公司具有一种特别有效的工具，可以根据气候和现场特点产生建筑形态。

资 源

关于设计模拟的许多抱怨实际上是对早期设计的非线性过程的抱怨，而不是对工具本身的抱怨。当模拟信息被告知设计团队后，即使不一定选择最佳设计策略，设计团队也会做出更好的决策。

很少有工程或专业模拟公司提供 8 h 或 24 h 内完成工作的模拟合同。对于没有公司内部专家或需要外部专家帮助的公司，许多专业社区都可提供模拟资源。对于布利特中心（预计将获得“生态建筑认证”），米勒·赫尔建筑师事务所与西雅图的非营利性整合式设计实验室（IDL）合作进行采光研究。IDL 还与雷克·弗拉托建筑师事务所在奥斯汀中央图书馆进行了合作（见案例研究 8.3）。本书的每章都列出了可用的设计模拟资源。以下列出了本书所有章节共有的资源：

- 《ASHRAE 基本原理手册》（2013 年版）是自动的能源模型的标准和非标准输入的基本参考，并描述了构成能源模拟工作基础的一般流程。
- 新建筑研究所（The New Buildings Institute）网站上有研究照明、采光和暖通空调系统的资源。
- 维基百科是了解基本信息的第一资源。由于维基百科的开放性，更严格的信息验证总是必不可少的。
- 国际建筑性能模拟协会（IBPSA）是一个积极的专家组织，他们会发表论文和举行会议，以验证并分享模拟和分析方法。
- 许多专业社区都可以得到资源，如采光实验室、舒适实验室以及从事研究和技术教学的大学。案例研究 8.6 强调了华盛顿大学和 LMN 建筑师事务所之间的合作。
- 博客和用户组也很有帮助，很多资源都在各章节中被引用或列出。
- DIVA Day 或欧特克大学（Autodesk University）之类的会议可让从业人员共享技术。

总 结

为了实现“建筑 2030 挑战”的目标，避免气候变化带来的最坏影响，建筑师需要重新学习如何为建筑性能而设计，并将其融入我们的专业中。本书尝试在一个框架内合并低能耗设计模拟的许多不同组成部分，从而使一般用户和有能力的用户都能够更好地对项目进行分析并做出更明智和具有可持续性的决定。

除简单地验证我们的设计外，建筑师还需要学习如何在设计中发挥作用，以创造出性能和美感非凡的空间。在模拟的同时进行设计的行为是学习如何设计更具可持续性的空间和建筑的最佳指南。